国家职业技能等级认定培训教材
国家基本职业培训包教材资源

机床装调维修工

（数控机械方向）（中级）

本书编审人员

主　编　宋小春
副主编　罗　涵
编　者（按姓氏笔画排序）
　　　　王一楠　付　磊　邢焕武　庄　瑜　刘伟标
　　　　李文化　李厚佳　吴锡球　宋小春　陈永平
　　　　陈俊钊　罗　涵　谢俊文
主　审　秦文津
审　核（按姓氏笔画排序）
　　　　邢玉辉　朱明民　李　进　何为兵　陈超群
　　　　钱锡全　常玉成

中国人力资源和社会保障出版集团

中国劳动社会保障出版社　中国人事出版社

图书在版编目（CIP）数据

机床装调维修工：数控机械方向：中级／人力资源社会保障部教材办公室组织编写. --北京：中国劳动社会保障出版社：中国人事出版社，2023

国家职业技能等级认定培训教材　国家基本职业培训包教材资源

ISBN 978-7-5167-5654-6

Ⅰ.①机… Ⅱ.①人… Ⅲ.①数控机床-安装-职业技能-鉴定-教材②数控机床-调试方法-职业技能-鉴定-教材③数控机床-维修-职业技能-鉴定-教材　Ⅳ.①TG659

中国版本图书馆 CIP 数据核字（2022）第 249686 号

中国劳动社会保障出版社
中国人事出版社 出版发行

（北京市惠新东街 1 号　邮政编码：100029）

＊

保定市中画美凯印刷有限公司印刷装订　新华书店经销

787 毫米×1092 毫米　16 开本　20.75 印张　340 千字

2023 年 2 月第 1 版　　2023 年 2 月第 1 次印刷

定价：58.00 元

营销中心电话：400-606-6496

出版社网址：http://www.class.com.cn

版权专有　　侵权必究

如有印装差错，请与本社联系调换：（010）81211666

我社将与版权执法机关配合，大力打击盗印、销售和使用盗版图书活动，敬请广大读者协助举报，经查实将给予举报者奖励。

举报电话：（010）64954652

前　言

为加快建立劳动者终身职业技能培训制度，大力实施职业技能提升行动，全面推行职业技能等级制度，推进技能人才评价制度改革，促进国家基本职业培训包制度与职业技能等级认定制度的有效衔接，进一步规范培训管理，提高培训质量，人力资源社会保障部教材办公室组织有关专家在《机床装调维修工国家职业技能标准（2018年版）》（以下简称《标准》）制定工作基础上，编写了机床装调维修工国家职业技能等级认定培训教材（以下简称等级教材）。

机床装调维修工等级教材紧贴《标准》要求编写，内容上突出职业能力优先的编写原则，结构上按照职业功能模块分级别编写。该等级教材共包括《机床装调维修工（数控）（基础知识）》《机床装调维修工（数控机械方向）（中级）》《机床装调维修工（数控电气方向）（中级）》《机床装调维修工（数控机械方向）（高级）》《机床装调维修工（数控电气方向）（高级）》5本。《机床装调维修工（数控）（基础知识）》是各级别机床装调维修工均需掌握的基础知识，其他各级别教材内容分别包括各级别机床装调维修工应掌握的理论知识和操作技能。

本书是机床装调维修工等级教材中的一本，是职业技能等级认定推荐教材，也是职业技能等级认定题库开发的重要依据，已纳入国家基本职业培训包教材资源，适用于职业技能等级认定培训和中短期职业技能培训。

本书由华南理工大学的宋小春担任主编、上海航天技术研究院的罗涵担任副主编，参与编写的人员还有辽宁开放大学（辽宁装备制造职业技术学院）的王一楠、上海市大众工业学校的付磊、江门云科智能装备有限公司的邢焕武、上海市工业技术学校的庄瑜、广州市工贸技师学院的刘伟标、辽宁开放大学（辽宁装备制造职业技术学院）的李文化、上海市高级技工学校的李厚佳、肇庆市技师学院的吴锡球、上海电子信息职业技术学院的陈永平、江门市技师学院的陈俊钊和谢俊文等。

本书由上海航天技术研究院的秦文津担任主审，邢玉辉、朱明民、李进、何为兵、陈超群、钱锡全、常玉成等人参加了审核。

  本书在编写过程中得到上海航天技术研究院、华南理工大学、沈机（上海）智能系统研发设计有限公司、上海汀树科技有限公司、广东省机械技师学院、广东省岭南工商第一技师学院、广东省技师学院、惠州市技师学院、珠海市技师学院、上海电子信息职业技术学院、上海市工业技术学校、上海市大众工业学校、上海市高级技工学校等单位的大力支持与协助，在此一并表示衷心感谢。

人力资源社会保障部教材办公室

目 录 CONTENTS

职业模块 1　数控机床机械功能部件装配 ⋯⋯⋯⋯⋯⋯⋯⋯⋯⋯⋯⋯⋯⋯⋯ 1

培训项目 1　机械功能部件装配准备 ⋯⋯⋯⋯⋯⋯⋯⋯⋯⋯⋯⋯⋯⋯⋯⋯⋯ 5
　　培训单元 1　零部件装配工艺和要求的识读 ⋯⋯⋯⋯⋯⋯⋯⋯⋯⋯⋯⋯⋯ 5
　　培训单元 2　一般轴、套筒、盘类零件图的绘制 ⋯⋯⋯⋯⋯⋯⋯⋯⋯⋯⋯ 7
　　培训单元 3　按照装配要求选择工具、工装、量具和仪器 ⋯⋯⋯⋯⋯⋯⋯ 14

培训项目 2　机械功能部件装配 ⋯⋯⋯⋯⋯⋯⋯⋯⋯⋯⋯⋯⋯⋯⋯⋯⋯⋯⋯ 24
　　培训单元 1　钻、铰孔 ⋯⋯⋯⋯⋯⋯⋯⋯⋯⋯⋯⋯⋯⋯⋯⋯⋯⋯⋯⋯⋯ 24
　　培训单元 2　螺纹加工 ⋯⋯⋯⋯⋯⋯⋯⋯⋯⋯⋯⋯⋯⋯⋯⋯⋯⋯⋯⋯⋯ 43
　　培训单元 3　手工刃磨标准麻花钻 ⋯⋯⋯⋯⋯⋯⋯⋯⋯⋯⋯⋯⋯⋯⋯⋯ 47
　　培训单元 4　刮削平板 ⋯⋯⋯⋯⋯⋯⋯⋯⋯⋯⋯⋯⋯⋯⋯⋯⋯⋯⋯⋯⋯ 49
　　培训单元 5　有配合、密封要求的零部件装配 ⋯⋯⋯⋯⋯⋯⋯⋯⋯⋯⋯⋯ 56
　　培训单元 6　有预紧力要求或有特殊要求的零部件装配 ⋯⋯⋯⋯⋯⋯⋯⋯ 68
　　培训单元 7　功能部件装配 ⋯⋯⋯⋯⋯⋯⋯⋯⋯⋯⋯⋯⋯⋯⋯⋯⋯⋯⋯ 75

培训项目 3　机械功能部件装配检查 ⋯⋯⋯⋯⋯⋯⋯⋯⋯⋯⋯⋯⋯⋯⋯⋯⋯ 153
　　培训单元 1　按照装配技术要求检查机械功能部件相关精度及功能 ⋯⋯⋯ 153
　　培训单元 2　机械功能部件装配记录单的填写 ⋯⋯⋯⋯⋯⋯⋯⋯⋯⋯⋯⋯ 170

职业模块 2　数控机床机械功能部件调整与整机调整 ⋯⋯⋯⋯⋯⋯⋯⋯⋯ 179

培训项目 1　机械功能部件调整与整机调整准备 ⋯⋯⋯⋯⋯⋯⋯⋯⋯⋯⋯⋯ 182
　　培训单元　机械功能部件装配工艺卡及装配检查记录卡的识读 ⋯⋯⋯⋯⋯ 182

培训项目 2　机械功能部件调整与整机调整 ⋯⋯⋯⋯⋯⋯⋯⋯⋯⋯⋯⋯⋯⋯ 185
　　培训单元 1　机械功能部件装配后的试车调整 ⋯⋯⋯⋯⋯⋯⋯⋯⋯⋯⋯⋯ 185
　　培训单元 2　进行一种型号数控系统的操作 ⋯⋯⋯⋯⋯⋯⋯⋯⋯⋯⋯⋯⋯ 192
　　培训单元 3　应用一种型号数控系统进行加工编程 ⋯⋯⋯⋯⋯⋯⋯⋯⋯⋯ 202

培训项目 3　机械功能部件调整与整机调整检查 ⋯⋯⋯⋯⋯⋯⋯⋯⋯⋯⋯⋯ 219

  培训单元1 数控机床的水平检测与调整 ·· 219
  培训单元2 功能部件的几何精度和定位精度检测 ·································· 226
  培训单元3 按照相关标准进行精度检测及填写检测报告单 ···················· 242

职业模块3 数控机床机械功能部件维修 ······································ 249
 培训项目1 机械功能部件维修准备 ·· 252
  培训单元 按照维修内容合理选择工具、量具、工装等 ···················· 252
 培训项目2 机械功能部件维修 ·· 266
  培训单元1 功能部件的拆卸和再装配 ·· 266
  培训单元2 齿轮、花键轴、轴承、密封圈、弹簧、紧固件等的检修 ······ 285
  培训单元3 各种零部件配合间隙的检查与调整 ·································· 295
  培训单元4 轴、套、盘类零件图的绘制 ·· 300
 培训项目3 机械功能部件维修检查 ·· 308
  培训单元1 维修部件的功能检查 ·· 308
  培训单元2 利用仪器、仪表、检具等检查维修部件的几何精度 ············ 318
  培训单元3 根据加工精度评估功能部件维修质量及填写维修记录单 ······ 323

职业模块 ①
数控机床机械功能部件装配

内容设置

培训项目	培训单元	培训内容
1. 机械功能部件装配准备	（1）零部件装配工艺和要求的识读	1）零部件装配工艺的识读
		2）零部件装配要求的识读
	（2）一般轴、套筒、盘类零件图的绘制	1）一般轴类零件图的绘制
		2）一般套筒类零件图的绘制
		3）一般盘类零件图的绘制
	（3）按照装配要求选择工具、工装、量具和仪器	1）机械装配常用工具和工装的使用方法
		2）机械装配常用量具和仪器的使用方法
2. 机械功能部件装配	（1）钻、铰孔	1）钻孔及刀具使用
		2）铰孔及刀具使用
		3）台式钻床和磁力钻
	（2）螺纹加工	1）螺纹
		2）丝锥和铰杠
		3）内螺纹加工
		4）丝锥断裂后的处理及补救方法
	（3）手工刃磨标准麻花钻	1）标准麻花钻结构参数介绍
		2）手工刃磨标准麻花钻的方法与技巧
		3）标准麻花钻的检验方法
	（4）刮削平板	1）刮削概述
		2）刮削刀具、校准工具和显示剂的选择
		3）刮削方法及技巧
	（5）有配合、密封要求的零部件装配	1）过盈配合装配方法
		2）机械密封的型号确认及装配方法
		3）密封装配检测方法
		4）间隙配合检查方法

续表

培训项目	培训单元	培训内容
2. 机械功能部件装配	（6）有预紧力要求或有特殊要求的零部件装配	1）紧固件扭矩知识
		2）主轴轴承预紧相关数据确认及装配调整方法
		3）扭力扳手
	（7）功能部件装配	1）主轴箱装配
		2）进给传动部件装配
		3）换刀装置结构、工作原理及装配
		4）辅助设备装配
3. 机械功能部件装配检查	（1）按照装配技术要求检查机械功能部件相关精度及功能	1）概述
		2）机械功能部件相关精度检测
		3）机械功能部件相关功能检查
	（2）机械功能部件装配记录单的填写	1）部装的检验
		2）装配记录单的填写方法
		3）装配记录单的填写注意事项

培训项目 1

机械功能部件装配准备

培训单元1　零部件装配工艺和要求的识读

一、零部件装配工艺的识读

1. 装配图的识读

（1）识读目的。识读装配图的目的是从装配图中了解部件中各个零件的装配关系，分析部件的工作原理，并读懂主要零件及其他有关零件的结构、形状。

（2）识读步骤和方法

1）了解概况，阅读标题栏，了解零部件的构造、工作原理和用途。

2）分析视图，即在阅读装配图时分析全图采用了哪些表达方法，并找出各视图之间的投影关系，进而明确各视图所表达的内容。

3）分析零件尺寸，读懂零件的结构、形状。

4）分析装配图中标注的尺寸，包括规格（性能）尺寸、装配尺寸、安装尺寸、总体尺寸等。

5）综合分析，即了解技术要求内容、由装配图拆画零件图。

2. 装配工艺分析要点

（1）了解概况，根据明细栏和有关资料了解装配体零部件的名称、数量等情况。

（2）了解各视图的表达目的和重点，应仔细分析装配尺寸与技术要求的关系。

（3）了解工作原理和装配关系，读懂零部件的性能、功用、传动关系和工作原理，明确装配工艺和装配顺序。

（4）了解技术要求和工作任务，熟悉装配方法和装配步骤。

二、零部件装配要求的识读

1. 零部件装配作业要求

（1）认真阅读装配图，严格按照技术要求进行装配。

（2）装配前用抹布擦净待装零部件，当发现零部件有缺陷时，应及时反馈给管理人员。

（3）在预紧各种规格的紧固件后，应按对角法将其逐一拧紧并注意控制预紧力矩。

（4）检查装配的零部件是否齐全，紧固件是否紧固。

（5）完工后进行综合检查，如检查各零部件是否装配合格，物料是否按要求摆放整齐。

2. 装配作业检查要求

（1）每完成一个零部件的装配都要进行相应的检查，如果发现问题应及时分析及处理。

（2）总装完毕要检查各装配件之间的连接是否达到技术标准，并清洁机器。

（3）试机时，认真做好启动过程的监视工作。在机器启动后，应立即观察主要工作参数是否在合理范围内以及运动件是否正常运动。

3. 装配检查记录卡

装配检查记录卡形式多样，本书以表 1-1-1 为例，仅供参考。

表 1-1-1　装配检查记录卡

生产车间		产品名称		产品型号	
检查人员		参与人员		检查日期	
序号	检查内容	检查结果			
		是	否	具体描述	
1	人员是否了解生产指标、质量指标？				
2	技术与工艺文件是否得到执行？				
3	生产准备与作业管理是否规范？				
4	质量检验是否符合标准？				
审核结果（填写不符合项）			整改结果		

培训单元 2 一般轴、套筒、盘类零件图的绘制

一、一般轴类零件图的绘制

任何机械或部件都是由若干个零件按一定的装配关系和技术要求组装而成的。表示单个零件的结构、大小和技术要求的图样称为零件图。零件图的常见绘制方式有手工绘制和计算机辅助绘制。

1. 手工绘制轴类零件图

下面以图 1-1-1 所示的手柄为例，介绍手工绘图方法。

（1）画出基准线，如图 1-1-2a 所示。

（2）画出已知线段，如图 1-1-2b 所示。

（3）画出中间曲线，求出圆心、切点，如图 1-1-2c 所示。

（4）画出连接曲线，并描深图形，如图 1-1-2d 所示。

（5）修饰并校正全图。

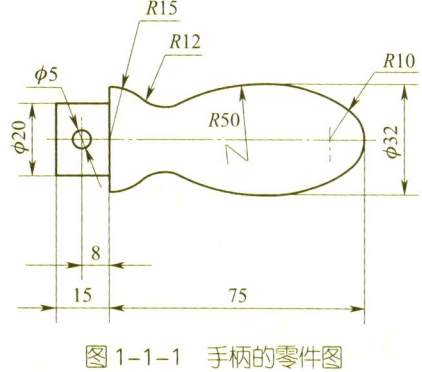

图 1-1-1　手柄的零件图

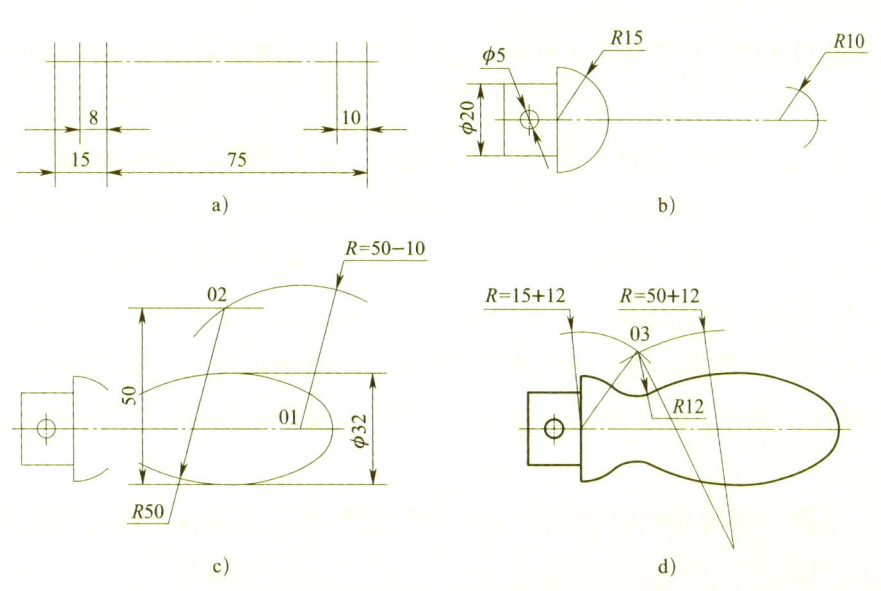

图 1-1-2　作图步骤明细

a）画出基准线　b）画出已知线段　c）画出中间曲线　d）画出连接曲线

2. 计算机辅助绘制轴类零件图

下面以图 1-1-3 所示的转子油泵的泵轴为例，介绍计算机辅助绘图方法。

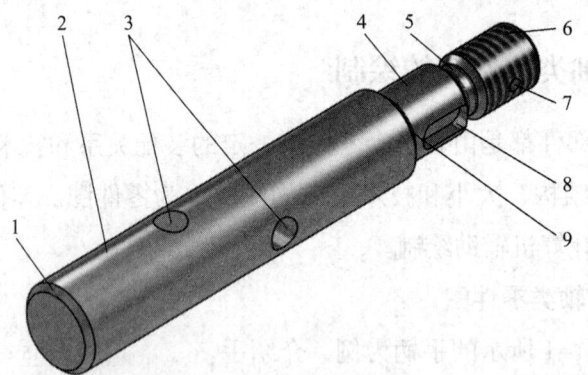

图 1-1-3 转子油泵的泵轴

1—倒角 2—内转子及衬套轴段 3、7—销孔 4—齿轮轴段
5—退刀槽 6—螺纹轴段 8—键槽 9—越程槽

（1）设置绘图环境

1）设置图纸的幅面，以及图框、标题栏的格式。

2）确定比例，布置图形。

3）使用图层功能，将不同类型的对象画在不同的图层上。

4）设定线型与线宽，使绘出的零件图符合国家标准。

（2）绘制图形

1）绘制底稿，如图 1-1-4 所示，先画已知线段，再根据画法几何原理画出中间线段。

2）采用断面图、全剖视图、局部剖视图、半剖视图、阶梯剖视图、旋转剖视图等方式表达零件的细节，如图 1-1-5a 所示。其中，图 1-1-5b 是显示大直径轴垂直方向孔的局部视图；图 1-1-5c 是显示大直径轴水平方向孔的断面图，图 1-1-5d 是显示中直径轴键槽的剖视图（左视）；图 1-1-5e 是显示小直径轴水平方向孔及螺纹的断面图，由于螺纹的断面图不在剖面线上，故用符号 $A—A$ 表示其关联性；图 1-1-5f 和图 1-1-5g 是表达零件主视图中 I 和 II 细节的 4:1 局部放大图。

3）处理一些特殊结构特征，如综合应用各种图形编辑、修改功能完善图形。

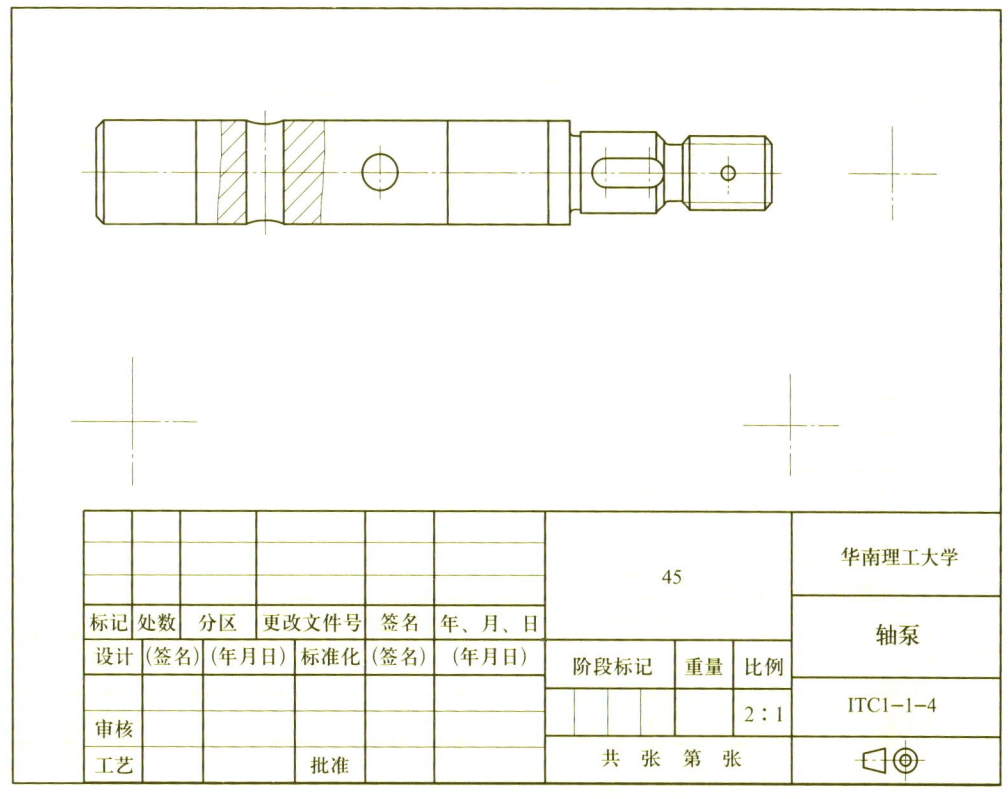

图 1-1-4 绘制泵轴的底稿

①对于具有对称结构特征的图素，可以采用镜像功能、阵列功能进行处理。

②对于特征相同的图素，可以采用复制功能、旋转功能进行处理。

4）修改图形，仔细检查零件细节并按需进行修改。

（3）标注平面图形的尺寸。在画出图形之后，按平面图形尺寸的标注方法选择尺寸基准，引出尺寸界线、尺寸线和箭头，如图 1-1-6 所示。标注尺寸时应做到正确、完整、清晰、合理。

1）标注常用的尺寸（如直径、半径、长、宽、高等）。

2）标注尺寸公差、几何公差。

3）标注表面粗糙度等特殊参数。

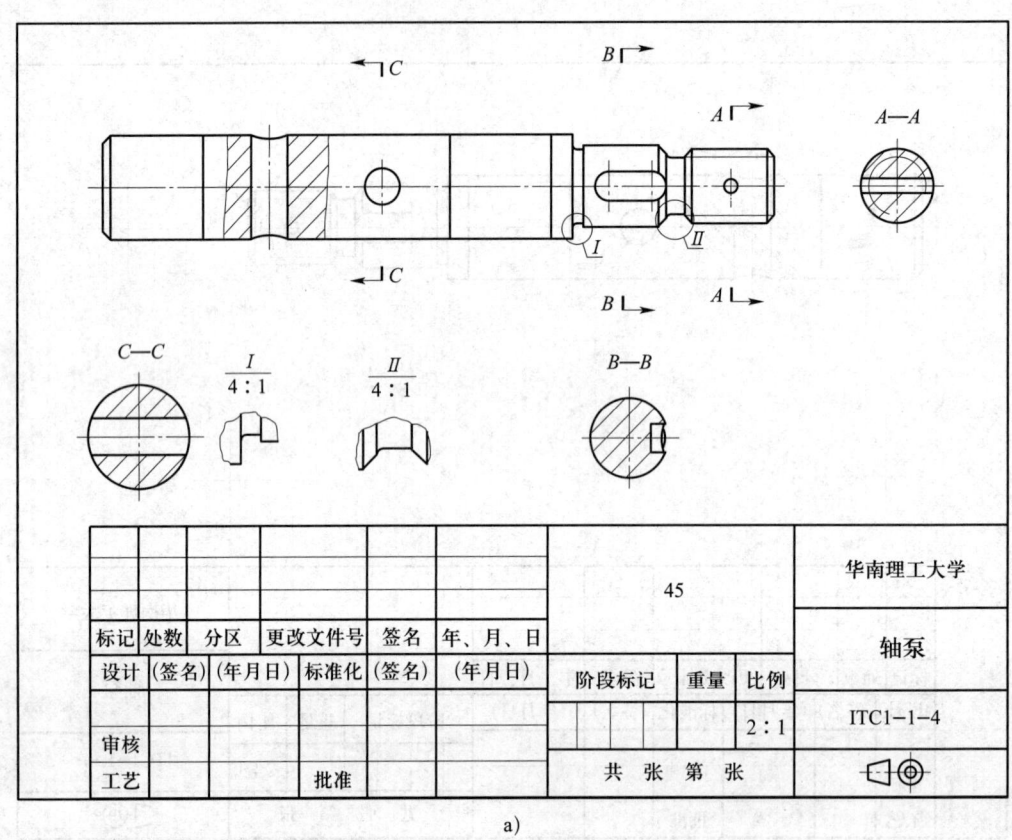

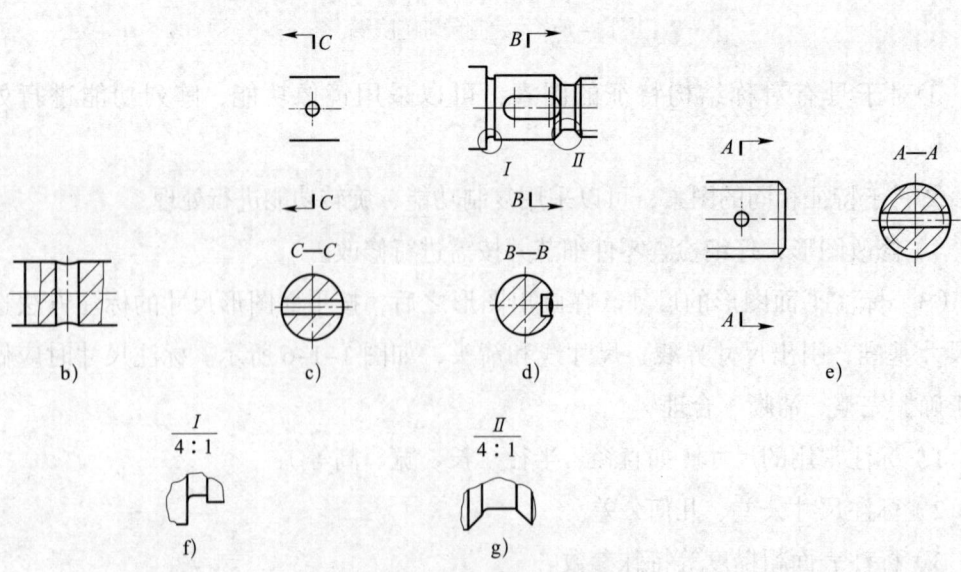

图 1-1-5 采用多种表达方式

a) 总图 b) 分图 1 c) 分图 2 d) 分图 3 e) 分图 4 f) 分图 5 g) 分图 6

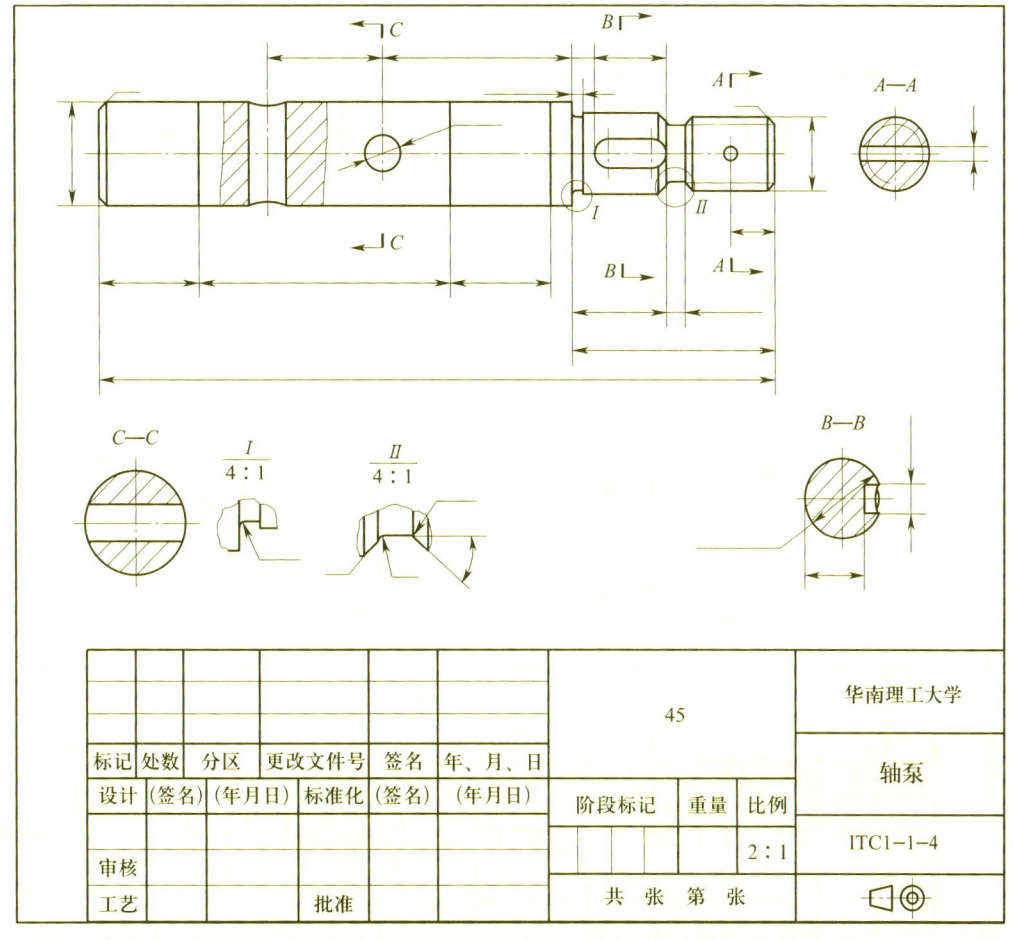

图 1-1-6　引出尺寸界线、尺寸线和箭头

（4）填写技术要求。利用文字功能完成技术要求的填写，如图 1-1-7 所示。

二、一般套筒类零件图的绘制

1. 套筒类零件的功用

套筒类零件是指回转体零件中的空心薄壁件，是机械加工中的一种常见零件，在各类机器中应用广泛，主要起支承或导向作用。由于功用不同，套筒类零件的形状、结构和尺寸有很大的差异，常见的有支承回转轴的各种形式的轴承圈和轴承套，夹具的钻套和导向套，内燃机的气缸套和液压系统的液压缸套，以及电液伺服阀的阀套等。套筒类零件的基本结构形式如图 1-1-8 所示。

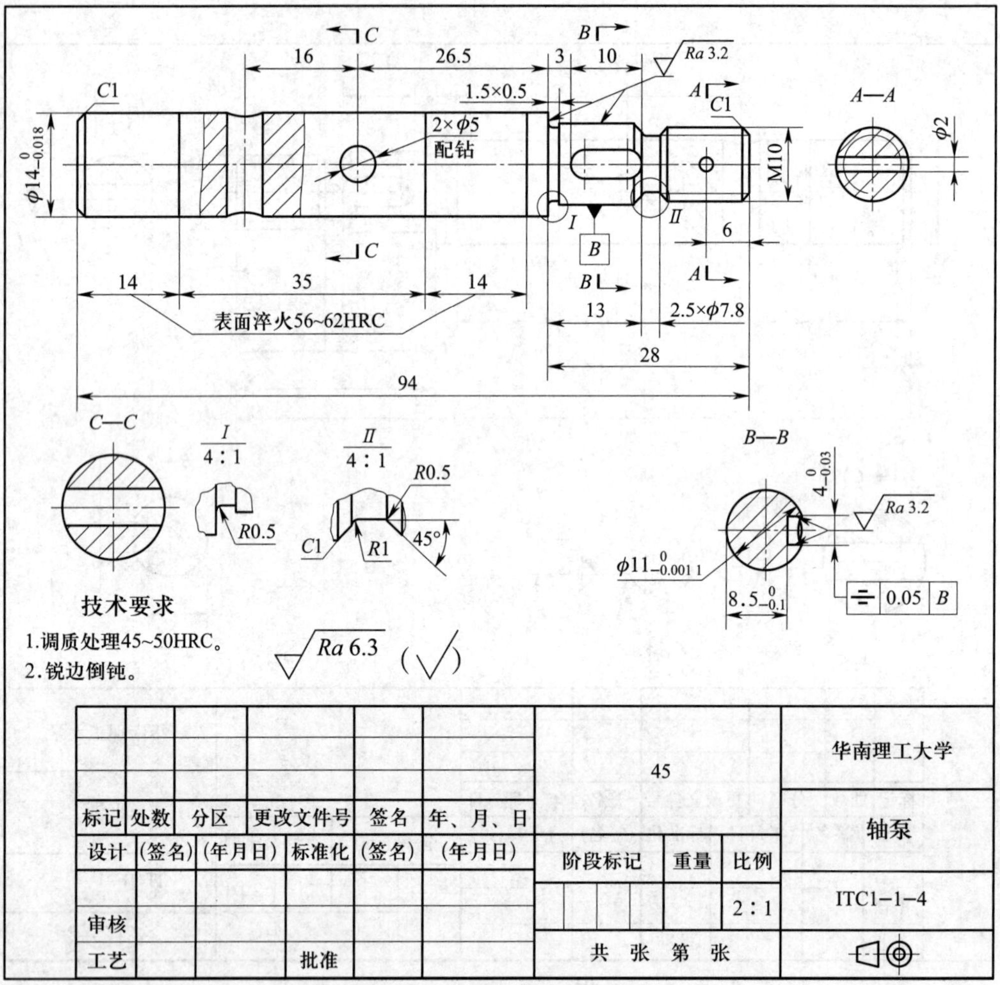

图 1-1-7 泵轴的零件图

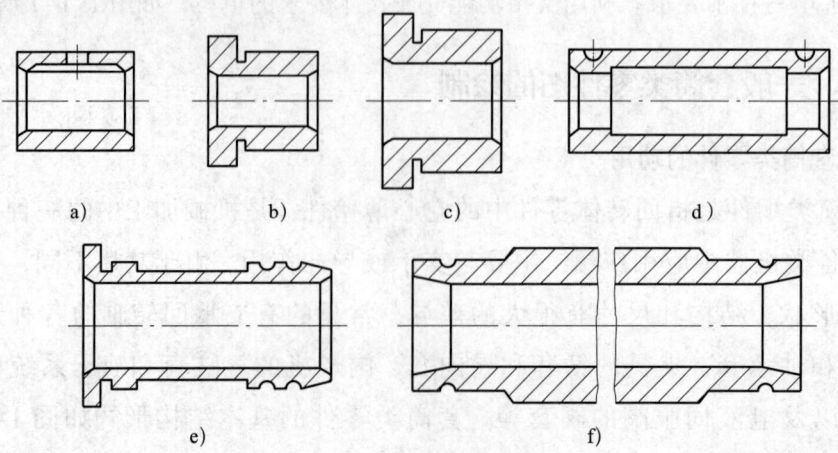

图 1-1-8 套筒类零件的基本结构形式
a）滑动轴承套 b）滚动轴承套 c）钻套 d）轴承衬套 e）气缸套 f）两端扩孔管接头

2. 套筒类零件的结构特点

套筒类零件的结构一般具有以下特点：外圆直径 d 一般小于长度 L，通常 $L/d<5$；外圆直径与内孔直径之差较小，故壁薄易变形；内孔、外圆回转面的同轴度要求较高。

3. 套筒类零件的绘制

套筒类零件图如图 1-1-9 所示，其绘制方法与轴类零件图大同小异。为了清楚地表示零件中空结构的特点，通常采用全剖视图或半剖视图。

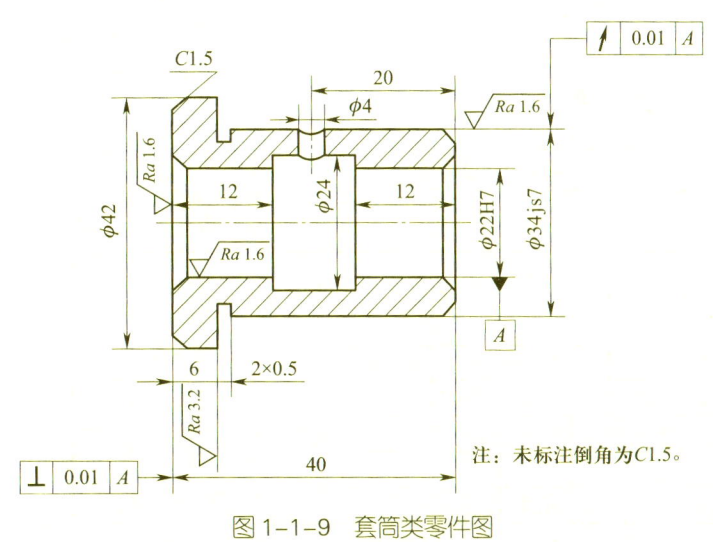

图 1-1-9　套筒类零件图

三、一般盘类零件图的绘制

轮子、法兰盘、轴承盖、圆盘等都属于盘类零件，这类零件主要起压紧、密封、支承、连接、分度、防护等作用。它们的主要部分一般是回转体，通常带有均匀分布的孔、肋板、凸台等结构。盘类零件图的绘制方案如下。

1. 此类零件若以车削加工为主，则一般按加工位置将轴线水平放置以确定主视图，否则应按工作位置确定主视图。主视图通常用全剖视图表达零件的内部结构，用其他视图表达外形。

2. 对于零件的其他局部细节，如孔、筋、轮辐等，则可采用局部剖视图、断面图、局部放大图等来表达。

法兰盘零件如图 1-1-10 所示。

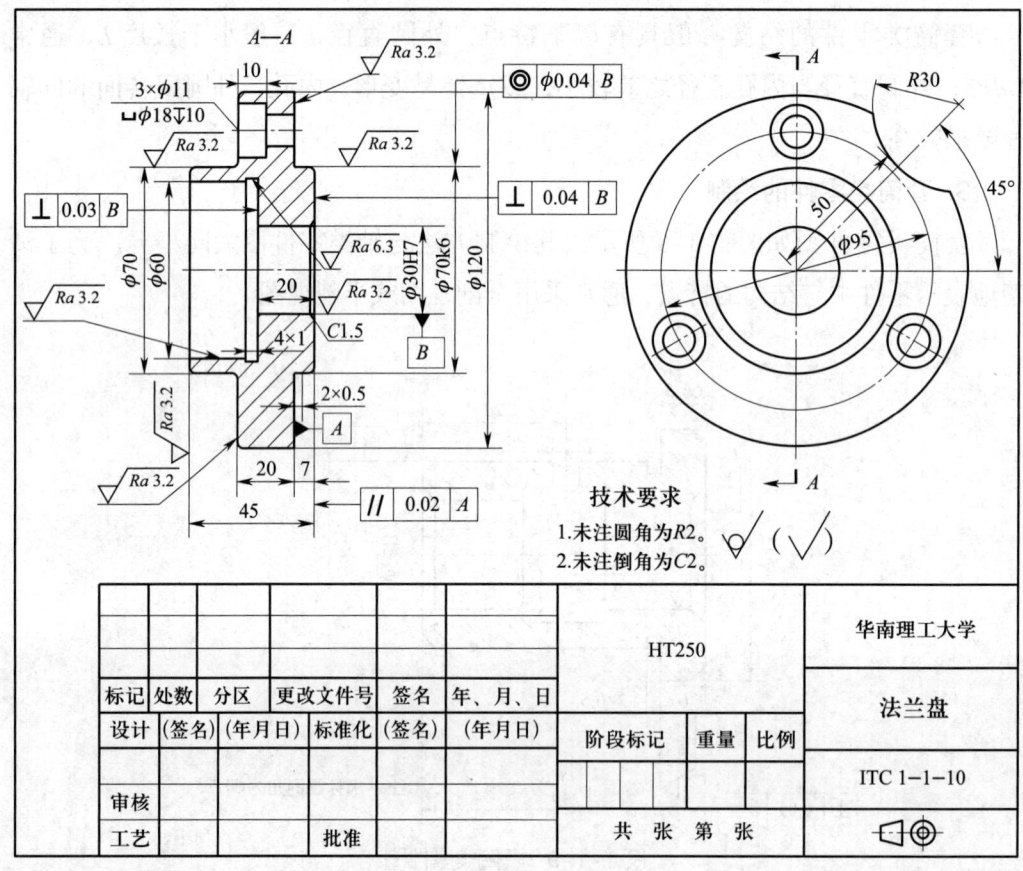

图 1-1-10　法兰盘零件

培训单元 3　按照装配要求选择工具、工装、量具和仪器

一、机械装配常用工具和工装的使用方法

运用工具和工装能使机械装配过程简便、高效。

1. 机械装配常用的手动工具

（1）螺钉旋具。螺钉旋具用来拧紧或松开头部带沟槽的螺钉，其工作部分用碳素工具钢制成，并经淬火硬化。

螺钉旋具的分类及应用见表 1-1-2。握螺钉旋具的手法如图 1-1-11 所示。

表 1-1-2 螺钉旋具的分类及应用

名称	示意图	适用螺钉
一字槽螺钉旋具		
十字槽螺钉旋具		
星形螺钉旋具		
内六角花形螺钉旋具		

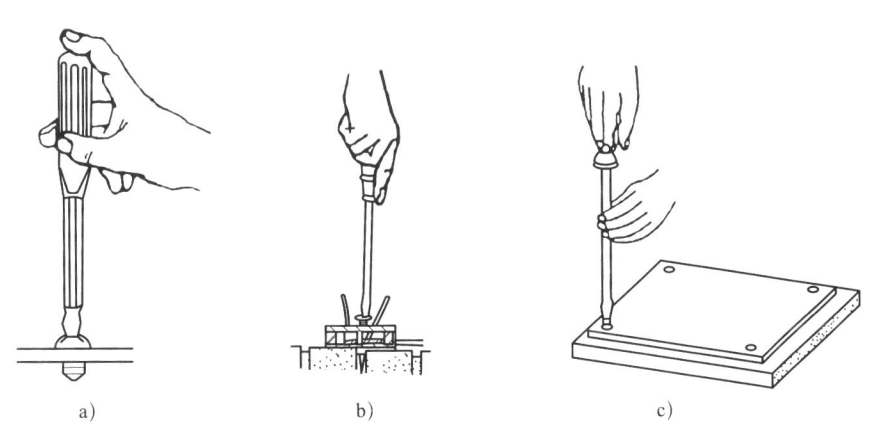

图 1-1-11 握螺钉旋具的手法

a) 小螺钉旋具　b) 大螺钉旋具　c) 长螺钉旋具

螺钉旋具的使用规范具体如下：配合螺钉头沟槽的大小、形状选用适当的螺钉旋具；不可用锤子敲击螺钉旋具的手柄，当手柄损坏时应立即换新；不可将螺钉旋具当作錾子或杠杆使用；检验有无电流时应用电工螺钉旋具，严禁用普通螺钉旋具检验高压电；不可磨削螺钉旋具刃口，以免破坏表面硬化层；不可将螺钉旋具放在衣裤口袋中，以免受伤。

（2）扳手

1）活扳手。活扳手是将六角头螺栓、六角螺母等拧紧及拧松的工具。如图1-1-12所示，活扳手由扳体3、固定扳口1、活动扳口6、固定销5及蜗杆4组成。活扳手的使用规范见表1-1-3，活扳手的规格见表1-1-4。

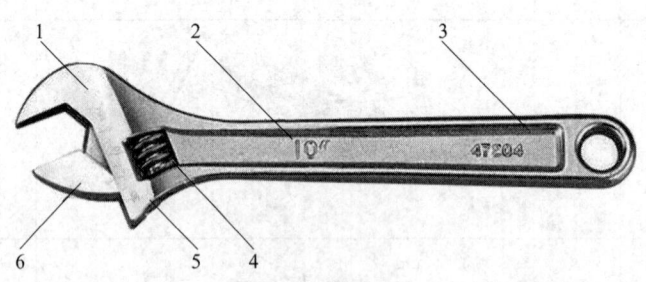

图1-1-12 活扳手

1—固定扳口 2—规格 3—扳体 4—蜗杆 5—固定销 6—活动扳口

表1-1-3 活扳手的使用规范

使用要点	图例	注释
适当调整开口		使用活扳手时应先将其开口调整至合适位置，使活动扳口与螺栓、螺母两对边完全贴紧，不应存在间隙，以防打滑而损坏螺栓、螺母或造成人员受伤
施力方向正确		使用时，活扳手的活动扳口应受推力，固定扳口应受拉力，只有这样施力，才能保证螺栓或螺母及活扳手本身不被损坏
不加力臂		不允许加套管使用活扳手，不允许把活扳手当作锤子、撬杠等使用

表 1-1-4 活扳手的规格

长度	公制 /mm	100	150	200	250	300	375	450	600
	英制 /in	4	6	8	10	12	15	18	24
最大开口尺寸 /mm		13	19	24	28	34	43	52	62

2）固定扳手。常用的固定扳手有呆扳手、梅花扳手和两用扳手。

呆扳手的一端或两端制有固定尺寸的开口，用来扳拧对应尺寸的螺母或螺栓。呆扳手分双头呆扳手和单头呆扳手两种。其中，双头呆扳手又分为长型和短型两种。

梅花扳手两端具有带六角孔或十二角孔的工作端，适用于工作空间狭小、不能使用普通扳手的场合。梅花扳手分为双头梅花扳手和单头梅花扳手两种，并按颈部形状分为矮颈型和高颈型。

两用扳手的一端为单头呆扳手，另一端为单头梅花扳手，两端扳拧相同规格的螺栓或螺母。常用的固定扳手见表 1-1-5。

表 1-1-5 常用的固定扳手　　　　　　　　单位：mm

名称	图例	规格
双头呆扳手		常用的有 3.2×4、4×5、5×5.5、5.5×7、7×8、8×10、10×11、10×13、11×13、13×15、13×16、15×16、16×18、18×21、21×24、24×27、27×30、30×34、34×36、36×41、41×46、46×50、50×55 等
双头梅花扳手		
两用扳手		两端扳手同一规格

（3）其他手动工具（见表1-1-6）

表1-1-6　其他手动工具

名称	图例	用途
套筒扳手	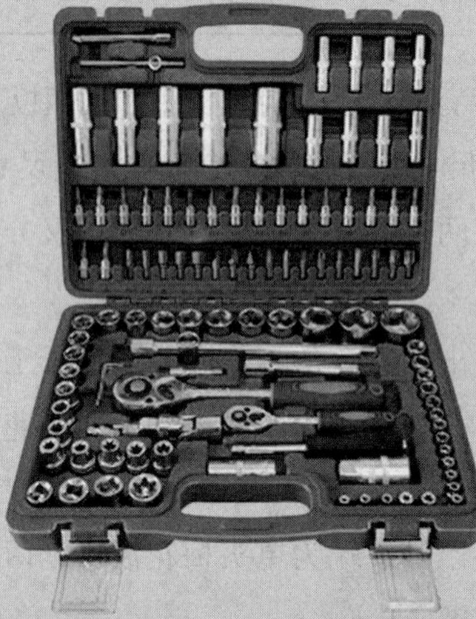 	由一套尺寸不等的梅花套筒组成，能在狭窄空间中安装与拆卸螺钉
钩形扳手	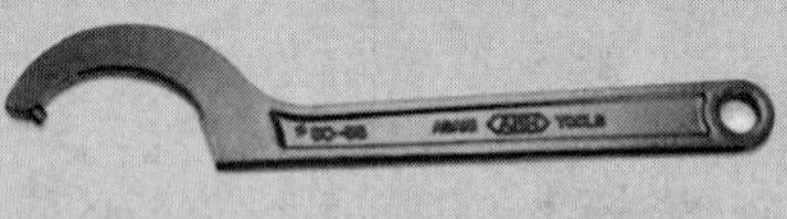	用于扳拧厚度受限制的薄螺母等，常专用于拆装机械设备上的圆螺母

2. 机械装配常用的工装（见表1-1-7）

表1-1-7　机械装配常用的工装

名称	图例	用途
螺旋夹具	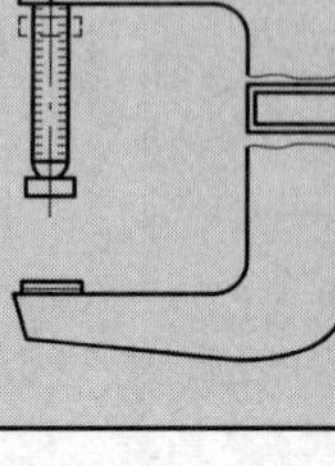	常用的弓形螺旋夹具又称U形夹，其夹紧力来源于螺杆，使用简便

续表

名称	图例	用途
螺旋推撑器	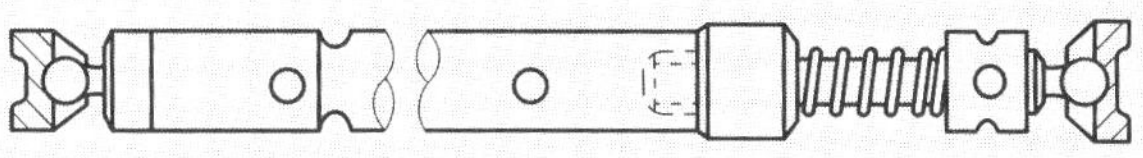	螺旋推撑器由丝杆、螺母、圆管等零件组成,起顶紧或撑开作用
压板	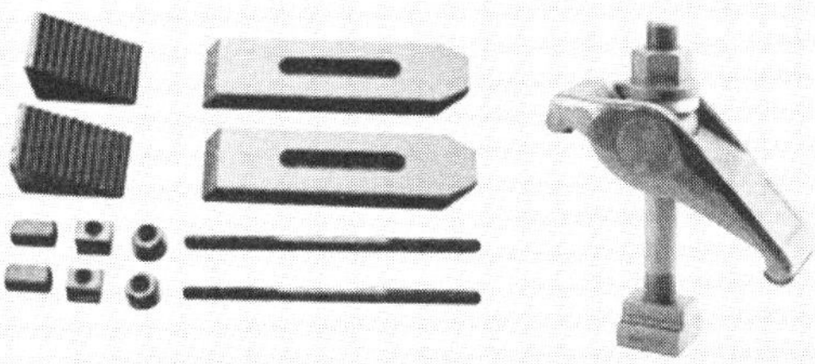	压板在加工机械零件过程中起压紧作用
快速夹具	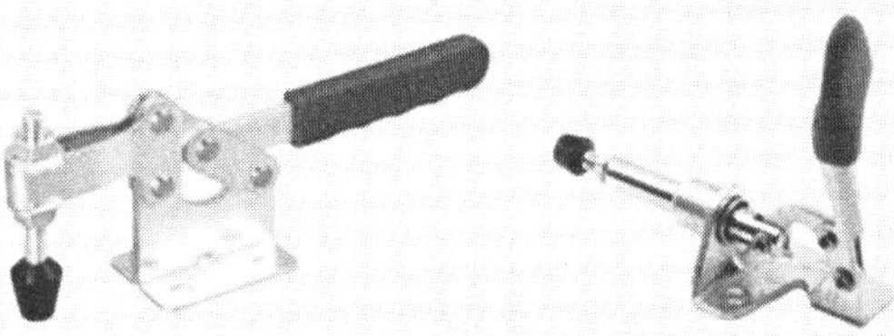	快速夹具能快速地夹紧零件,常用的有水平式、推拉式、开关式等多种形式
卡盘夹具		卡盘夹具能快速、准确地定位并夹紧盘类、轴类零件

二、机械装配常用量具和仪器的使用方法

1. 游标卡尺

(1) 游标卡尺的用途、分类与结构。游标卡尺是一种中等精度的量具,可以直接测量出工件的外径、孔径、长度、宽度、深度、孔距等尺寸,类似的还有带表卡尺、数显卡尺。根据测量分度值,游标卡尺分为 0.02 mm、0.05 mm 和 0.1 mm 三种。常用游标卡尺的测量范围有 0～125 mm、0～150 mm、0～200 mm、0～300 mm 等。

游标卡尺如图 1-1-13 所示。游标卡尺尺身、尺框上的刻度用来读数,其中尺身上刻有主标尺标记,尺框上刻有游标尺标记;制动螺钉用来调整尺身、尺框的运动间隙,并固定或松开尺框;刀口内测量爪用来测量工件内径等内表面尺寸;外测量爪用来测量工件外径等外表面尺寸;深度尺用来测量深度。

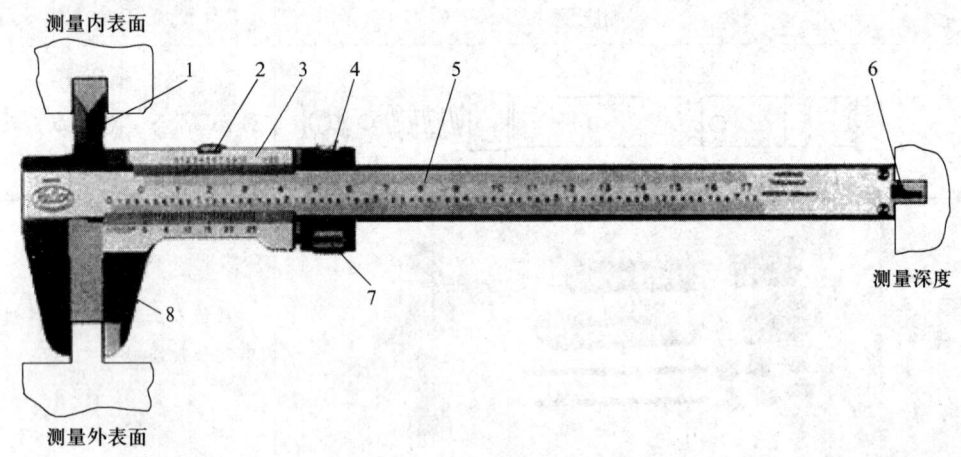

图 1-1-13 游标卡尺

1—刀口内测量爪 2、4—制动螺钉 3—尺框 5—尺身 6—深度尺 7—微动装置 8—外测量爪

（2）游标卡尺的读数原理。以分度值为 0.02 mm 的游标卡尺为例，其读数原理如图 1-1-14 所示。尺身主标尺每一小格标记的宽度为 1 mm，如 50 格对应 50 mm；尺框游标尺有 50 个等分刻线，但总长为 49 mm，因此，游标尺的每一格标记的宽度为 0.98 mm（49 mm/50），于是主标尺与游标尺的一格之差为 0.02 mm，也就是说其测量精度为 0.02 mm。

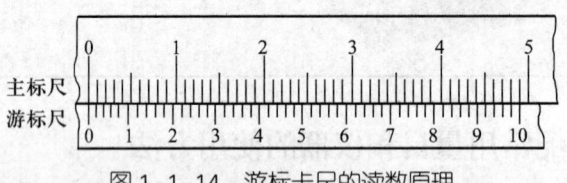

图 1-1-14 游标卡尺的读数原理

（3）游标卡尺的使用方法。测量时先移动尺框，使测量爪的测量面或刀口与工件有效接触，然后拧紧制动螺钉以免测量尺寸发生变化，最后读数。以分度值为 0.02 mm 的游标卡尺为例，其读数方法如图 1-1-15 所示。

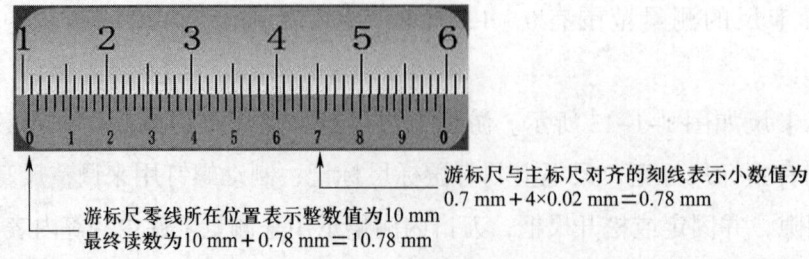

图 1-1-15　0.02 mm 游标卡尺的读数方法

如果测量台阶高度、孔深和槽深，可以使用深度游标卡尺（见图1-1-16）。

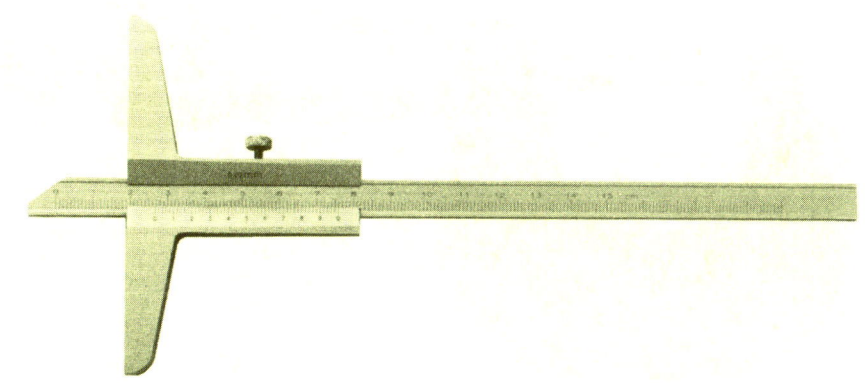

图1-1-16 深度游标卡尺

如果测量零件高度或划线，可以使用高度游标卡尺（见图1-1-17）。常用高度游标卡尺的测量范围有 0～200 mm、0～300 mm、0～500 mm、0～1 000 mm 等。

（4）游标卡尺的使用注意事项

1）测量前检查游标卡尺是否准确。清洁游标卡尺测量基面，调整制动螺钉，检查游标尺零线与主标尺零线是否重合。如果重合说明该游标卡尺是准确的；否则，记录下误差值，并对后续读数进行修正。

2）按测量精度要求选用合适的游标卡尺。

3）测量时测量面要垂直于被测量面，不能偏斜。

4）读数时视线要垂直于刻线表面，避免视线歪斜造成读数错误。

5）由于铸锻毛坯件表面比较粗糙且硬度较高，因此，不能用游标卡尺的测量爪对铸锻毛坯件进行测量或替代划针划线，避免测量爪磨损。

2. 千分尺

（1）千分尺的分类。千分尺分为外径千分尺、深度千分尺等，下面以外径千分尺为例进行介绍。

（2）外径千分尺的结构。外径千分尺主要由尺架、测砧、测微螺杆、固定套管、微分筒、测力装置、锁紧装置、隔热装置组成，如图1-1-18所示。

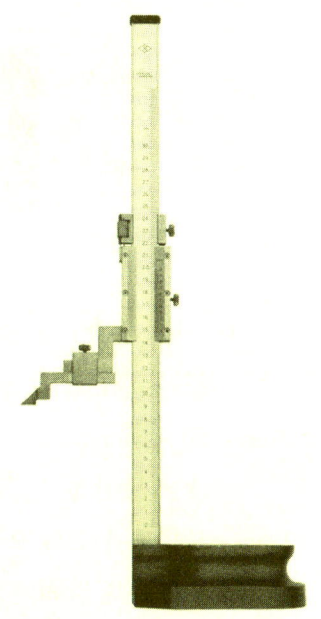

图1-1-17 高度游标卡尺

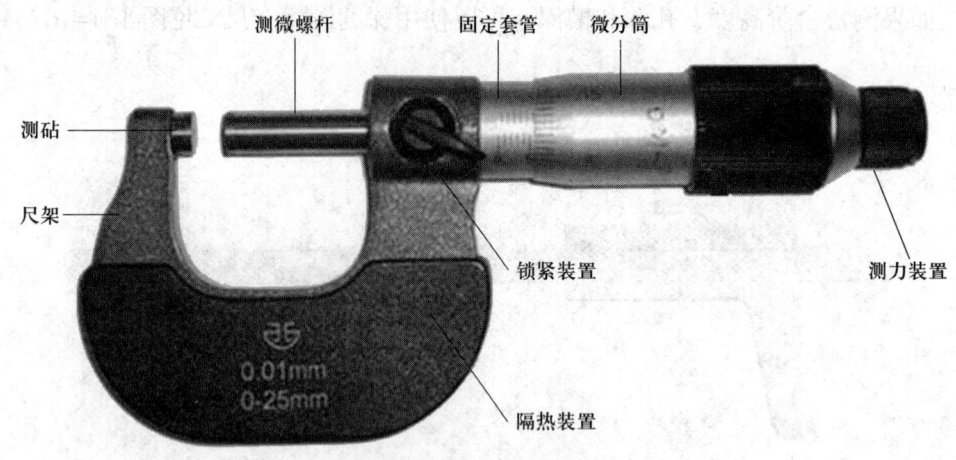

图1-1-18 千分尺结构

（3）外径千分尺的读数原理。外径千分尺的测量精度一般为0.01 mm，比游标卡尺高。外径千分尺测微螺杆的螺距为0.5 mm，微分筒每转一圈时测微螺杆就移动一个螺距，即移动0.5 mm。如图1-1-19所示，微分筒副标尺上的刻线为50个格，微分筒每转动一格，测微螺杆就移动0.01 mm（0.5 mm÷50=0.01 mm）。固定套管主标尺有上、下两组刻线，上、下两组刻线的每一格均代表1 mm，归零时下组刻线对在上刻线的中间位置。

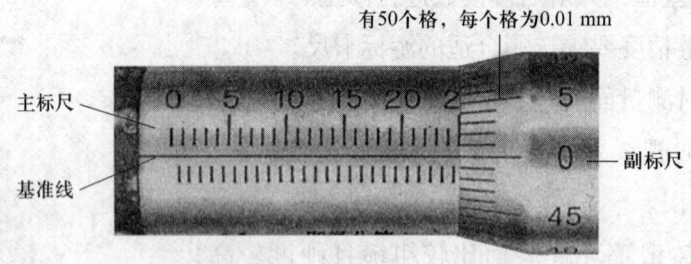

图1-1-19 外径千分尺的读数原理

（4）外径千分尺的使用方法。外径千分尺通常用来测量加工精度较高零件的尺寸。当其测量范围在500 mm以内时，常以25 mm为一档，如0～25 mm、25～50 mm、50～75 mm、75～100 mm等。外径千分尺的读数方法如下。

1）读出微分筒左侧固定套管上露出刻线的数值，从图1-1-20a中可读出12 mm，从图1-1-20b中可读出15.5 mm。

2）将微分筒与固定套管基准线对齐的刻线格数×0.01，读出小于0.5 mm的数值部分，从图1-1-20a中可读出0.32 mm，从图1-1-20b中可读出0.2 mm。

3）把从固定套管和微分筒所读出的数值相加，即为被测尺寸。图1-1-20a的被测尺寸为 12 mm+0.32 mm=12.32 mm，图 1-1-20b 的被测尺寸为 15.5 mm+0.2 mm=15.7 mm。

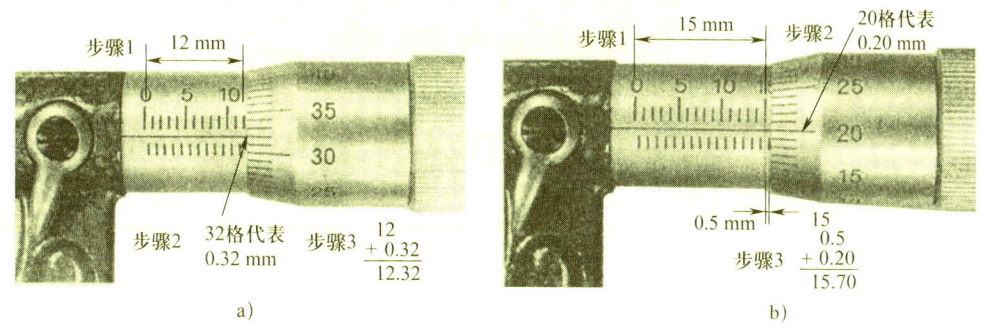

图 1-1-20　外径千分尺的读数方法
a）未超过 0.5 mm 刻度的读数方法　b）超过 0.5 mm 刻度的读数方法

（5）千分尺的使用注意事项

1）外径千分尺的测量面应保持干净，使用前应进行校准。

2）测量时先转动微分筒，当测量面接近工件时，改用后面的测力装置调整，直到其发出"吱"声为止。

3）测量时测量面要垂直于被测量面，不能偏斜。

4）读数时要防止将固定套管上的数值多读或少读 0.5 mm。

5）不能用外径千分尺测量转动的工件。

培训项目 2

机械功能部件装配

培训单元 1 钻、铰孔

一、钻孔及刀具使用

1. 钻孔概述

钻孔是指用钻头在实体材料上加工孔的一种机械加工方式。在钻床上对产品进行钻孔加工时，钻头应同步完成两个运动：一个是主运动，即钻头绕着轴线进行的旋转运动（即切削运动）；另一个是次要运动，即钻头沿着轴线方向对着工件进行的直线运动（即进给运动）。

钻孔属于粗加工类。在进行钻孔时，因为钻头在结构上往往存在缺点，所以大多会在产品的已加工表面上留下痕迹，影响加工质量，尺寸公差等级一般在 IT10 级以下，表面粗糙度一般为 $Ra12.5\ \mu m$ 左右。

2. 麻花钻

麻花钻主要由工作部分、柄部及颈部组成，如图 1-2-1 所示。

（1）麻花钻的工作部分。麻花钻的工作部分由切削部分和导向部分组成。

1）切削部分。切削部分由六面、五刃组成，如图 1-2-2 所示。其中，两个前面是指切削部分的两螺旋槽表面，两个后面是指与工件切削表面相对的曲面，两个副后面是指与已加工表面相对的钻头棱带面；两条主切削刃是指两个前面与两个后面的交线，两条副切削刃是指两个前面与两个副后面的交线，一条横刃是指两个后面的交线。

2）导向部分。导向部分由螺旋槽和棱带组成。其中，螺旋槽用于排屑、输送切削液，棱带起减少钻头与孔壁的摩擦及导向作用。

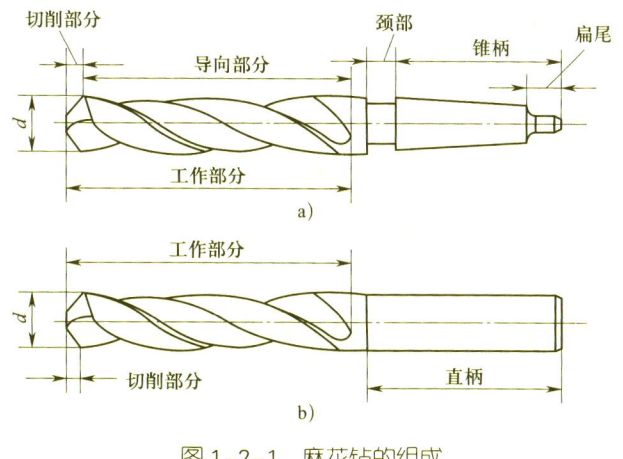

图 1-2-1 麻花钻的组成
a) 锥柄麻花钻　b) 直柄麻花钻

（2）麻花钻的柄部和颈部

1）柄部。钻头的夹持部分即柄部，用来传递钻削时所需的转矩和进给力。麻花钻的柄部有直柄和锥柄两种。当钻头直径≤12 mm时，柄部一般为直柄；当钻头直径>12 mm时，柄部一般为锥柄。

2）颈部。颈部是工作部分与柄部的连接部分，用于标注商标、钻头直径、材料等。

3. 钻削参数

钻削参数包括切削速度、进给量和背吃刀量，如图 1-2-3 所示。

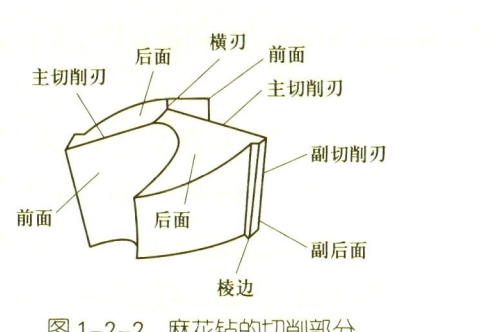

图 1-2-2 麻花钻的切削部分

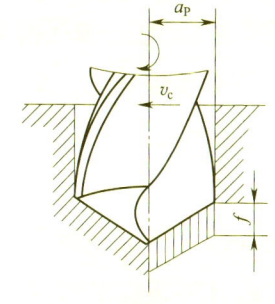

图 1-2-3 钻削参数

（1）切削速度（v_c）。切削速度是指钻孔时钻头直径上某一点的线速度。由下式计算切削速度 v_c：

$$v_c = \pi d n / 1\,000$$

式中　v_c——切削速度，m/min；

　　　d——钻头直径，mm；

n——钻床主轴转速，r/min。

（2）进给量（f）。进给量是指主轴每转一转，钻头对工件沿主轴轴线的相对移动量，单位是 mm/r。

（3）背吃刀量（a_p）。背吃刀量是指已加工表面与待加工表面之间的垂直距离，也可以理解为一次走刀所能切下的金属层厚度，单位是 mm。对于钻削而言，$a_p=d/2$。

加工材料和刀具材料不同时的切削速度和背吃刀量见表 1-2-1。

4. 钻孔用切削液

钻孔时，由于加工材料和加工要求不同，所用切削液的种类和作用也不一样。钻孔一般在半封闭状态下进行，散热困难，加切削液的目的应以冷却为主。

在高强度材料上钻孔时，因钻头前面要承受较大的压力，故要求切削液形成的润滑膜有足够的强度，以减少摩擦和钻削阻力。通常使用增加硫、二硫化钼等成分的切削液，如硫化切削油。

在塑性、韧性较大的材料上钻孔时，要求加强润滑作用，可在切削液中加入适量的动物油和矿物油。

二、铰孔及刀具使用

1. 铰孔及铰刀的种类、特点

铰孔是指用铰刀从工件孔壁上切除微量金属层，以获得较高尺寸精度和较小表面粗糙度的方法。铰孔属于精加工类。常用铰刀的种类、用途及特点见表 1-2-2。

2. 铰削参数

（1）铰削余量（$2a_p$）。铰削余量是否合适对孔的表面粗糙度和尺寸精度影响很大。如果铰销余量太大，不但孔不光滑，而且铰刀容易磨损；如果铰削余量太小，则不能去掉上道工序留下的刀痕，也达不到所要求的铰削质量。在一般情况下，对于 IT9、IT8 级加工精度的孔可一次铰出；对于 IT7 级加工精度的孔，应先粗铰后精铰；对于孔径大于 20 mm 的孔，可先钻孔再扩孔，然后进行铰孔。

（2）铰削速度（v_c）。机铰时为了获得较小的加工表面粗糙度，必须避免产生积屑瘤，减少切削热及形变，因而应取较小的铰削速度。用高速钢铰刀铰钢件时，v_c=4～8 m/min；铰铸铁件时，v_c=6～8 m/min；铰铜件时，v_c=8～12 m/min。

（3）进给量（f）。机铰钢件或铸件时，f=0.5～1 mm/r；机铰铜件或铝件时，f=1～1.2 mm/r。

表 1-2-1　加工材料和刀具材料不同时的切削速度和背吃刀量

加工材料		硬度/HBW	a_p/mm	高速钢刀具 v_c/(m·min⁻¹)	硬质合金刀具				陶瓷超硬材料刀具	
					无涂层		有涂层			说明
					v_c/(m·min⁻¹)		材料	v_c/(m·min⁻¹)	v_c/(m·min⁻¹)	
					焊接式	可转位				
易切材料	低碳	100～200	1	55～90	185～240	220～275	YT15	320～410	550～700	切削条件较好时可用冷压 Al_2O_3 陶瓷，切削条件较差时宜用 $Al_2O_3+T_iC$ 热压混合陶瓷
			4	41～70	135～185	160～215	YT14	215～275	425～580	
			8	31～55	110～145	130～170	YT5	170～220	335～190	
	中碳	175～225	1	52	165	200	YT15	305	520	
			4	40	125	150	YT14	200	395	
			8	30	100	120	YT5	160	305	
碳钢	低碳	125～225	1	43～46	140～150	170～195	YT15	260～290	520～580	
			4	34～38	115～125	135～150	YT14	170～190	365～425	
			8	27～30	88～100	105～120	YT5	135～150	275～365	
	中碳	175～275	1	34～40	115～130	150～160	YT15	220～240	460～520	
			4	23～30	90～100	115～125	YT14	145～160	290～350	
			8	20～26	70～78	90～100	YT5	115～125	200～260	
	高碳	175～275	1	30～37	115～130	140～155	YT15	215～230	460～520	
			4	24～27	88～95	105～120	YT14	145～150	275～335	
			8	18～21	69～76	81～95	YT5	115～120	185～215	

续表

加工材料		硬度/HBW	a_p/mm	高速钢刀具 v_c/(m·min⁻¹)	硬质合金刀具				陶瓷超硬材料刀具	说明
					无涂层 v_c/(m·min⁻¹)		材料	有涂层 v_c/(m·min⁻¹)	v_c/(m·min⁻¹)	
					焊接式	可转位				
合金钢	低碳	125~225	1	41~46	135~150	170~185	YT15	220~235	520~580	切削条件较好时可用冷压 Al_2O_3 陶瓷,切削条件较差时宜用 $Al_2O_3+T_iC$ 热压混合陶瓷
			4	32~37	105~120	135~145	YT14	175~190	365~395	
			8	24~27	84~95	105~115	YT5	135~145	275~335	
	中碳	175~225	1	34~41	105~115	130~150	YT15	175~200	460~520	
			4	26~32	85~90	105~120	YT14	135~160	280~360	
			8	20~24	67~78	82~95	YT5	84~120	220~265	
	高碳	175~275	1	30~37	105~115	135~145	YT15	175~190	460~520	
			4	24~27	84~90	105~115	YT14	135~150	275~335	
			8	18~21	66~72	82~90	YT5	105~120	215~245	
高强度钢		225~350	1	20~26	90~105	115~135	YT15	150~185	380~440	当硬度>300 HBW时,选用 W12Cr4V5Co5 及 W2Mo9Cr4VCo8
			4	15~20	69~84	90~105	YT14	120~135	205~265	
			8	12~15	53~66	69~84	YT5	90~105	145~205	
高速钢		200~275	1	15~24	76~105	95~125	YW1	115~160	420~460	加工 W12Cr4V5Co5时,选用 W2Mo9Cr4VCo3
			4	12~20	60~84	60~100	YW2	90~130	250~275	
			8	9~15	46~64	53~76	YW3	69~100	190~215	

续表

加工材料		硬度/HBW	a_p/mm	高速钢刀具 v_c/(m·min^{-1})	硬质合金刀具				陶瓷超硬材料刀具	
					无涂层 v_c/(m·min^{-1})		材料	有涂层 v_c/(m·min^{-1})	v_c/(m·min^{-1})	说明
					焊接式	可转位				
灰铸铁		160~260	1	26~43	84~135	100~165	YG8, YW2	130~190	395~550	—
			4	17~27	69~110	81~125		105~160	245~365	
			8	14~23	60~90	66~100		84~130	185~275	
不锈钢	奥氏体	135~275	1	18~34	58~105	67~120	YG3, YW1	84~160	275~425	当硬度>250 HBW 时,选用 W12Cr4V5Co5 及 W2Mo9Cr4VCo8
			4	15~27	49~100	58~105	YG6, YW1	76~135	150~275	
			8	12~21	38~76	46~84	YG6, YW1	60~105	90~185	
	马氏体	175~325	1	20~44	87~140	95~175	YW1, YB6	120~260	350~490	
			4	15~35	69~115	75~135	YW1, YB5	100~170	185~335	
			8	12~27	55~90	58~105	YW2, YB4	76~135	120~245	
可锻铸铁		160~240	1	30~40	120~160	135~185	YT15, YW1	185~235	305~365	
			4	23~30	90~120	105~135	YT15, YW1	135~185	230~290	
			8	18~24	76~100	85~115	YT14, YW2	105~145	150~230	

表1-2-2 常用铰刀的种类、用途及特点

种类		用途及特点	图例
按使用方式分类	手用铰刀	用于手工铰孔，柄部为直柄，刀体（工作部分）较长	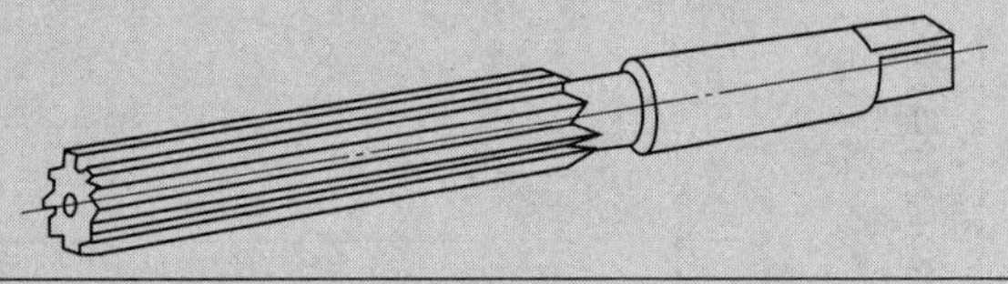
	机用铰刀	多为锥柄，需要装在钻床上进行铰孔	
按形状分类	圆柱形铰刀	分为固定式和可调式两种，其中可调式铰刀主要用于装配和修理时铰削非标准尺寸的通孔	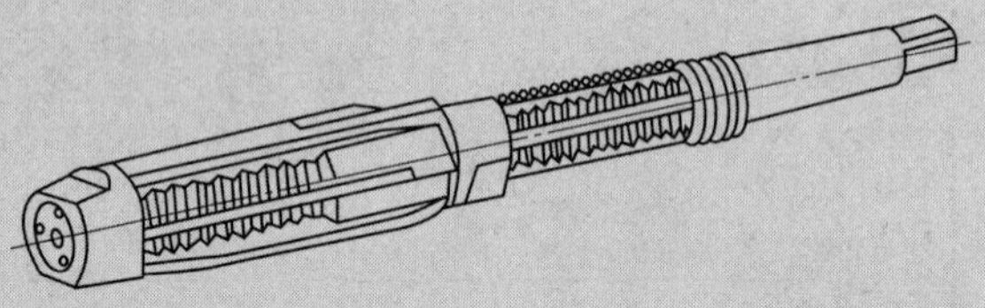
	圆锥形铰刀	用来铰削圆锥孔，锥度一般为1:50（即在50 mm长度内，铰刀两端直径差为1 mm），还有锥度为1:10、1:20、1:30的铰刀	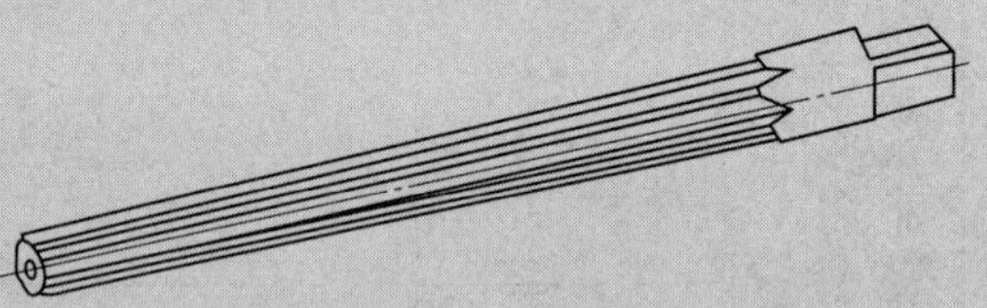
按刀齿类型分类	直齿铰刀	制造、刃磨和检验较方便	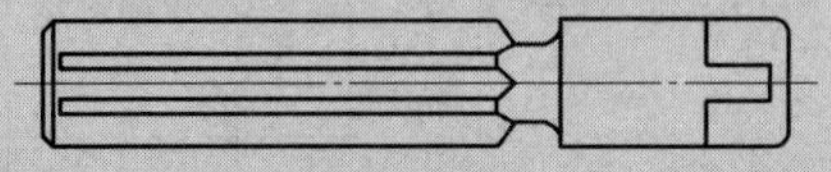
	螺旋齿铰刀	多用于铰削有缺口或带槽的孔，其特点是在铰削时不会被槽边钩住且铰削平稳，一般螺旋齿的旋向为左旋	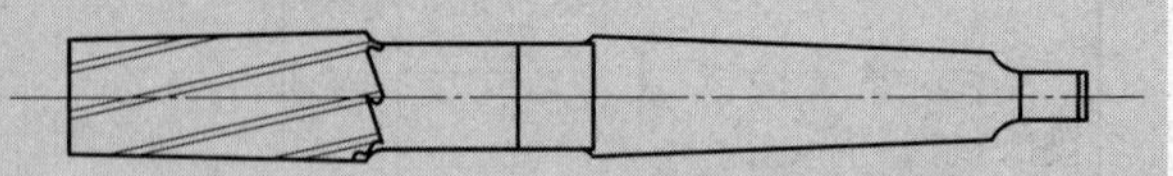

3. 操作方法

（1）装夹要可靠，应将工件夹正、夹紧。对于薄壁零件，要防止夹紧力过大而将其夹扁。

（2）进行手铰时可单手操作也可双手操作，如图1-2-4所示。双手操作时两手用力要平衡，以免在孔的进口处出现喇叭孔或孔径扩大。注意，进给时不要猛力推压铰刀，而应一边旋转，一边轻轻地加压，否则孔表面会很粗糙。

（3）铰孔时，不论进刀还是退刀都不能反转，以防刃口磨钝，或切屑卡在刀齿与孔壁之间而将孔壁划伤。

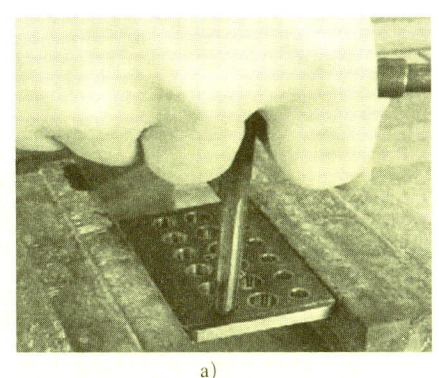 

图 1-2-4 手铰方法
a）单手操作　b）双手操作

（4）在铰孔过程中当铰刀被卡住时，不要猛力扳转铰刀，而应及时取出铰刀，清除切屑，检查铰刀，并在加切削液后继续缓慢地铰削。

（5）进行机铰时，应将工件一次性装夹，在进行钻孔、扩孔后再进行铰孔，以保证孔的加工位置不发生变化。铰孔完毕，要待铰刀退出后再停机，以防在孔壁上拉出痕迹。

（6）铰削尺寸较小的圆锥孔时，可以先以小端直径按圆柱孔精铰余量钻出底孔，然后用圆锥形铰刀铰削。对于尺寸和深度较大的圆锥孔，为了减小铰削余量，在铰孔前可先钻出阶梯孔，再用圆锥形铰刀铰削，铰削时要用相配的圆锥销来检查所铰孔的尺寸。

4. 冷却与润滑

铰削时产生的切屑较细碎，易黏附在刀刃上或铰刀与孔壁之间，使已加工表面被拉毛，使孔径扩大，使工件和铰刀变形、磨损。如果在铰削时加入适量的切削液，就可以及时地对切屑进行冲洗，并对刀具、工件表面进行冷却和润滑，以减小形变，延长刀具的使用寿命，提高铰孔的质量。铰孔用切削液见表 1-2-3。

表 1-2-3 铰孔用切削液

加工材料	切削液
钢	通常采用浓度（指质量分数，下同）为 10%～20% 的乳化液；当铰孔要求较高时，采用 30% 菜油 +70% 浓度为 3%～5% 的乳化液；当铰孔要求更高时，可直接采用菜油、柴油、猪油等
铸铁	一般不用切削液，可用煤油或浓度为 3%～5% 的乳化液
铝	多用煤油
铜	多用浓度为 5%～8% 的乳化液

5. 铰孔质量分析（见表 1-2-4）

表 1-2-4 铰孔质量分析

质量问题	产生原因	解决方法
孔径增大	铰刀外径尺寸设计值偏大或铰削速度过高，进给量不当或铰削余量过大，铰刀主偏角过大、铰刀弯曲或铰刀刃口上黏附积屑瘤	根据具体情况适当减小铰刀外径、降低铰削速度，适当调整进给量或减小铰削余量，适当减小铰刀的主偏角、校直或更换弯曲的铰刀、去除铰刀刃口上的积屑瘤
内表面有明显的棱面	铰削余量过大，铰刀切削部分后角过大	减小铰削余量，减小铰刀切削部分的后角
内表面粗糙	铰削余量太大、不均匀或太小，局部内表面未铰到	合理选择铰削余量

三、台式钻床和磁力钻

1. 台式钻床

（1）钻床的种类、用途和运动形式。钻床是钳工常用的孔加工机床，包括台式钻床、立式钻床、摇臂钻床等，如图 1-2-5 所示。钻床可用于钻孔、扩孔、锪孔、铰孔、攻螺纹等。钻床运动分为主运动和进给运动，主运动为钻床主轴的旋转运动，进给运动为钻床主轴的上下轴向运动。本书主要介绍台式钻床（简称台钻）。

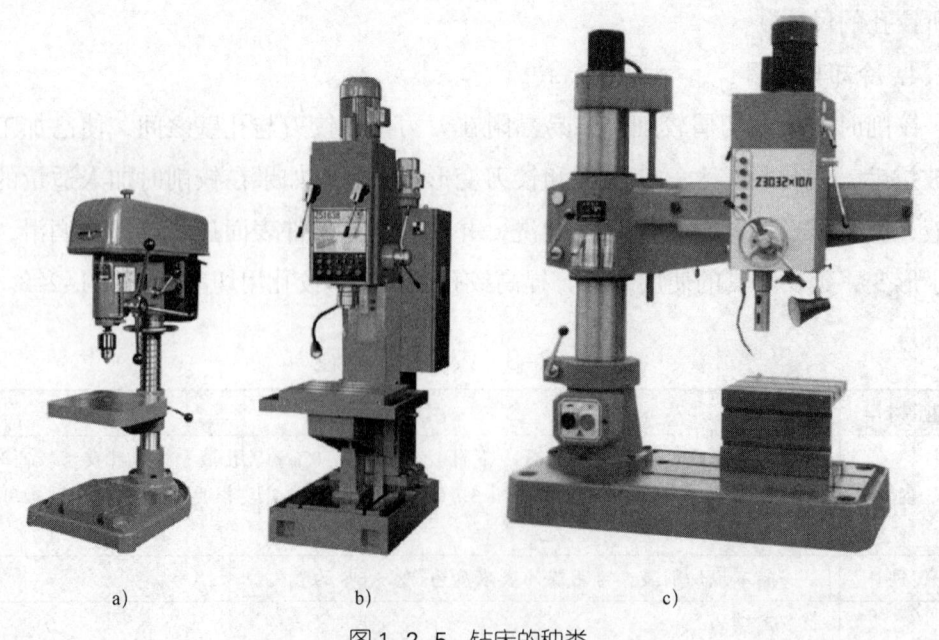

图 1-2-5 钻床的种类

a）台式钻床 b）立式钻床 c）摇臂钻床

（2）台式钻床的结构。台式钻床的结构如图1-2-6所示。

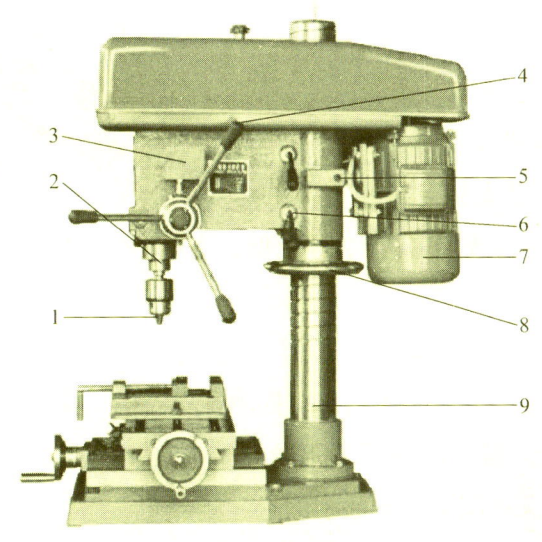

图1-2-6 台式钻床的结构

1—钻夹头 2—主轴 3—转换开关 4—进给手柄 5—紧固螺钉
6—锁紧手柄 7—电动机 8—升降摇把 9—立柱

台式钻床的钻夹头有两种规格。一种钻夹头用来装夹直径在13 mm及以下的直柄钻头，配以夹头钥匙使用，其外形如图1-2-7a所示，其结构如图1-2-7b所示。另一种钻夹头用来装夹直径在13 mm及以上的锥柄钻头，并配有多种规格的莫氏钻套（见图1-2-8）。

（3）台式钻床的工作原理。下面以Z4016小型台式钻床为例进行介绍，这种台式钻床用来加工小型工件上直径不大于16 mm的孔。

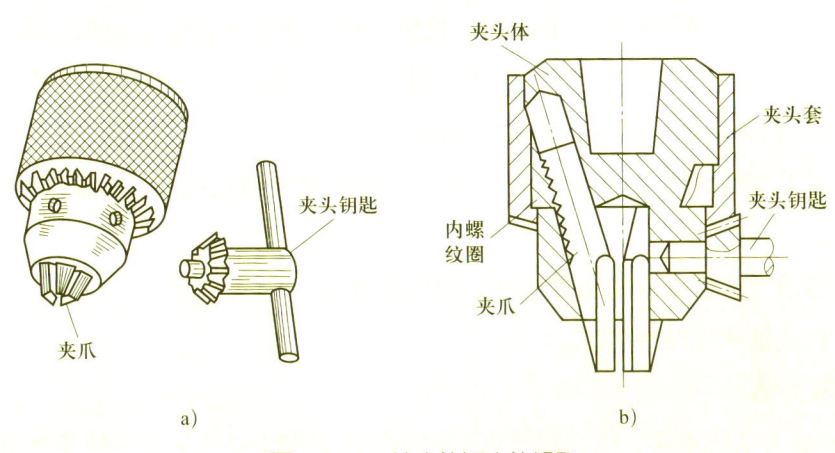

图1-2-7 钻夹头与夹头钥匙

a）外形图 b）结构图

1)主运动传动路线。电动机的动力经过主动塔轮、三角带、从动塔轮变速后传到主轴,并控制主轴转动。

2)进给运动传动路线。转动进给手柄,可以通过齿轮、齿条机构控制主轴的上下轴向运动。

3)技术规格。最大钻孔直径 $\phi 16$ mm,主轴最大行程 100 mm,主轴锥度莫氏 2 号短型,主轴转速 480~4 100 r/min。

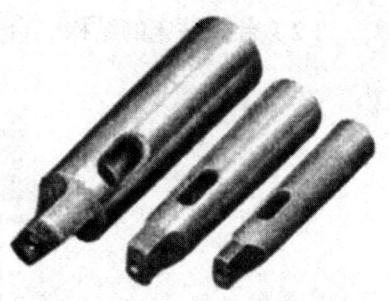

图 1-2-8 莫氏钻套

(4)台式钻床的使用方法

1)升降调整。先松开锁紧手柄,再摇动升降摇把,就可以实现主轴的升降。

2)启动与停止。按下启动开关则电动机启动,按下停止开关则电动机停止(启动开关和停止开关在图 1-2-6 所示的另一侧)。

(5)台式钻床的使用注意事项

1)开动台式钻床前,检查是否有夹头钥匙插在钻夹头上。

2)钻孔前要清理工作台,刀具、量具和其他物品不应放在工作台上。

3)钻孔前要夹紧工件,钻通孔时要使用垫块,或使钻头对准工作台的沟槽,防止钻头损坏工作台。

4)在孔将要被钻穿时应减小进给力,以防止事故发生。因为孔快要被钻穿时,轴向阻力会突然消失,使进给量突然增大,易发生事故。

5)钻孔时应该戴安全帽和防护眼镜,且必须扎紧衣服袖口,严禁戴手套,以免被卷入高速旋转的钻头而受伤。

6)严禁在主轴旋转状态下拆装、检测工件,在钻床需要变速时必须先停机。松、紧钻夹头也应在停机后进行,且要用夹头钥匙来操作而不能用楔铁敲击。当钻头需要从钻夹头中退出时,要用楔铁敲击。

7)钻孔时应用毛刷清除切屑,而不可用手清除或用嘴吹,以防切屑飞入眼中。

8)清洁台式钻床或加润滑油时必须切断电源。

9)台式钻床应保持清洁。

2. 磁力钻

(1)磁力钻的用途、结构和特点。磁力钻(见图 1-2-9)是一种能吸附在钢结构上进行钻孔、攻螺纹、铰孔的金属加工工具。磁力钻主要用于特殊工况下钢结构孔的加工，其质量小，非常适合进行野外和高空作业。例如，在进行野外和高空作业时往往需要用钻削工具进行钻孔和攻螺纹，但一般工具如手电钻无法进行精准操作，这时可以使用磁力钻；又如，对垂直钢结构进行钻孔和攻螺纹，以及需要倒着钻孔和攻螺纹时，操作者需要消耗大量体力来固定钻孔工具，或者根本无法固定钻孔工具打孔，而磁力钻能自己吸附在垂直钢结构上，不需要人来固定它。

磁力钻的结构主要包括底座（一般是电磁铁）部分和钻削部分，后者包括电动机、传动轴、导轨等。

图 1-2-9　磁力钻

磁力钻具有结构紧凑、质量轻，电动机体积小、功率大、扭矩大，成孔精确度高、钻孔效率高、能耗低、使用寿命长等特点。

（2）磁力钻的工作原理。首先固定磁力钻，其底座部分在通电后形成磁场，在电磁效应下产生较大的磁力，牢牢地被吸附在钢结构上，保证磁力钻不移动，然后通过高速旋转的钻头对钢结构进行钻孔和攻螺纹。

（3）磁力钻的使用方法。磁力钻应用范围较广，使用时通过双挡位机械齿轮传动装置进行作业，通过转速计调节转速。

它具有快速免钥匙更换系统，无须扳手即可快速地更换工具；它具有双燕尾导轨无级调节功能，无须从加工部件上取下机器即可使用更长的钻头；它具有电子磁座吸力升高装置，可根据需要增大磁吸力；它具有冷却润滑剂集成装置，用于喷射冷却润滑剂。

（4）磁力钻的使用注意事项

1）使用前应阅读产品说明书，在熟悉磁力钻性能之后进行操作。

2）使用前检查磁力钻机壳和电源线、夹具等是否完好无损。

3）操作者必须戴防护眼镜，不得穿过分宽松的衣裤，女性的长发应盘进安全帽内。

4）进行高空作业时，磁力钻一定要安装安全链。

5）磁力钻只能在平滑、光洁的钢结构表面上使用，且钢板厚度不得小于 6 mm，以确保底座能牢固吸附。

6）更换钻头前必须关闭电源，在使用过程中如果发现钻头被卡住应立即关闭电源。

7）严禁用锤击的方式调整磁力钻位置。

8）在使用取芯钻或麻花钻时，不能用太大力加快钻孔速度，以免钻头折断伤人。

9）每次使用后应检查磁力钻上的螺栓是否松动，同时做好清洁卫生工作并妥善存放。

10）磁力钻应定期校验，经校验合格的应粘贴合格证，禁止使用超过校验有效期的磁力钻。

【综合实训】

钻削实训

实训任务

1. 能根据图样要求准确划线。
2. 能根据钻削任务要求选择工具、量具、刃具、夹具。
3. 能正确进行钻削操作，并根据钻屑的形状判断钻削工作状态。
4. 能正确分析和控制孔的质量。
5. 能在钻孔时注意安全。

操作准备

实训场所需要准备划线工具、多种规格的钻头、通用夹具、板料与棒料、台式钻床等。

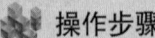 操作步骤

一、钻孔前准备

步骤1　在工件上划线

按尺寸要求划出孔的中心线，并打上中心样冲眼，再按孔径大小划出圆周线及检查圆（或检查方格），如图1-2-10所示。

步骤2　装夹工件

夹具和装夹方法的选择要根据工件的数量、形状、精度等情况确定。对单件、小批量工件进行钻削加工时，一般采用通用夹具进行装夹。不同工件的装夹方法见表1-2-5。

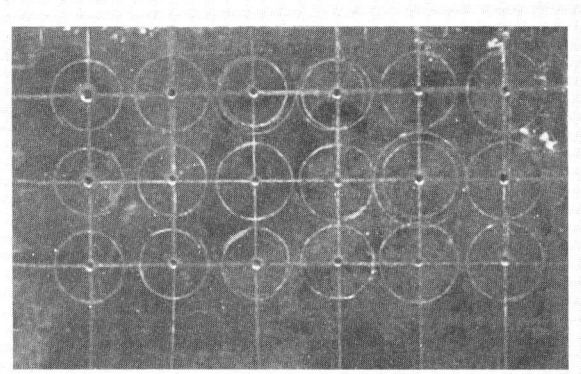

图 1-2-10 划线示意图

表 1-2-5 不同工件的装夹方法

装夹方法	工件类型	图例
平口钳装夹	平整的工件	
V 形架装夹	圆柱形工件	
压板装夹	孔径较大或不便用平口钳装夹的工件	

续表

装夹方法	工件类型	图例
卡盘装夹	端面钻孔的方形或圆形工件	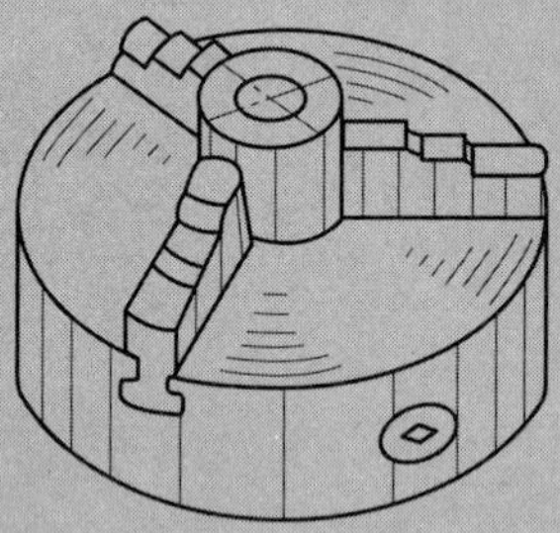
角铁装夹	底面不平或以侧面为基准的工件	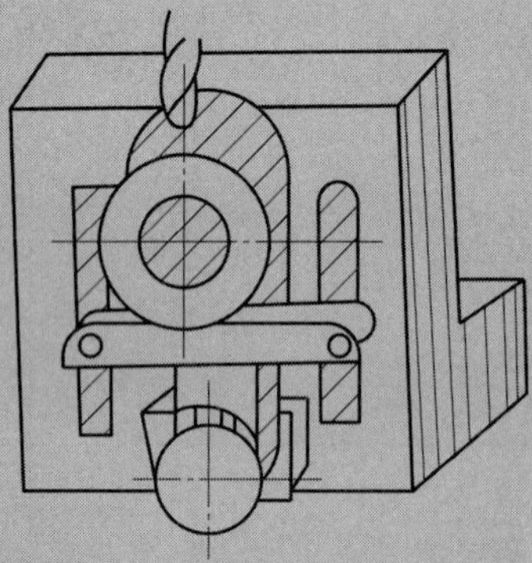
手虎钳装夹	钻小孔的小型或薄板工件	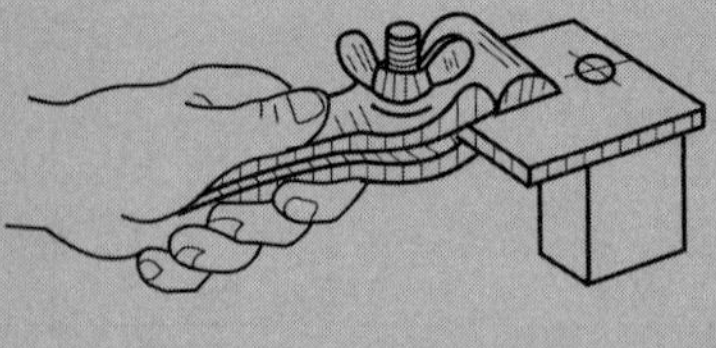

步骤3　拆装钻头

钻头直径有大有小，夹持力也有大有小。对于直径较小的钻头，可以通过钻夹头的夹紧力克服钻孔时的钻削阻力，所以，其柄部宜为直柄；对于直径较大的钻头，钻削阻力较大，根据莫氏锥度自锁紧原理，其柄部宜为锥柄。表1-2-6为不同柄部钻头的拆装方法。

表 1-2-6 不同柄部钻头的拆装方法

钻头类型	图例
直柄钻头	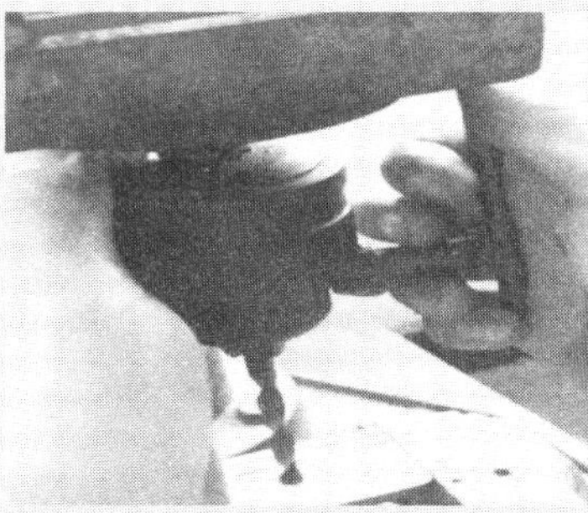
锥柄钻头	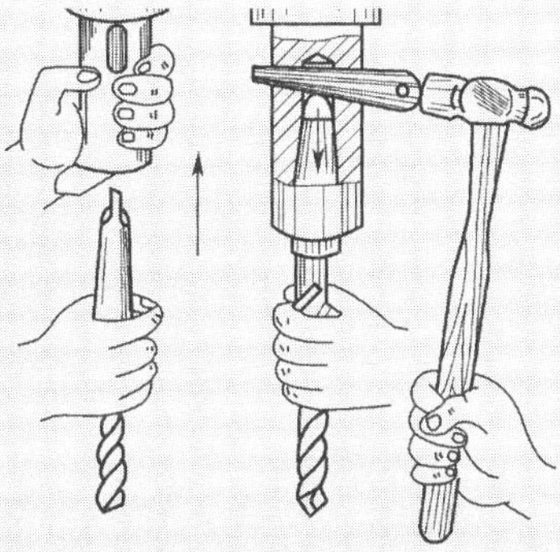

二、实施钻孔

步骤 1 试钻

起钻前先把钻尖对准中心样冲眼,然后启动主轴先试钻一个锥坑,观察所钻的锥坑是否与所划的圆周线同心。如果二者同心可以继续钻下去;如果发生偏位且偏位较小,要逐步借位调正后再钻;如果发生偏位且偏位较大,可打几个冲眼或錾出几条小槽后再继续钻。

步骤 2 进行钻孔操作(见图 1-2-11)

(1)正常钻时应加适当的进给力,并经常清除钻屑和加切削液。

(2)在孔将被钻穿时,应减小进给力,以免因发生"啃刀"现象而影响加工质量,甚至折断钻头。

图1-2-11 进行钻孔操作

（3）在钻不通孔时，应准确设定调整挡块深度并通过测量保证孔的深度符合要求。

（4）对于直径大于30 mm的孔可分两次钻，先用小钻头（其直径为孔径的50%～70%）钻孔，然后再用与孔径对应的钻头扩孔。

（5）用钻头倒角，去除孔口毛刺。

步骤3 根据钻屑分析钻削工作状态

钻削工作状态与钻屑的形成如图1-2-12所示。

钻头有两个主切削刃，因而加工时在回转的同时进行切削。钻头的前角从中心轴线至外缘越来越大，钻头越接近外缘的部分切削速度越高，越靠近中心轴线的部分切削速度越小，钻头的旋转中心切削速度为零。钻头的横刃位于中心轴线附近，横刃处前角较大，无容屑空间，切削速度较低，因而会产生较大的切深抗力。

钻屑与钻削工作状态见表1-2-7。钻头的切削是在空间狭窄的孔中进行的，钻屑必须经钻头的螺旋排屑槽排出，因此钻屑形状对钻头的钻削性能影响很大。由于麻花钻具有一定的结构特性，因此同一切削刃上每一点的钻屑形变都不一样。

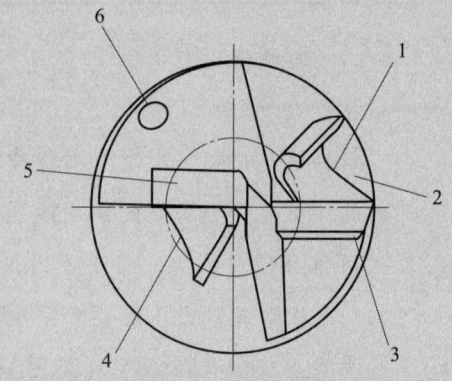

图1-2-12 钻削工作状态与钻屑的形成
1—外切削刃钻屑 2—螺旋槽
3—外切削刃 4—内切削刃钻屑
5—内切削刃 6—切削液喷孔

表 1-2-7 钻屑与钻削工作状态

中心带钻屑	周边钻屑	钻削工作状态
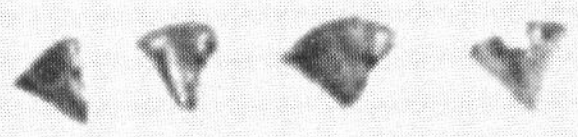	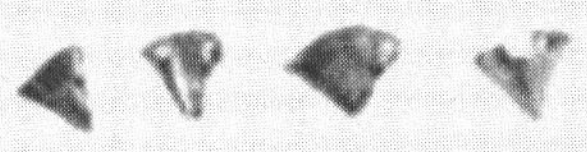	非常好
	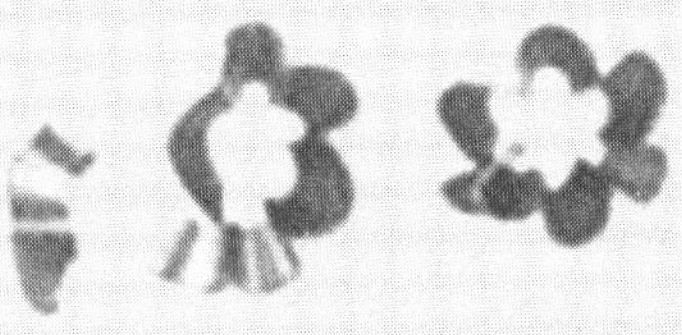	一般，但可以接受
	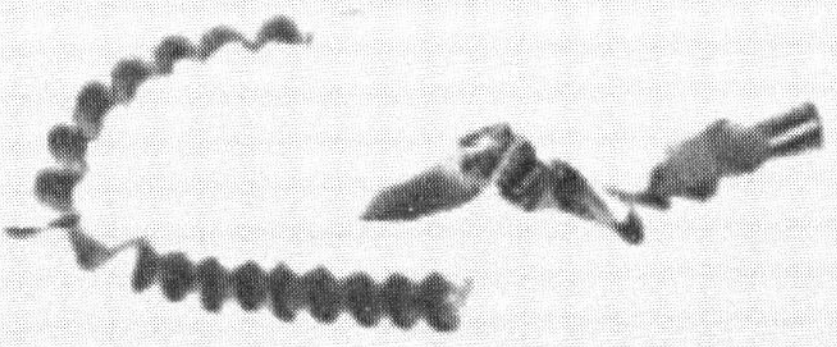	不好，有钻屑堵塞

步骤 4　钻孔常见问题的分析和解决

钻孔常见问题的原因分析和解决方法见表 1-2-8。

表 1-2-8　钻孔常见问题的原因分析和解决方法

问题现象	原因分析	解决方法
孔径增大、误差大	钻头左、右切削刃不对称，摆差大	刃磨时保证钻头左、右切削刃对称，摆差在允许范围内
	钻头横刃太长	修磨横刃，缩短横刃长度
	钻头刃带上有积屑瘤	将刃带上的积屑瘤用油石进行修整，直到有利于钻削
	进给量太大	减小进给量
	钻床主轴摆差大或松动	及时调整和维修钻床

续表

问题现象	原因分析	解决方法
钻孔时产生振动或孔不圆	钻头后角太大	减小钻头后角
	钻头左、右切削刃不对称，摆差太大	刃磨时保证钻头左、右切削刃对称，摆差在允许范围内
	主轴轴承松动	调整或更换主轴轴承
	工件未夹牢	改进夹具与定位装置
	毛坯件表面不平整，有气孔、砂眼等	更换合格的毛坯件
	工件内部有制品、缺口、交叉孔	改变工序顺序或改变工件结构
钻头折断	切削用量选择不当	减小进给量和切削速度
	钻头崩刃	当加工较硬的钢件时，要适当减小后角
	钻头横刃太长	修磨横刃，减小横刃长度
	钻头已钝，刃带严重磨损而呈正圆锥状	及时更换钻头，且在刃磨时将磨损部分全部磨掉
	切削液供应不足	切削液喷孔应对准加工孔口，同时加大切削液流量
	钻屑堵塞钻头的螺旋槽，或钻屑卷在钻头上，使切削液不能进入孔内	采用断屑措施或分级进给方式，使钻头退出数次
	切削速度、进给量过大	减小切削速度、进给量
孔壁表面粗糙	钻头不锋利	将钻头磨至锋利
	钻头后角太大	减小钻头后角
	进给量太大	减小进给量
	切削液供给不足，切削液性能差	选择性能好的切削液，加大切削液流量
	钻屑堵塞钻头的螺旋槽，或钻屑卷在钻头上，使切削液不能进入孔内	采用断屑措施或分级进给方式，使钻头退出数次
	夹具刚度不够	改进夹具
	工件材料硬度过低	增加热处理工序，适当提高工件硬度

培训单元2 螺纹加工

一、螺纹

螺纹按位置分布可分内螺纹和外螺纹;按牙形可分为三角形螺纹、梯形螺纹、矩形螺纹和锯齿形螺纹;按线数可分为单头螺纹和多头螺纹;按旋入方向可分为左旋螺纹和右旋螺纹,其中右旋螺纹不标注,左旋螺纹标注 LH。

内螺纹的种类不同,加工时选用的丝锥也不同。

常用公制普通粗牙螺纹的底孔直径和外螺纹光杆直径见表 1-2-9。

表 1-2-9 常用公制普通粗牙螺纹的底孔直径和外螺纹光杆直径

型号	螺距 P/mm	铸铁材料底孔直径/mm	碳钢材料底孔直径/mm	外螺纹光杆直径/mm	型号	螺距 P/mm	铸铁材料底孔直径/mm	碳钢材料底孔直径/mm	外螺纹光杆直径/mm
M3	0.5	2.5	2.5	2.9	M8	1.25	6.6	6.8	7.9
M4	0.7	3.2	3.2	3.9	M10	1.5	8.3	8.5	9.8
M5	0.8	4.1	4.2	4.9	M12	1.75	10.3	10.5	11.8
M6	1	4.9	5	5.9	M16	2	13.8	14	15.7

二、丝锥和铰杠

1. 丝锥

丝锥是一种加工内螺纹的刀具。单件、小批量工件内螺纹的加工一般采用攻螺纹工艺,即用丝锥在螺纹底孔中切削加工出内螺纹。丝锥的常用材料有高速钢、碳素工具钢、合金工具钢等。常用丝锥如图 1-2-13 所示。

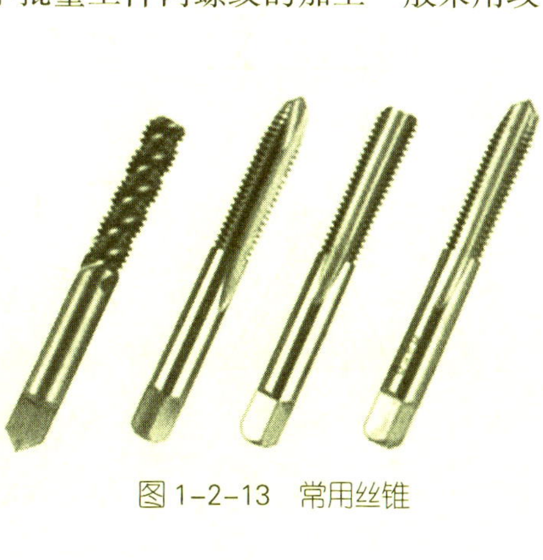

丝锥由工作部分和柄部组成:工作部分包括切削部分和校准部分;柄部有方头,用来传递切削扭矩。丝锥结构示意图如图 1-2-14 所示。

图 1-2-13 常用丝锥

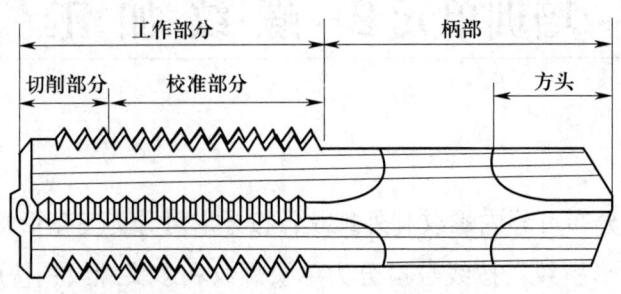

图 1-2-14 丝锥结构示意图

丝锥按加工方法分为机用丝锥和手用丝锥，按螺纹牙粗细分为粗牙丝锥和细牙丝锥，按柄部粗细分为粗柄丝锥、细柄丝锥，按是否组合使用分为单支丝锥和成组丝锥。

丝锥的螺纹公差带有 H1、H2、H3、H4 四种。其中，机用丝锥的公差带为 H1、H2、H3，手用丝锥的公差带为 H4。

成套丝锥切削用量的分配如图 1-2-15 所示。分配目的是减小切削力、延长丝锥的使用寿命。分配方式有以下两种：锥形分配（即等径分配，其结构特点是每支丝锥的大径、中径、小径都相等，但是切削部分的长度和锥角不同）、柱形分配（即不等径分配，其结构特点是头锥、二锥的大径、中径、小径都比三锥小，头锥、二锥的中径一样但大径不一样，头锥的大径小、二锥的大径大）。在图 1-2-15 中，$L_切$ 表示丝锥切削部分的长度；K_r 表示丝锥切削部分的锥度；P 表示螺距，即螺纹旋转一周的轴向移动距离；d_2'' 表示头锥中径，d_2' 表示二锥中径，d_2 表示三锥中径。

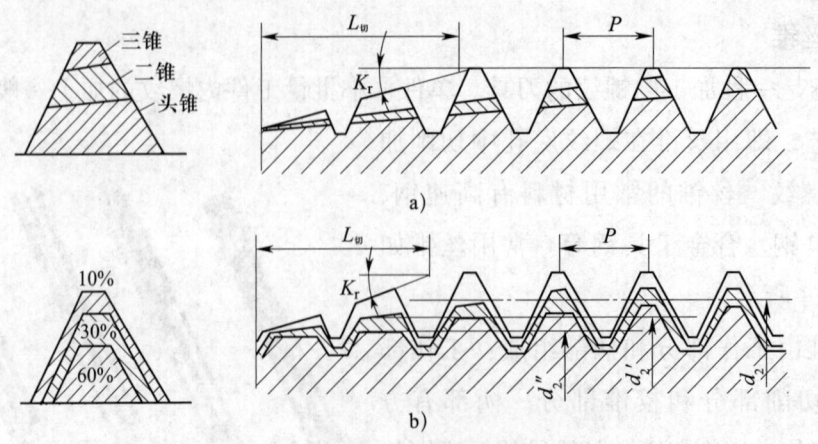

图 1-2-15 成套丝锥切削用量的分配
a）锥形分配 b）柱形分配

2. 铰杠

铰杠是手动攻螺纹时用来夹持丝锥的工具，分为普通铰杠（见图 1-2-16）和丁字铰杠（见图 1-2-17）两类。这两类铰杠又可以分别分为固定式和活络式。

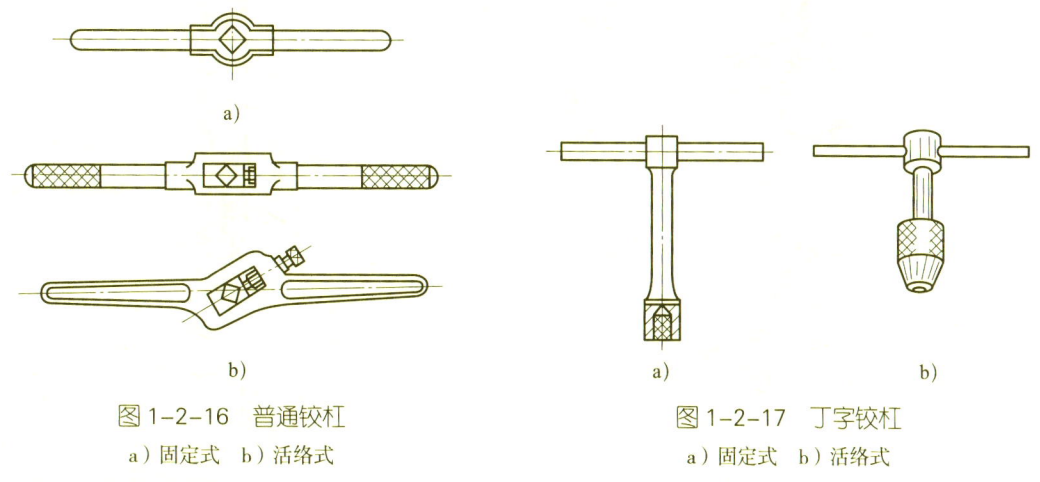

图 1-2-16 普通铰杠
a）固定式 b）活络式

图 1-2-17 丁字铰杠
a）固定式 b）活络式

三、内螺纹加工

1. 加工方法

（1）在工件上划线，钻底孔。

（2）在孔口倒角，若是通孔螺纹则两端都倒角，以便于丝锥顺利切入。

（3）用头锥起攻。起攻时，可用一只手的手掌按住铰杠中部沿丝锥轴线施加压力，用另一只手配合将丝锥顺向旋进，如图 1-2-18a 所示；或两只手分别握住铰杠两端均匀地施加压力，并将丝锥顺向旋进，如图 1-2-18b 所示。起攻时应保证丝锥轴线与孔轴线重合，不得歪斜。

（4）当丝锥攻入 1～2 圈时，应及时从前后、左右两个方向用直角尺检查垂直度，如图 1-2-19 所示，并不断校正至符合要求。

（5）当丝锥的切削部分全部进入工件时，就不要再施加压力了，而应靠丝锥自然旋进切削，并要经常反转 1/4～1/2 圈，使切屑碎断后排出。

（6）攻螺纹时，必须以头锥、二锥、三锥顺序攻削至标准尺寸。若在较硬的材料上攻螺纹，可轮换使用各丝锥，以减小切削部分的负荷，防止丝锥折断。

（7）当攻不通孔时，可在丝锥上做深度标记，并要经常退出丝锥，清除留在孔内的切屑，否则会因切屑堵塞而使丝锥折断或使螺纹达不到深度要求。当工件不便倒置进行清屑时，可插入弯曲的小管子吹出切屑，或用磁性针棒吸出切屑。

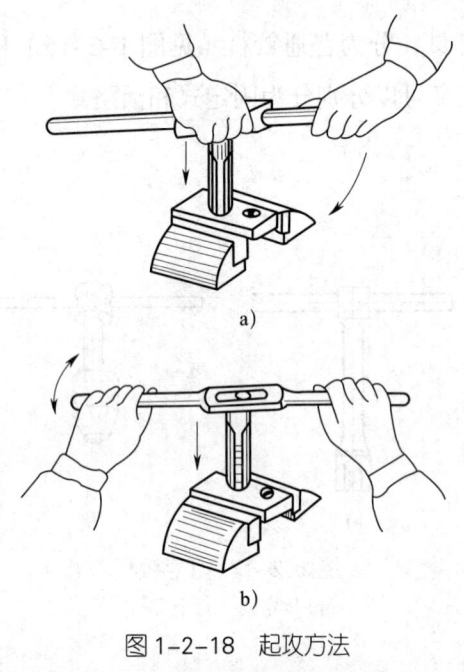

图 1-2-18 起攻方法
a)方法一 b)方法二

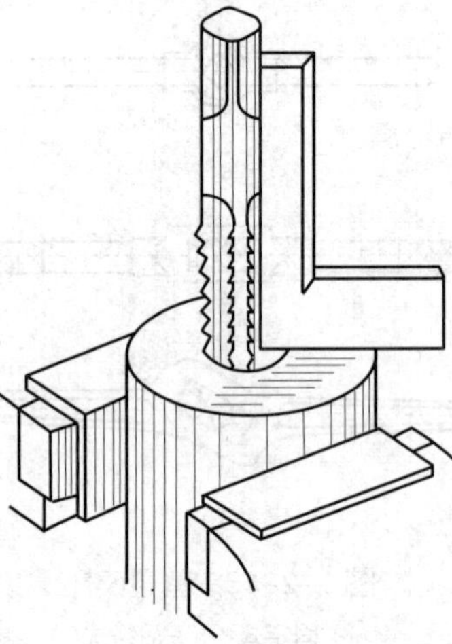

图 1-2-19 用直角尺检查垂直度

(8) 攻韧性材料的螺孔时要加切削液,以减小切削阻力、螺孔的表面粗糙度值并延长丝锥的使用寿命。攻钢件时应用机油,当螺纹质量要求较高时还可用工业植物油。攻铸铁件时可加煤油。

2. 攻螺纹质量分析及处理

在攻螺纹过程中,质量问题的原因分析及解决方法见表 1-2-10。

表 1-2-10 攻螺纹质量问题的原因分析及解决方法

质量问题	原因分析	解决方法
螺纹粗糙	底孔直径余量不合理	根据材料正确选择底孔直径
	丝锥磨损严重	合理选择丝锥
	切削液选择不当	根据材料正确选择切削液
	丝锥有积屑瘤	调整切削液
丝锥断裂	底孔直径过小	根据材料正确选择底孔直径
	丝锥与底孔的中心线不同轴	确保丝锥与底孔的中心线同轴
	积屑严重	调整断屑、退屑时间

四、丝锥断裂后的处理及补救方法

在使用丝锥的过程中经常由于操作不当而导致丝锥折断,以下为丝锥断裂后的处理及补救方法。

1. 一般是用锤子敲击冲子,慢慢地将断裂的丝锥冲出来,或者用锤子把未旋入的丝锥部分敲碎,然后自制一个三爪工具(相当于取丝器)旋出余下的部分。

2. 如果丝锥所用材料是高速钢,采用取丝器不能取出时,可用氧乙炔焰将其加热到 1 200～1 300 ℃,然后采用水冷方法使其开裂,再用锤子、冲子敲出碎裂的断锥。

3. 可以采用便携式电火花机,方便、无损、快速地去除折断在工件中的丝锥部分。

培训单元 3　手工刃磨标准麻花钻

在钻孔加工过程中,钻头经常会被磨损,因此,经常需要磨削钻头。本培训单元主要介绍标准麻花钻的刃磨知识。

一、标准麻花钻结构参数介绍

1. 标准麻花钻的切削角度

标准麻花钻的结构参数如图 1-2-20 所示。其中,切削角度的定义、作用及特点见表 1-2-11。

2. 标准麻花钻的刃磨要求

(1) 顶角为 118°±2°。

(2) 外缘处的后角为 8°～14°。

(3) 横刃斜角为 50°～55°。

(4) 两主切削刃的长度及其与中心轴线形成的两个角要相等。

(5) 两个后面要刃磨至光滑。

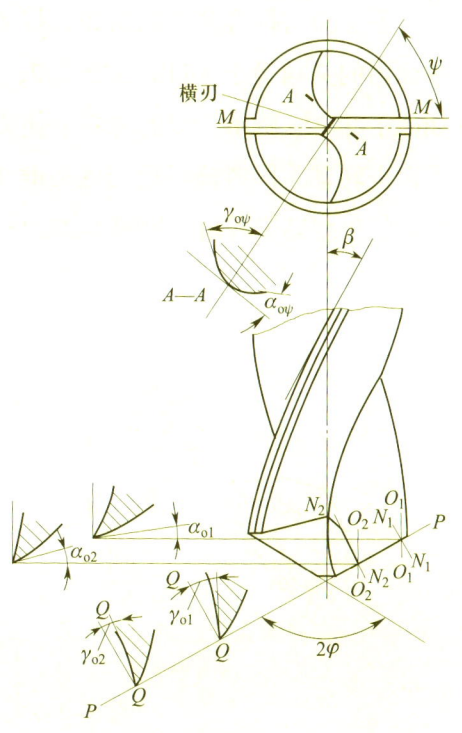

图 1-2-20　标准麻花钻的结构参数

表1-2-11 标准麻花钻切削角度的定义、作用及特点

名称	定义	作用及特点
前角 γ_o	主切削刃上任意一点的前角是指在主截面 N_1-N_1 或 N_2-N_2 中，前面与基面的夹角	前角大小决定切削的难易程度和切屑与前面之间摩擦力的大小。前角越大，切削越省力。主切削刃上各点的前角不同：外缘处的前角最大，可达30°，自外缘至中心轴线处前角逐渐减小。约在 $d/3$ 范围内前角为负值，接近横刃处的前角为 -30°，横刃处的前角为 -54°~-60°
后角 α_o	钻头主切削刃上某一点的后角是指在圆柱截面（O_1-O_1 或 O_2-O_2）内，后面与切削平面之间的夹角	后角的作用是减小后面与切削表面的摩擦力。后角越小，摩擦力越大，但切削刃强度越高。主切削刃上各点的后角也不同：外缘处后角较小（8°~14°），越靠近中心轴线处后角越大（20°~26°），横刃处的后角为 30°~60°
顶角 2φ	顶角是指两条主切削刃在其平行平面上投影的夹角	顶角的大小根据加工条件决定
横刃斜角 ψ	横刃斜角是指在垂直于钻头中心轴线的端面投影中，横刃与主切削刃之间的夹角	横刃斜角（50°~55°）的大小与靠近中心轴线处后角的大小有着直接关系，后角磨得越大，则横刃斜角就越小。反过来说，如果横刃斜角刃磨得较准确，则靠近钻心处的后角也是准确的

二、手工刃磨标准麻花钻的方法与技巧

1. 手工刃磨标准麻花钻的方法

手工刃磨标准麻花钻时先摆好姿势：使钻头的中心轴线和砂轮圆柱素线在水平面内的夹角等于（118°±2°）/2，使钻头被刃磨部分的主切削刃处于水平位置，如图1-2-21a所示。刃磨时右手使刃口接触砂轮，并使钻头绕自己的中心轴线由下而上转动，同时施以适当的刃磨压力；左手配合右手缓慢地同步向下摆动，所摆动的角度等于后角，如图1-2-21b所示。

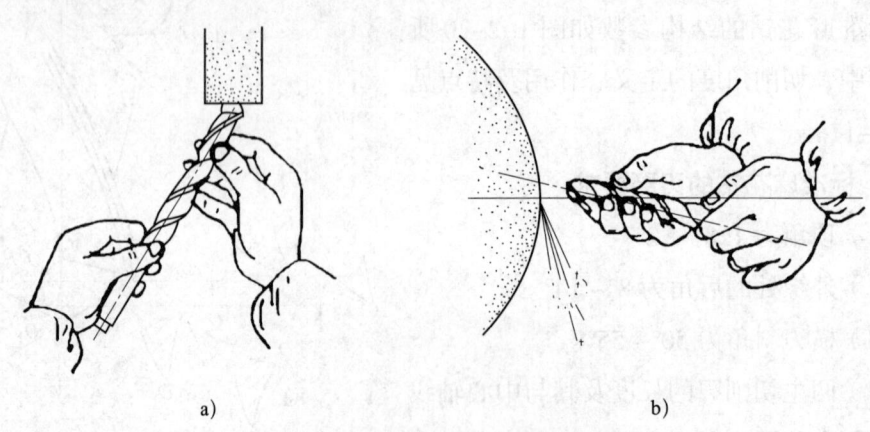

图1-2-21 标准麻花钻的刃磨方法
a) 磨削标准麻花钻主偏角　b) 磨削标准麻花钻后角

2. 手工刃磨标准麻花钻的技巧

（1）砂轮的旋转方向应正确（向下旋转）。

（2）砂轮机启动后，待砂轮转速正常后再进行刃磨。

（3）刃磨时要防止刀具对砂轮剧烈撞击或施加过大的压力，砂轮表面跳动严重时应及时修正。

（4）操作者应尽量站在砂轮机的斜侧面，并戴好防护眼镜。

（5）在刃磨时两手动作要协调、自然，所施加的压力不宜过大，并要经常蘸水冷却标准麻花钻，防止其因过热退火而降低硬度。

三、标准麻花钻的检验方法

常采用目测法、角度样板法、万能角度尺法（见图1-2-22）、实践检测法对标准麻花钻刃磨后的各角度进行检验。标准麻花钻除了应满足相关参数要求，还应通过试钻测试（根据钻孔质量判断标准麻花钻的刃磨质量）。

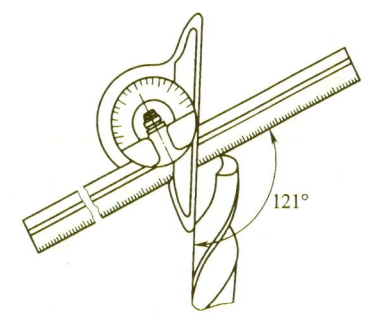

图1-2-22 万能角度尺法

培训单元4 刮削平板

一、刮削概述

1. 刮削的作用、原理和特点

刮削的作用：用刮刀在工件表面上刮去一层很薄的金属，能获得精确的尺寸精度、准确的几何精度，能增大接触精度、提高传动精度，能获得较小的表面粗糙度值。

刮削的原理：刮削时，刮刀的负前角起推挤作用，它在切削的同时还进行压光。在刮削过程中，物理和化学作用相互影响，使刮削得到的工件表面比机械加工得到的工件表面更严密，且刮刀与工件滑动时触点均匀分布，滑动阻力较小，两滑动面的相互磨损较小。

刮削的特点：刮削具有切削量小、切削力小、产生热量少、装夹变形小等特点，不存在车、铣、刨等机械加工中不可避免的振动、热变形等因素。

2. 刮削应用

在对机床导轨和滑动轴承的接触面、工具和量具的接触面、密封表面等进行机械加工之后，常采用刮削方法进行加工。

刮削是一种繁重的操作，每次刮削量又很少，因此机械加工所保留下来的刮削余量不能太大，一般在 0.05～0.4 mm。在确定工件的刮削余量时应考虑以下因素：刮削工件面积大则刮削余量大；刮削前加工误差大则刮削余量大；工件结构刚度差时容易变形，则刮削余量大。

一般来说，工件在刮削前的加工精度（如直线度和平面度）应不低于 IT9。

3. 安全注意事项

刮削前应先去除毛刺、飞边，防止碰伤手臂。

刮削大型工件时必须将其安放在平稳处，需要搬运、翻转时都必须使用起重工具。

刮削工件边缘时不能用力过猛，以免身体失去平衡而摔倒。

二、刮削刀具、校准工具和显示剂的选择

1. 刮削刀具

刮刀是最主要的刮削工具。按用途不同，刮刀可分为平面刮刀和曲面刮刀。

（1）平面刮刀。平面刮刀主要用来刮削平面，如平板、工作台等，也可以用来刮外曲面。

按所刮表面精度要求不同，平面刮刀可以分为粗刮刀、细刮刀和精刮刀三种。

按形状不同，平面刮刀又可以分为直头刮刀和弯头刮刀。直头刮刀的切削部分硬度较高，柄部硬度较低且具有一定弹性。弯头刮刀的刀体是曲线形的，能增加一定的弹性，使刮出来的工件表面质量较好。

（2）曲面刮刀。曲面刮刀主要用来刮削内曲面，如滑动轴承的内孔等。

曲面刮刀的种类较多，常用的有三角刮刀和蛇头刮刀两种。

2. 校准工具

校准工具又称标准工具，是用来检验刮削面准确性的一种工具。常用的标准工具有标准平板、平面校准平尺、三棱检验尺、检验轴和水平仪。

（1）标准平板。标准平板适用于检验较宽的刮削面。一般标准平板是用具有较高耐磨性的铸铁制成的，其外形如图 1-2-23 所示。

图 1-2-23 标准平板的外形
a）标准平板的背面　b）标准平板的工作状态

（2）平面校准平尺。平面校准平尺适用于检验长而窄的刮削面，其外形如图 1-2-24 所示。

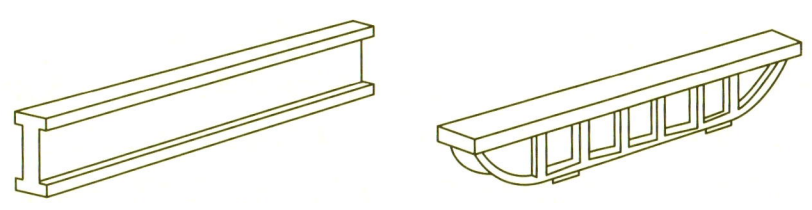

图 1-2-24 平面校准平尺

（3）三棱检验尺。刮削互成角度的棱面时常用三棱检验尺，其外形如图 1-2-25 所示。

（4）检验轴。刮削曲面、孔表面时，一般多采用与孔相配的轴来做检验轴。如果没有现成的检验轴，就要制造一根标准的心棒来校准。

图 1-2-25 三棱检验尺

（5）水平仪。水平仪用来检验工件表面位置的水平度和垂直度。

3. 显示剂的选择

在刮削过程中，为了使工件与标准工具对磨时能清楚地显示高起来的部分（即高点），常加入显示剂。显示剂必须满足颜色鲜艳、对工件无腐蚀、不摩擦或损伤表面的要求。

最常用的显示剂是红丹粉。红丹粉有两种，即铁丹（氧化铁）和铅丹（氧化铅），使用时先用机油（或煤油、柴油）与其调和，再涂在铸铁件或钢件上，其特点是不反光、所显示的高点清晰。除红丹粉外，精密工件和有色金属及其合金工件上常使用一种称为蓝油（用普鲁士蓝粉和蓖麻油及适量机油调和而成，呈深蓝色）的显示剂，其研点小而清晰。还有用烟墨、酒精、松节油等作为显示剂的，但相对来说应用得较少。

三、刮削方法及技巧

1. 刮削方法

（1）平面刮削方法。平面刮削可以按粗刮、细刮、精刮和刮花这四个步骤进行。

1）粗刮。当工件表面有明显的加工痕迹或严重生锈、加工余量较大（大于 0.05 mm 以上）时，必须进行粗刮。粗刮时，可以采用连续推铲的方法，使刮刀的刀痕连成一长片。要对整个刮削面均匀地进行刮削，不能出现中间低、边缘高的现象。如果刮削面有平行度要求，刮削前应先测量一下，根据前道工序所遗留的误差情况进行不同程度的刮削，以消除显著的不平行情况，提高刮削精度。当刮到每 25 mm × 25 mm 方框内有 2~3 个研点时，即可以进行细刮。

2）细刮。用细刮刀在刮削面上刮去稀疏的大块研点，以进一步改善不平行现象。细刮时采用的刮刀不能太宽，以 15 mm 左右为宜，可以采用短刮法（刀迹长度约等于刀刃宽度）。随着研点的增多，刀迹逐渐缩短。在刮第一遍时必须保持方向一定，在刮第二遍时要交叉刮削，形成 45°~60° 的网纹，以消除原方向的刀迹，达到精度要求。当整个刮面上每 25 mm × 25 mm 方框内出现 12~15 个研点时，即可以进行精刮。

3）精刮。在细刮的基础上，精刮能增加研点，能显著提高刮削面的质量。精刮时，刀迹长度一般为 5 mm 左右。刮削面越小，精度要求越高，刀迹则越短。刮削时落刀要轻，起刀要迅速，在每个研点只能刮一刀，不应重复刮，且应始终交叉着进行刮削。当研点数逐渐增多到每 25 mm × 25 mm 方框内出现 20 个以上的研点时，即可分成三区分别对待：将最大、最亮的研点全部刮去，将中等大小的研点在其顶部刮去一小片，而小研点留着不刮。这样连续刮几遍，就能迅速地达到所需要的研点数。在最后刮两三遍时，交叉刀迹应大小一致、排列整齐，以使刮削面美观。

在以上不同的刮削步骤中，每刮一次的刀迹深度都应适当控制。刀迹深度可以从刀迹宽度上反映出来，因此可以通过控制刀迹宽度来控制刀迹深度。一般来说，当左手对刮刀施加的压力大时，则刮后的刀迹宽而深。粗刮时，刀迹宽度不要超过刃口宽度的 2/3~3/4，否则刀刃的两侧容易陷入刮削面而产生沟纹。细刮时，刀迹宽度约为刃口宽度的 1/3~1/2，注意刀迹不能过宽，否则会影响单位面积内的研点数。精刮时，刀迹宽度应该更窄。

4）刮花。刮花是指在工件刮削面或机器外露表面上利用刮刀刮出装饰性的花纹，以增加刮削面的美观性，并能在滑动件之间创造良好的润滑条件。在工件或设备使用过程中，可以根据花纹的消失情况来判断平面的磨损程度。常见的花纹有斜纹花纹、鱼鳞花纹和半月花纹三种，如图1-2-26所示。也可以根据需要自行设计、刮出其他花纹。

图1-2-26 刮花的花纹

（2）曲面刮削方法。以刮削轴瓦为例，具体步骤如下。

1）使用三角刮刀刮削。使用三角刮刀进行刮削时，刮刀做圆弧运动，以心棒或轴作为标准工具。三角刮刀的握法如图1-2-27所示。

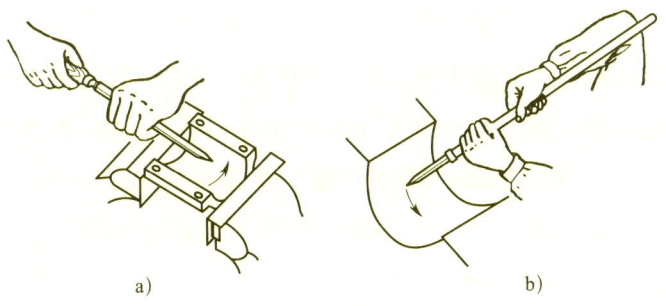

图1-2-27 三角刮刀的握法
a）短柄三角刮刀的握法　b）长柄三角刮刀的握法

按图1-2-28所示的刮削位置使用三角刮刀进行刮削时，因为有一个很大的负前角，所以刮出的切屑很薄，不会在刮削面形成凹陷，因而刮削面很光滑。

假如把三角刮刀的倾斜度减小一些，如图1-2-29所示，即负前角小一些，则刮出的切屑较厚。刮轴承时也可以采用这种改变刮刀负前角的方法，把凸出部分较明显的表

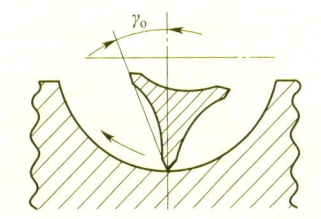

图1-2-28 正确的刮削位置（负前角大）

面或凸出部分较小的表面刮好。

若使三角刮刀的两个刃都接触曲面，如图 1-2-30 所示，则产生了正前角，在这种情况下进行刮削，虽然能一次刮出很厚的切屑，但容易刮出难以消除的凹痕。

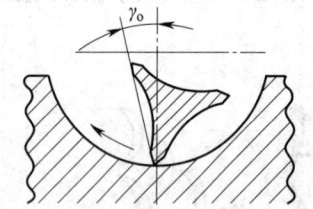

图 1-2-29　正确的刮削位置（负前角小）

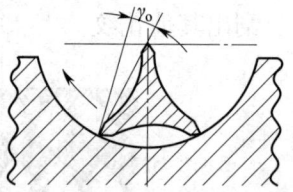

图 1-2-30　错误的刮削位置

注意，使用三角刮刀刮削时，刚落刀时压力要小一些，然后逐渐增大压力，将要起刀时再逐渐减小压力，以避免三角刮刀在落刀和起刀时刮出的切屑偏厚，而在曲面上留下刀痕。

2）磨点子。在轴瓦上磨点子，一般是用与轴瓦相配的轴进行的。首先，把显示剂均匀地涂在轴面上，并小心地把轴放在轴瓦里，盖上轴承盖，并拧紧螺钉，然后转动轴，便可磨出贴合点。每刮削一次后都要重复一次磨点子，一直达到精度要求为止。

在轴瓦上磨点子时，还要了解不同机器具体运转时的载荷情况。只有轴瓦承受载荷最大的面比其余几个面的贴合点更密集时，轴瓦才能达到精度要求。

（3）三块互刮法。如果没有标准平板作为基准面，但要求刮出几块较精密的平板，则可以采用三块互刮法，即将三块平板互相刮配来获得理想平面的方法。三块互刮法操作步骤见表 1-2-12。不论三块平板原来的平面形状如何，按该方法轮换顺序互刮，便可以获得理想的平面。

表 1-2-12　三块互刮法操作步骤

操作顺序	操作内容	图示
步骤1	将三块平板分别用 1、2、3 号表示，先以 1 号平板为基准刮削另外两块，如果 1 号是凹心的，则 2 号和 3 号平板必被刮成凸心的	
步骤2	然后将 2 号和 3 号平板对磨点子，从 2 号和 3 号平板只有中间位置有贴合点的情况可以分析出，1 号平板确实是凹心的，于是彼此配合着刮削 2 号和 3 号平板，将其凸出部分刮去	

续表

操作顺序	操作内容	图示
步骤3	再以2号平板为基准,刮削1号和3号平板	
步骤4	继续彼此配合着刮削1号和3号平板	
步骤5	最后以3号平板为基准,刮削1号和2号平板,便可以获得理想的平面	

2. 刮削技巧

(1)刮削质量控制。在刮削前,为了知道工件表面高低不平的程度,通常用标准工具加上适当的显示剂进行对磨,从而使工件表面的高点显示出来,以便有的放矢地使用刮刀刮削。

在对磨时,为了使工件表面的高点准确地显示出来,通常要求标准工具的精度较高。例如,经常使用的标准平板在每25 mm×25 mm方框内,应有20～25个接触点,当每25 mm×25 mm方框内的接触点数量小于20时,应重新对其修整,以保证标准工具的准确性。

(2)显点方法

1)显示剂必须保持清洁,不允许有砂粒、铁屑等杂物混入,以免损伤工件和标准工具的表面。调和显示剂时,油类不能加入太多,但在粗刮前涂抹显示剂时,油类可以多加一些,以便于涂抹。

2)粗刮时可以多涂些显示剂,以加强显示效果;细刮时要适当少涂些显示剂,以清晰地显示出工件表面的高点;精刮时不需要涂显示剂,只需要用手掌将刮痕抹匀,再经对磨后做最后的刮削即可。

3)涂抹显示剂时要做到薄而均匀,否则无法准确显示。

4)当标准工具与工件的大小或长度相近时,对磨推出的落空部分不能超过工件本身长度的四分之一。

5)对磨平面时推压工件(或标准平板)应均匀用力,并尽量采用"8"字形往复对磨的方式。当往复对磨一段时间后,将工件(或标准平板)旋转180°,再进行对磨。当对曲面进行对磨时,标准轴应轮番做顺时针和逆时针方向的旋转。

（3）刮削精度检查。刮削精度一般包括接触精度、几何精度、贴合程度等。由于工件的工作要求不同，刮削精度的检查方法也有所不同。

1）接触精度的检查。将边长为 25 mm 的方框罩在被检查面上，如图 1-2-31 所示，根据方框内研点数量来大致确定平面的接触精度。不同接触精度平面的研点数量及应用场合见表 1-2-13。

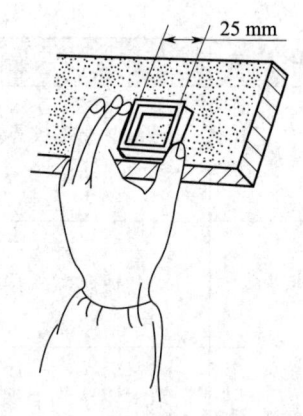

图 1-2-31　用方框检查研点数量

表 1-2-13　不同接触精度平面的研点数量及应用场合

平面接触精度	每 25 mm×25 mm 内研点数量	应用场合
一般平面	2～5	较粗糙机件的固定结合面
	5～8	一般结合面
	8～12	机器台面、一般基准面、机床导向面、密封结合面等
	12～16	机床导轨面及导向面、工具基准面、量具接触面等
精密平面	16～20	精密机床导轨、直尺等的平面
	20～25	1 级平板、精密量具等的平面
超精密平面	>25	超精密量具的平面

2）平面度、直线度的检查。对于工件大范围平面的平面度以及机床导轨的直线度等，可以用方框水平仪进行检查。

3）贴合程度的检查。对于精度较低的机件，其配合面之间的贴合程度可以用塞尺来检查。

培训单元 5　有配合、密封要求的零部件装配

有配合、密封要求的零部件无论从制造或安装精度上要求都很严格，如果装配工艺不当，轻则机械性能达不到要求，影响功能部件的运行效果以及密封件的使用寿命和密封性能，造成返工；重则加剧功能部件的磨损甚至使其损坏，使密

封件迅速失效，造成机械损坏或人身伤亡事故。因此，应严格按照技术要求进行装配。

一、过盈配合装配方法

过盈配合装配是指将较大尺寸的被包容件（如轴件）装入较小尺寸的包容件（如孔件）中，如图 1-2-32 所示。

过盈配合能承受较大的轴向力、扭矩及动载荷，应用十分广泛，如应用于齿轮、联轴器、飞轮、带轮、链轮与轴的连接，以及轴承与轴承套的连接等。由于过盈配合属于固定连接，因此装配时要求相互位置和紧固件正确，不损伤零部件的强度和精度，装入简便、迅速。过盈配合要求零部件的材料应能承受最大过盈所引起的应力，且配合的连接强度应在最小过盈时得到保证。常用的过盈配合装配方法有常温压装配合、热装配合、冷装配合等。过盈配合中的公差带分布情况参考表 1-2-14。

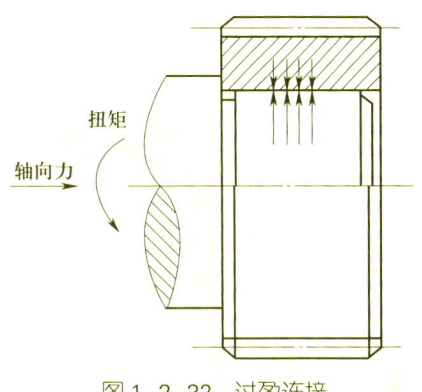

图 1-2-32　过盈连接

表 1-2-14　过盈配合中的公差带分布情况

配合类别		配合特性及用途	装配方法
基孔制	基轴制		
$\dfrac{H7}{k6}$	$\dfrac{K7}{h6}$	稍有过盈，用于定位配合	用木锤敲击压装
$\dfrac{H7}{n6}$	$\dfrac{N7}{h6}$	较小过盈，用于精确定位	用大锤或压力机压装
$\dfrac{H7}{p6}$	$\dfrac{P7}{h6}$	小过盈，用于高精度同轴定位	用压力机压装
$\dfrac{H7}{s6}$	$\dfrac{S7}{h6}$	中等过盈，用于产生较大的结合力	用压力机压装或热装
$\dfrac{H7}{u6}$	$\dfrac{U7}{h6}$	较大过盈，用于传递一定的负荷	热装或冷装

1. 常温压装配合

常温压装配合适用于过盈量较小的几种过盈配合，其操作方法简单、动作迅速，是最常用的一种方法。根据施力方式不同，常温压装配合分为锤击法（即用手锤隔着垫块锤入，如图 1-2-33a 所示）和压入法（如用螺旋压力机压入，如图 1-2-33b 所示；用 C 形夹头压入，如图 1-2-33c 所示；用齿条压力机压入，如图 1-2-33d 所示；用气动杠杆压力机压入，如图 1-2-33e 所示）两种。锤击法主要用于配合面要求较低、长度较短、采用过渡配合的连接件；压入法加力均匀，方向易于控制，生产效率高，主要用于过盈配合，过盈量较小时可用螺旋压力机、C 形夹头、齿条压力机压入，过盈量较大时可用气动杠杆压力机压入。

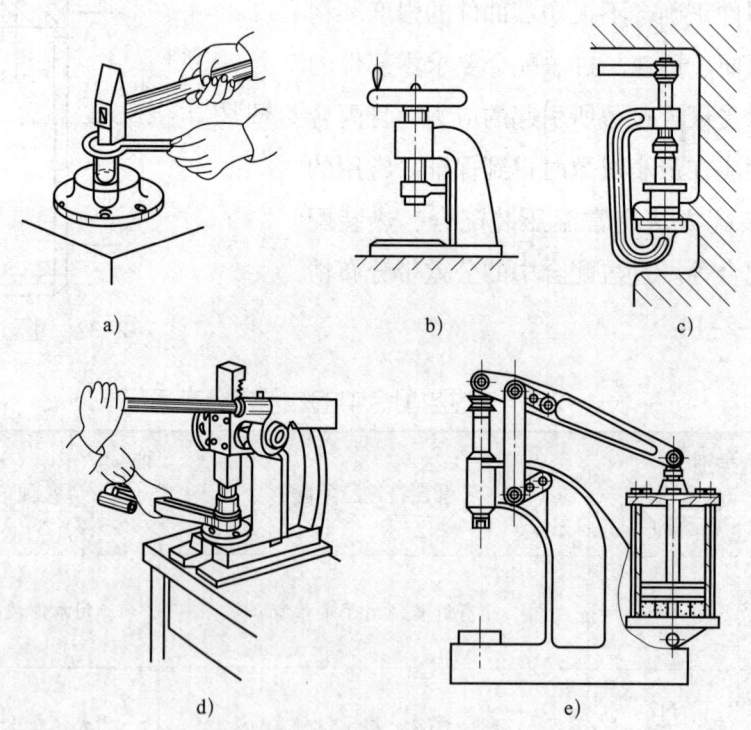

图 1-2-33 压装的常见方法
a）用手锤隔着垫块锤入 b）用螺旋压力机压入 c）用 C 形夹头压入
d）用齿条压力机压入 e）用气动杠杆压力机压入

（1）验收。验收装配机件时应注意机件的尺寸和几何形状偏差、表面粗糙度、倒角、圆角是否符合图样要求，以及是否去掉了毛刺等。若机件的尺寸和几何形状偏差超出允许范围，则可能造成装不进、机件胀裂、配合松动等后果；若表面粗糙度不符合要求，则会影响配合质量；若倒角不符合图样要求或未去掉毛刺，则在装配过程中不易导正，还可能损伤配合表面；若圆角不符合图样要求，则可能使机件装不到预定的位置。在对机件的尺寸和几何形状偏差进行检查时,一般用千分尺或 0.02 mm 的游标卡尺在其轴颈和轴孔长度上选两三个截面,在多个方向上进行测量,而其他检测项则通过比对样板进行目视检查。在验收机件的同时会得到配合机件的实际过盈数据,它们是计算压入力、选择装配方法的主要依据。

(2)计算压入力。压装时的压入力必须能克服轴压入孔时的摩擦力,该摩擦力的大小与轴的直径、有效压入长度、零件表面粗糙度等因素有关。

压入力估算公式为:

$$P = \frac{a\left(\dfrac{D}{d}+0.3\right)il}{\dfrac{D}{d}+6.35}$$

式中　P——压入力,kN;
　　　a——系数,孔件、轴件均为钢件时取 73.5,孔件为铸铁件、轴件为钢件时取 42;
　　　D——包容件内径,mm;
　　　d——被包容件外径,mm;
　　　i——平均实测过盈值,mm;
　　　l——包容件与被包容件的配合长度,mm。

通常将压入力估算公式的计算结果增加 20%~30% 后作为压力机的选择依据。

(3)压装。首先应使装配表面保持清洁,并涂适量润滑油以减小装配时的阻力和防止装配过程中损伤配合表面;其次应均匀加力并注意导正,压入不可过急、过猛,否则不但不能顺利装入,还可能损伤配合表面,压入速度一般为 2~4 mm/s,在特殊情况下不宜超过 10 mm/s。注意,在机件装到预定位置后才可结束装配工作。在采用锤击法压入时不要锤坏机件,可采用软垫加以保护。为了便于安装,机件端部应倒斜角(见图 1-2-34a)或使用附具(见图 1-2-34b)。装配时如果压入力急剧上升或超过预定数值,则应停止装配,必须在找出原因(如键槽偏移、歪斜,键尺寸较大,装入时没有导正)并进行处理之后才可继续装配。

2. 热装配合

热装配合的基本原理是通过加热包容件(孔件),使其直径增大到一定的数值,再将与之配合的被包容件(轴件)自由地送入包容件中,待孔件冷却后,轴件就被紧紧地包住,孔件与轴件之间产生很大的连接强度,达到压装配合要求。热装配合的主要工艺过程如下。

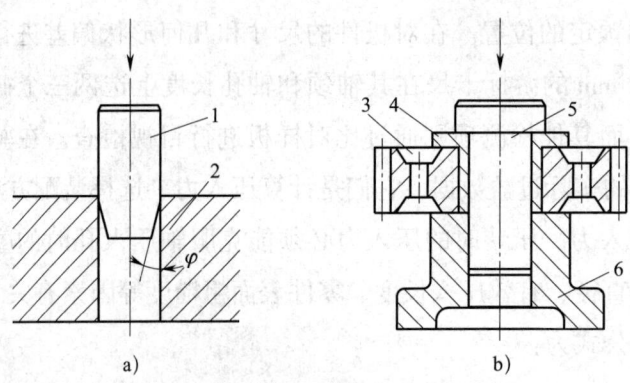

图 1-2-34 压装的常见方法
a）倒斜角 b）使用附具
1—轴件 2—孔件 3—齿轮（孔件） 4—衬套 5—芯轴（附具） 6—底座（附具）

（1）验收装配机件。与常温压装配合相同。

（2）选择加热方法。常用的加热方法有以下几种，在具体操作中可根据实际工况选择。

1）热浸加热法。热浸加热法常用于尺寸及过盈量较小的连接件。这种方法加热均匀、方便，常用于加热轴承。具体方法是先将机油放在铁盒内加热，再将需要加热的机件放入热机油内即可。对于禁油连接件，则可采用沸水或蒸汽加热。

2）氧乙炔焰加热法。氧乙炔焰加热法多用于较小的零件。这种加热方法简便，但易于过烧，故要求操作者熟练掌握操作技术。

3）固体燃料加热法。固体燃料加热法适用于结构较简单、要求较低的连接件。具体方法是根据零件的尺寸大小临时用砖砌一个加热炉，或将零件用砖垫上，之后用木柴或焦炭加热。为了防止热量散失，可在零件表面盖一个与零件外形相近的焊接罩。这种方法不易控制加热温度，通常加热不均匀，且炉灰飞扬易发生火灾，故最好慎用。

4）煤气加热法。煤气加热法操作非常简单，加热时无炉灰，且温度易于控制，对于大型零件来说，只要合理布置煤气燃烧嘴，就可以做到均匀加热。

5）电阻加热法。电阻加热法的具体方法是将镍铬电阻丝绕在耐热瓷管上，放入被加热零件的孔里，然后对镍铬电阻丝进行通电便可进行加热。为了防止散热，可用石棉板做一个外罩盖在零件上，这种方法只适用于装有精密设备或易爆易燃物品的场所。

6）电感应加热法。电感应加热法的原理是交变电流通过铁芯（被加热零件可视为铁芯）外的线圈，使铁芯产生交变磁场，并在铁芯内与磁力线垂直的方向产生感应电动势，此感应电动势以铁芯为导体产生电流，这种电流在铁芯内形成涡电流，涡电流使铁芯内的电能转化为热能，使铁芯变热。此外，当铁芯磁场不断变动时，铁芯被磁化的方向也随着磁场的变化而变化，这种变化将消耗能量，使铁芯更热。这种方法操作简单，加热均匀，无炉灰，不会引起火灾，最适用于装有精密设备或易爆易燃的场所，还适用于特大零件（如大型转炉倾动机构的齿轮与转炉轴）的加热。

（3）计算以及测量加热温度。一般将包容件采用适当方法均匀加热（加热温度应低于被加热件材料的回火温度），使其直径稍微增大，在与被包容件产生一定间隙后进行装配。加热温度一般按下式计算：

$$t = \frac{(2 \sim 3)i}{k_a d} + t_0$$

式中　t——被加热件的加热温度，℃；

　　　i——平均实测过盈值，mm；

　　　k_a——被加热件材料的线膨胀系数（参见表 1-2-15），℃$^{-1}$；

　　　d——被加热件孔的公称直径，mm；

　　　t_0——环境温度，℃。

安装轴承时的加热温度一般不超过 120 ℃。

在加热过程中应测定加热温度，可以采用半导体点温计测温，在现场常将油类或有色金属作为测温材料；也可以用测温蜡笔或测温纸测温。测温材料具有局限性，一般很难测准，故在现场常对样杆进行检测。样杆按实际过盈量的三倍制作，当样杆刚能放入孔内时，则加热温度正合适。

（4）装入。装入时应去除孔表面的灰尘、污物；必须将包容件装到预定位置，并将被包容件压装在轴肩上，直到整个机件完全冷却为止；不允许用水冷却机件，避免产生内应力，降低机件的强度。

3. 冷装配合

当孔件较大而压入的轴件较小时，采用热装配合法既不方便又不经济，甚至无法进行加热，而且有些孔件不允许加热，此时可以采用冷装配合法，即用低温冷却的方法使被压入的轴件尺寸缩小，然后迅速将其装入孔件中。常用的冷却剂及其冷却温度见表 1-2-16。

冷却前应对被冷却件的尺寸进行精确测量，并按规定工序及要求进行冷却。在被冷却件温度接近或低于材料的脆性转变温度时，装配过程中不可用锤子敲击。冷却温度一般按下式计算：

表 1-2-15 常用材料的线膨胀系数

材料	温度范围/℃							
	20	20~100	20~200	20~300	20~400	20~600	20~700	20~900	70~1 000
	线膨胀系数/($10^{-6} \times ℃^{-1}$)								
工程用铜	—	16.6~17.1	17.1~17.2	17.6	18~18.1	18.6	—	—	—
紫铜	—	17.2	17.5	17.9	—	—	—	—	—
黄铜	—	17.8	16.8	20.9	—	—	—	—	—
锡青铜	—	17.6	17.9	18.2	—	—	—	—	—
铝青铜	—	17.6	17.9	19.2	—	—	—	—	—
铝合金	—	22.0~24.0	23.4~24.8	24.0~25.9	—	—	—	—	—
碳钢	—	10.6~12.2	11.3~13	12.1~13.5	12.9~13.9	13.5~14.3	14.7~15	—	—
铬钢	—	11.2	11.8	12.4	13	13.6	—	—	—
40CrSi	—	11.7	—	—	—	—	—	—	—
30CrMnSi	—	11	—	—	—	—	—	—	—
3Cr13	—	10.2	11.1	11.6	11.9	12.3	12.8	—	—
1Cr18Ni9Ti	—	16.6	17.0	17.2	17.5	17.9	18.6	19.3	—
铸铁	—	8.7~11.1	8.5~11.6	10.1~12.2	11.5~12.7	12.9~13.2	—	—	17.6
铸铝合金	18.4~24.5	—	—	—	—	—	—	—	—
镍铬合金	—	14.5	—	—	—	—	—	—	—
砖	9.5	—	—	—	—	—	—	—	—
水泥、混凝土	10~14	—	—	—	—	—	—	—	—
胶木、硬橡胶	64~77	—	—	—	—	—	—	—	—
玻璃	—	4~11.5	—	—	—	—	—	—	—
聚璐珞	—	100	—	—	—	—	—	—	—
有机玻璃	—	130	—	—	—	—	—	—	—

表 1-2-16 常用的冷却剂及其冷却温度

冷却剂	冷却温度 /℃
干冰加酒精或丙酮	-75
液氨	-120
液氧	-180
液氮	-190

$$t=\frac{(2\sim 3)i}{k_a d}+t_0$$

式中 t——被冷却件的冷却温度，℃；

i——平均实测过盈值，mm；

k_a——被冷却件材料的线膨胀系数，℃$^{-1}$；

d——被冷却件孔的公称直径，mm；

t_0——环境温度，℃。

进行冷装配合之前，要求在常温下先进行试装，目的是准备好操作和检查的相关工具、量具及冷藏运输容器，同时检查操作工艺是否合适。进行冷装配合时要特别注意操作安全，以防操作者冻伤。

二、机械密封的型号确认及装配方法

机械密封（简称密封件）是指靠一对或数对垂直于轴做相对滑动的端面在流体压力和补偿机构的力（或磁力）作用下保持贴合，并配以辅助密封件而达到阻漏目的的轴封装置。常用的机械密封由静止环（简称静环）、旋转环（简称动环）、弹性元件及弹簧座、紧定螺钉、旋转环辅助密封圈、静止环辅助密封圈等元件组成。旋转环和静止环根据有无轴向补偿能力而被称为补偿环或非补偿环。

机械密封属于较高精度的机械部件，对其进行正确的操作可以延长使用寿命。机械密封的品种很多，从外形上看有 O 形、X 形、U 形、楔形、矩形的。机械密封所用的材料有石墨、聚四氟乙烯、橡胶等。国内不同生产厂家对机械密封的命名方式不同，通用型机械密封产品型号请参阅相关的国家标准、行业标准等。

1. 选型

（1）机械密封的类型与参数。按工作条件和介质性质的不同，机械密封分为耐高温、耐低温机械密封，耐高压、耐腐蚀机械密封，耐颗粒介质机械密封，适应易汽化的轻质烃介质的机械密封等，应根据不同的用途选取适宜的机械密封。

（2）选型的基本原则

1）根据密封腔体压力，确定采用平衡型或非平衡型、单端面或双端面的机械密封。

2）根据补偿机构是否随轴旋转，确定采用旋转式或静止式机械密封；根据密封时密封面微凸体是否接触，确定采用接触式或非接触式机械密封；根据非接触式密封压力的特点，确定采用流体动压式或流体静压式机械密封。

3）根据流体温度及性质，确定摩擦副和辅助密封件的材料，以及正确选择润滑、冲洗、保温、冷却等机械密封循环保护系统。

4）根据有效安装空间的大小，确定采用多弹簧、单弹簧或波形弹簧，内装式或外装式机械密封。

（3）机械密封的确认。在把机械密封安装到机器上之前，要确认所安装的机械密封产品与要求的型号一致，并与总装配图进行对照，确认各零件已准备齐全，并检查摩擦副密封面、密封圈等有无伤痕、缺损等异常情况，还要检查与填料、密封圈等接触的轴或轴套表面、法兰等部件有无伤痕，若发现有异常情况，必须更换或修理后再使用。

采用并圈弹簧传动的机械密封时，注意其弹簧有左、右旋之分，必须按转轴的旋向来选择。

2. 装配要领

（1）在装配前，将密封件、轴、密封腔、压盖都清洗干净。为了减小摩擦阻力，要在轴上安装机械密封的部位涂一层薄薄的润滑油进行润滑。考虑到橡胶密封圈与润滑油具有相溶性，可以用肥皂水代替润滑油。注意，浮装式静环无防转销，不宜涂润滑油，应直接装入压盖。

（2）在进行安装时，不要将不需要的零件带到现场。这样，安装完毕若零件有剩余，则说明漏装了某些零件；若零件不足，则说明在不需要安装的部位也装上了零件，起到了在安装时自检的作用。

（3）安装时应按产品的使用说明书或样本确定机械密封的安装尺寸，保证安装正确。

（4）在安装、拆卸机械密封时要仔细，严禁使用手锤和扁铲，以免损坏密封元件。如果元件因结垢而无法拆卸，应先清洗干净再进行拆卸。

（5）在动环密封圈的轴套端部和静环密封圈的压盖（或壳体）端部应做倒角，并修至光滑。

（6）对于使用过的机械密封，凡是压盖松动使机械密封发生移动的，动、静环密封圈都必须更换，而不应重新上紧继续使用。因为松动后摩擦副的运动轨迹会发生变化，接触面的密封性很容易遭到破坏。

（7）如果在泵轴两端都使用机械密封，在装配、拆卸过程中应顾及两端，防止顾此失彼。

（8）通常先将静环密封圈与压盖一起装在轴上，然后将动环密封圈装入。

（9）弹簧座或传动座的紧定螺钉应分几次均匀地拧紧。

（10）在未固定压盖之前，先用手推补偿环使其在轴向压缩，松手后补偿环应能自动弹回且无卡滞现象，然后再将压盖螺栓均匀地锁紧。

（11）当输送介质温度偏高、偏低，或含有杂质颗粒，或易燃、易爆、有毒时，在装配时必须采取相应的冷却、过滤、冲洗、阻封等措施。

（12）在装配中应注意旋向，以及联轴器是否对中、轴承部位的润滑油加法是否适当、配管是否正确等。

3. 装配后检查

（1）在装配后、运转前应用手盘车，注意转矩是否过大，有无擦碰情况及异响。

（2）在装配后、运转前，先将输送介质、冷却水的阀门打开，检查密封腔内的气体是否全排出，防止因静压而引起泄漏，然后开机试运行。

（3）开机后检查设备工作是否正常、稳定，有无因轴转动而引起的转矩异常情况，以及异响和过热现象。

三、密封装配检测方法

1. 泵用机械密封对机器精度的要求

（1）安装机械密封部位的轴（或轴套）的径向跳动公差应不超过 0.06 mm。

（2）转子的轴向窜动量应不超过 0.3 mm。

（3）密封腔体与密封端盖的定位端面对轴（或轴套）表面的跳动公差应不超过 0.06 mm。

（4）轴弯曲度应不大于 0.05 mm。

（5）在动环处于轴套附近时，转子的振摆应不大于 0.06 mm。

（6）轴的轴向窜动量在 ±0.5 mm 以内，如果带轴套，不允许轴套有松动。

（7）联轴器的找正误差要求如下：径向跳动 ≤ 0.08 mm，轴向窜动 ≤ 0.05 mm。

（8）压盖（静环座）与密封止口对轴中心线的同心度允差为 0.05 mm，与垫片接触的平面对中心线的垂直度允差为 0.05 mm，如果达不到此要求，要对密封腔体进行加工、调整。

2. 安装偏差要求

（1）应在联轴器找正后上紧压盖，螺栓应均匀上紧，以防止压盖端面偏斜，可以用塞尺检查，其误差应不大于 0.05 mm。

（2）用塞尺检查压盖与轴或轴套径向的配合间隙（即同心度），各点允差为 0.01 mm。

（3）弹簧压缩量不允许过大或过小，允差为 2.00 mm。

四、间隙配合检查方法

间隙配合检查包括平面之间的间隙配合检查、轴与孔之间的径向间隙配合检查、齿轮啮合间隙配合检查、轴承间隙检查等。齿轮啮合间隙的测量、轴承间隙的测量，将在后文介绍，下面主要介绍平面之间的间隙配合检查和轴与孔之间的径向间隙配合检查。

1. 平面之间的间隙配合检查与较大直径轴与孔之间的径向间隙配合检查

一般采用塞尺进行检查。在检查间隙尺寸是否合格时，可以采用通止法来判断，也可以根据塞尺与被测表面配合的松紧程度来判断。塞尺一般由不锈钢制成，最薄的为 0.02 mm，最厚的为 3 mm。在 0.02～0.1 mm 厚度范围内，各塞尺厚度级差为 0.01 mm；在 0.1～1 mm 厚度范围内，各塞尺厚度级差为 0.05 mm；厚度在 1 mm 以上时，塞尺的厚度级差为 1 mm。使用塞尺进行间隙配合检查的方法具体如下。

（1）先将待测工件的表面清理干净，不能有油污或其他杂质，必要时用油石清理。

（2）根据目测的间隙大小选择适当规格的塞尺，将塞尺逐个插入被测间隙中并来回拉动，如果感到稍有阻力则说明该间隙接近塞尺的厚度（读取塞尺厚度即可），如果阻力过大或过小则说明该间隙小于或大于塞尺厚度。

（3）当间隙较大或希望进行更精密的测量，单片塞尺已无法满足测量要求时，可以将数片塞尺（即塞尺组合）叠加后同时插入间隙（当塞尺的规格能满足间隙要求时，尽量避免多片叠加，以免造成累计误差）。

（4）若塞尺组合能顺利通过间隙，则需要换更厚的塞尺重新组合再试；若塞尺组合不能通过间隙，则需要换更薄的塞尺重新组合后再试。使用塞尺组合时，将每个塞尺的厚度进行累加，即为该间隙的数值。

2. 曲轴径向间隙的配合检查

清洁连杆轴颈，在轴颈中间放一把塑性间隙规（或一根铅丝），如图1-2-35所示；装上清洁好的轴承盖（轴承已装配好），按规定力矩用扭力扳手稍拧紧轴承盖螺母，如图1-2-36所示，但不得进一步拧紧，也不得转动曲轴；将装好的轴承盖拆掉，用测量尺与被压扁的塑性间隙规进行比较，对比测量被压扁的塑性间隙规最宽处的宽度，如图1-2-37所示，再换算成径向间隙（或用外径千分尺测量铅丝的厚度，即为曲轴径向间隙）。

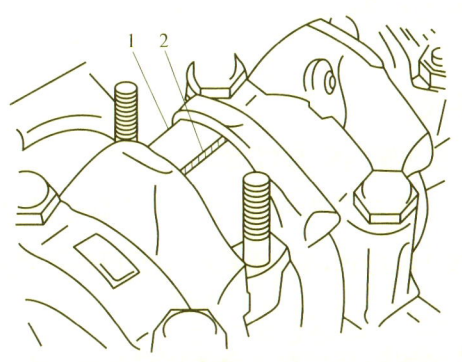

图1-2-35 径向间隙的配合检查准备
1—轴颈 2—塑性间隙规

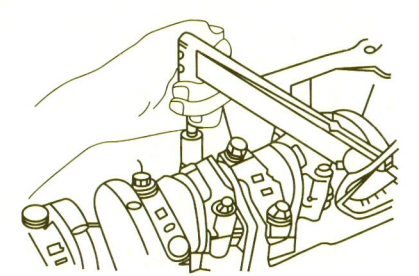

图1-2-36 用扭力扳手稍拧紧轴承盖螺母

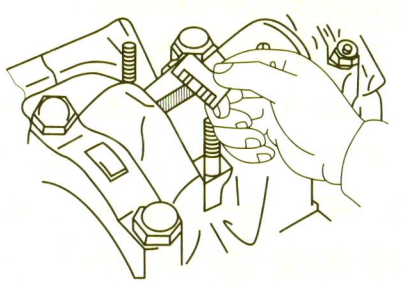

图1-2-37 对比测量被压扁的塑性间隙规最宽处的宽度

曲轴径向间隙应为 0.03～0.08 mm。曲轴径向间隙不可过大，否则曲轴旋转时会发生跳动而产生异响，同时会使机油压力降低、润滑条件变差。曲轴径向间隙也不可过小，否则会使机油压力升高、润滑油膜不易建立、轴承易磨损，严重时会导致曲轴无法转动而熄火。

培训单元6　有预紧力要求或有特殊要求的零部件装配

一、紧固件扭矩知识

1. 紧固件标准扭矩的意义

对于特殊部件的紧固件如螺栓，往往在紧固程度和均匀性方面有很严格的要求，一般要求用扭力扳手进行紧固，且当扭力扳手上显示的扭矩数值达到某特定值时，才认为紧固合格，这个特定值就称为螺栓的标准扭矩。

螺栓标准扭矩既要根据被连接工件的预紧力要求来确定，又要根据螺栓材料等因素来确定。

2. 紧固件扭矩的种类

紧固件扭矩包括动态扭矩与静态扭矩。

（1）动态扭矩。动态扭矩是指在紧固件被紧固过程中测量得到的最大扭矩。扭力扳手和动力工具都可以施加动态扭矩。动态扭矩所产生的轴向预紧力应满足工程上对预紧力的要求。

（2）静态扭矩。静态扭矩是指在一个紧固件被紧固好之后，将其在拧紧方向上继续旋转的瞬间所需要的扭矩。静态扭矩是在紧固之后测量的。标准静态扭矩用来监控生产过程的稳定性。

3. 紧固件扭矩的确定

在生产中，紧固件的扭矩是要经过计算的。首先，紧固件材质不同、热处理工艺不同，其承受的扭矩也不同。其次，紧固件扭矩与被连接结构件的材料特性有关。例如，对于同样的螺栓，因为塑料件的预紧力比钢件小，所以连接塑料件的螺栓的扭矩不能与钢件相同，否则塑料件会变形甚至开裂。最后，还要先根据被连接结构件的厚度、外载荷、振动和环境温度等多种因素确定所需要的螺栓拉伸力，再确定扭矩。通常参考相关国家标准或企业标准确定螺栓扭矩和选择螺栓。

（1）动态扭矩测量方法

1）通过在紧固工具与被紧固件之间另加传感器进行测量，如图1-2-38所示。

2）通过紧固工具自带的传感器和控制系统测量动态扭矩，如图1-2-39所示。

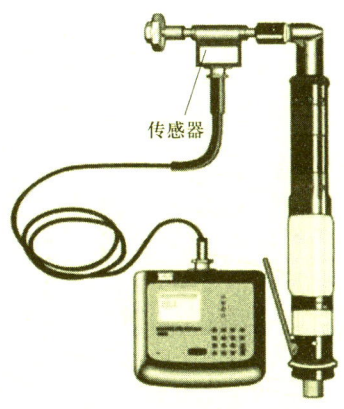
图1-2-38 另加传感器测量动态扭矩

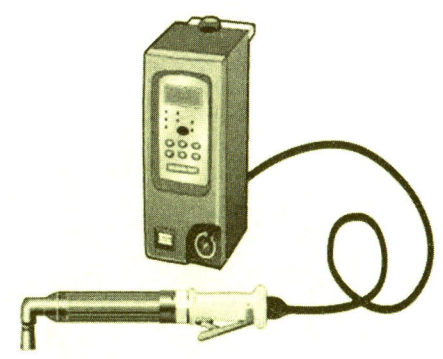
图1-2-39 用紧固工具自带的传感器和控制系统测量动态扭矩

（2）静态扭矩测量方法。通常采用指示式扭力扳手［有表盘式、数显式（见图1-2-40）等类型］进行测量，一般在紧固件被紧固好以后5 min内，在拧紧的方向上继续扳拧即可测量。

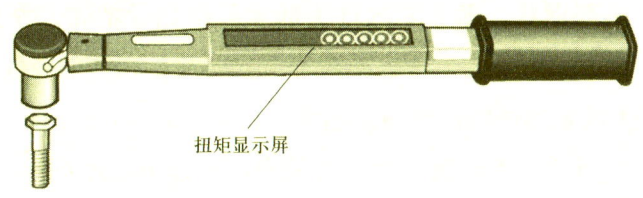

图1-2-40 数显式扭力扳手

（3）静态扭矩、动态扭矩与预紧力的关系。静态扭矩会随着时间的推移而减小，当紧固件为非金属材质时尤为明显。影响静态扭矩的因素较多，它与预紧力之间的线性关系不明显。

动态扭矩不存在随时间推移而减小的问题。与静态扭矩相比，动态扭矩与预紧力之间的线性关系更明显。

相关链接

紧固件的承载面越大，其阻力臂越长，相同阻力所产生的阻力矩越大，预紧力也越大。在紧固件的阻力矩中，螺栓头端面摩擦力力矩占50%，螺栓拉应力力矩占10%，螺纹摩擦力力矩占40%。螺纹摩擦力原理示意图如图1-2-41所示。螺栓在被螺母拧紧时产生弹性变形，螺栓产生拉应力（即轴向力）。该轴向力在螺母与螺栓之间的螺纹接触面上分解为轴向力对螺纹压力的分力和轴向力的松脱分力。轴向力对螺纹压力的分力与螺纹接触面摩擦系数之积即为螺纹摩擦力。

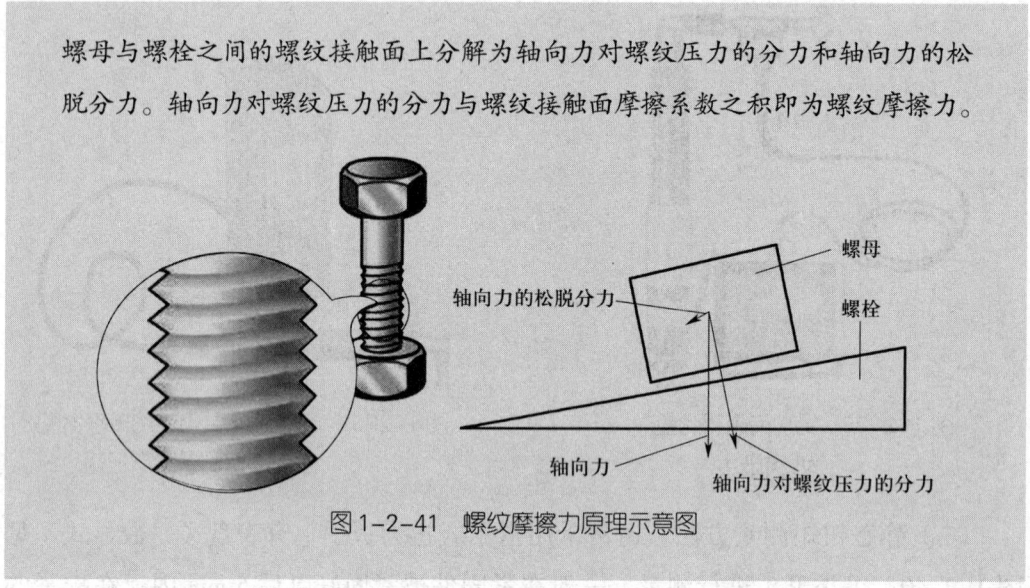

图1-2-41 螺纹摩擦力原理示意图

4. 影响扭矩的因素（针对紧固件）

（1）紧固件头部形状。随着紧固件头部承载面直径增大，摩擦面不断增大，达到相同轴向预紧力所需要的扭矩也不断增大。因此，在其他条件相同的情况下，头部摩擦面直径大的紧固件所需的扭矩越大。

（2）紧固件表面的摩擦系数。紧固件的表面处理方法不同，则摩擦系数相差很大，但是可以通过加入调节剂来把摩擦系数调整到所需要的范围。

表面经电镀（白色，黄色，黑色，深绿色）的紧固件在不加调节剂的情况下，其摩擦系数为0.3左右；在紧固件表面有油的情况下，其摩擦系数为0.1左右；对于表面没有镀层的紧固件（如焊接螺栓及焊接螺母），其摩擦系数为0.1左右。由于摩擦系数对相同扭矩条件下所产生的轴向力有很大影响，因此对于重要的紧固件，需要规定其表面摩擦系数的范围。

（3）螺纹之间的实际配合情况。通常螺纹之间应该为间隙配合，即螺栓表面镀层后为6h，螺母表面镀层后为6H。但是由于紧固件本身有制造误差，以及表面镀层厚度有误差，因此可能会造成紧固件实际为过盈配合，这就导致装配阻力相对增加了，可能会造成装配时拧不到底或者滑牙。

（4）紧固件的特性。当自攻螺栓对应的螺母无螺纹时，需要将螺栓放在螺母上直接攻丝，因此，需要加大扭矩。当紧固件螺纹涂有螺纹胶（起防松、密封等作用），或者螺母为自锁螺母时，则会造成螺纹间实际配合为过盈配合，因此，需要额外加大扭矩。

二、主轴轴承预紧相关数据确认及装配调整方法

主轴系统作为数控机床的关键部分,其性能和运行效率对工件的加工质量有直接影响。车床主轴组件如图1-2-42所示。

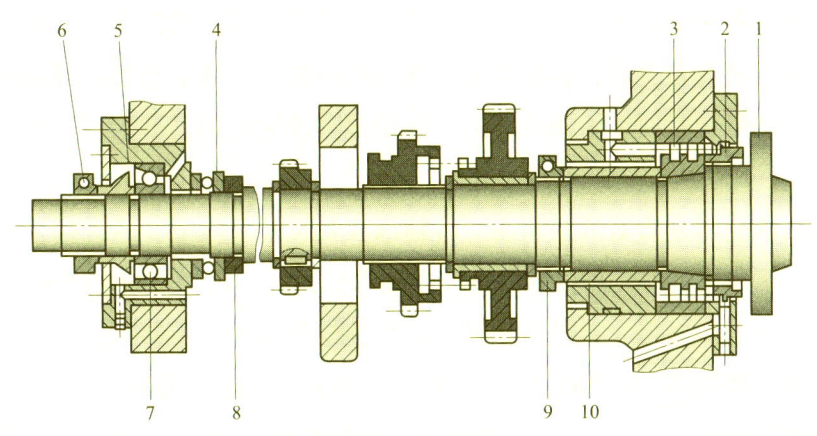

图1-2-42 车床主轴组件
1—主轴 2、5—锁紧螺母 3—双列短圆柱滚子螺母 4—推力球轴承
6、9—锁紧盘 7—角接触球轴承 8、10—套筒

为了保证主轴支承的稳定性,通常会对轴承实施预紧。预紧轴承是为了提高运转中的旋转精度和支承刚度,减小振动和噪声,并减少由于惯性和转矩等因素引起的轴承相对于内外滚道的相对滑动。主轴轴承预紧力是在数控机床装配过程中通过调整锁紧螺母2、5和锁紧盘6、9对轴承施加的。预紧力太小会使轴向间隙过大,进而导致支承刚度和旋转精度降低,引起振动和噪声。相反,预紧力太大会增大轴承与内外滚道的摩擦力,使其运转时温度升高过快,这样不仅会降低传动效率,还会缩短轴承使用寿命。因此,只有施加适当的顶紧力,才可以消除轴向间隙,提高轴系回转精度,且不会引起摩擦过热的情况。

在装配过程中,如果进行预紧后没有达到理想的刚度要求,则需要逐步增大预紧量,以提高主轴刚度。

1. 常用的轴承预紧相关数据测量与确认方法

(1)经验检测法。经验检测法是指凭借技术工人在实践中对力矩的感觉能力来判断轴承的预紧情况。在轴系装配过程中,对轴承施加预紧力通常采用手动的方法,即手动旋转主轴,通过双手所受到的阻力矩大小来感知主轴转动的灵活性,而双手所受到的阻力矩就是轴承的预紧力矩。此法工作效率较低、劳动强度较大,不能准确地测量主轴最大载荷,而且对技术工人的技能水平要求较高。

（2）测旋转力矩法。在装配中，将轴承与主轴固定好，并保证主轴能够旋转，然后用弹簧秤或简单测力仪沿轴切线方向施加拉力，使轴承内圈及主轴共同旋转，当弹簧秤或简单测力仪读数处于稳定状态时，即为最终测量结果。将测量出的预紧力乘以轴切线到轴心的距离，即得到主轴上的轴承预紧力矩。

（3）预先测预紧力法。在安装轴承之前，可以采用能模拟实际安装状态的测试系统对轴承进行预安装，将轴承安装在测试机构中，施加经过换算所得到的轴向预紧力，测量锁紧后轴承两端面的实际距离。该测量数值即为对轴承施加预紧力后，实际装配中所需要的尺寸数值。

（4）轴承变形量的测量控制法。将轴承放置在轴承座上，通过弹簧在轴承内圈上施加一个与预紧力大小相等的力，在轴承受力后，其内外圈之间出现尺寸差，最后用杠杆千分表对尺寸差进行测量。如果施加的弹簧力不够大，可以加垫圈进行调整，使轴承的游隙尺寸固定，从而保证该力在可控范围内。

（5）预置式扭力扳手法。为了提高生产效率和装配精度，生产中常借助预置式扭力扳手完成装配。预置式扭力扳手的主要特征是可以设定扭矩，且扭矩可调。预置式扭力扳手既能用于初紧又能用于终紧，使用时一般先调节扭矩，再紧固螺栓。

（6）传感器法。在要求较高的装配过程中，可以借助传感器实现测控。随着传感器技术的跨越式发展，精度较高或者手工测量较复杂的工序变得越来越简单、高效。在数控机床主轴轴承预紧过程中，扭矩传感器可以很好地解决轴承内外圈间隙难以测量的问题。

2. 常用的轴承装配调整方法

（1）外圈或内圈压紧法。在将轴承内圈固定后，通过使用轴承端盖夹紧轴承外圈来预紧；或者在将轴承外圈固定后，通过压紧内圈来预紧。该方法操作简便，适用范围最广，但不能改变预紧力大小，通常在外载荷固定的情况下使用，如装配减速机、机床主轴等时。

（2）隔套或衬垫调整法。通过增大或减小内外圈处的垫圈厚度，可有效调整轴承预紧力。具体方法如下：在安装一对圆锥滚子轴承时，在内外圈之间先放置一定厚度的隔套，再放置不同厚度的衬垫，就可以达到调整轴承预紧力的目的。

（3）弹簧预紧法。使用弹簧顶住不旋转的外圈或内圈，可以起到压紧轴承和预紧的作用。这种方法操作容易，并且可以得到稳定的预紧力，但由于弹簧具有一定的疲劳寿命，在一段时间后，弹簧弹性减小，预紧力减小，因此该方法可靠性相对前述方法较差，且必须专门设计出对应刚度的弹簧，成本较高。

三、扭力扳手

螺栓连接因结构简单、拆装方便、紧固效果好等优点而被广泛应用在机械领域。预紧可以提高螺栓连接的可靠性、紧密性和刚度,以及螺栓的防松能力和抗疲劳强度。螺栓预紧力是指在拧螺栓过程中,螺栓与被连接件之间在拧紧力矩作用下产生的沿螺栓轴心线方向的力。按螺栓的规定预紧力紧固螺栓,对防松、防脱安全性极为重要。为了保证螺栓能按要求紧固,下面介绍一种常用的扭力扳手。

1. 扭力扳手的用途

扭力扳手又称力矩扳手,在用其紧固螺栓、螺母等紧固件时,能同时控制对紧固件所施加的力矩。

2. 扭力扳手的结构与测量精度

扭力扳手的结构如图1-2-43所示。其中,拨转棘轮转向开关可以切换加力方向,使扭力扳手由顺时针加力切换为逆时针加力;LED(发光二极管)警示灯的功能是当实际扭矩为设定扭矩的90%、100%、110%时,分别黄灯亮、绿灯亮、红灯亮。

扭力扳手的测量精度为±4%或±6%,在检测时若发现扭力扳手失准,则需要对其进行校准。

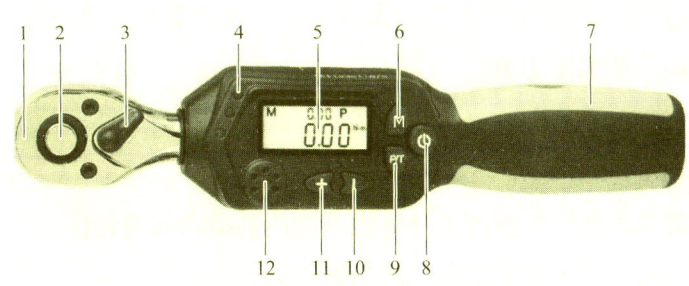

图1-2-43 扭力扳手的结构
1—棘轮头/扳手头 2—快换装置 3—棘轮转向开关 4—LED警示灯
5—显示屏 6—存储键 7—手柄 8—电源键 9—峰值/追踪模式切换键
10—减少/向下键 11—增加/向上键 12—提醒力矩杠杆

3. 扭力扳手及其单位、模式的选择

(1)选择扭力扳手时,最好以待测扭矩值在扭力扳手测量限值的20%~80%为宜。同时,必须确保扭力扳手有合格证,并在有效期范围内。

(2)选择单位时,同时按存储键和峰值/追踪模式切换键,根据使用要求在ft·lb、N·m、kg·m、kg·cm、in·lb单位体系中选择合适的单位。

(3)选择模式时,按峰值/追踪模式切换键选择即可。在峰值模式(P)下,显示屏实时显示施加的扭矩值，在停止施力后，显示屏显示松劲瞬间的最大扭矩值；在追踪模式（T）下，显示屏实时显示施加的扭矩值，在停止施力后，显示屏立即显示 0.00。

4. 扭力扳手的预置和校零

（1）预置。按下电源键，在开机状态数下设定扭矩（在显示屏上显示），可以直接输入扭矩值（以单位 N·m 为例，可精确到 1 N·m），如果不知道扭矩值，可以输入螺栓的大小和螺栓的强度等级，系统会自动推荐并设置一个扭矩值。

（2）校零。使扭力扳手处于自然水平的放置状态下，短按电源键，显示屏应显示 0000。

5. 扭力扳手的使用方法

（1）在使用扭力扳手时，应严格按照说明书的要求操作。

（2）要根据所测量的物件选取量程合适的扭力扳手，所测扭矩值应在扭力扳手的量程范围内。大量程的扭力扳手不宜用于小扭矩部件的加固，小量程的扭力扳手不可以超量程使用。

（3）测量时，手要握好手柄，并沿垂直于本体的方向慢慢加力，直至看到红灯亮。在施力过程中，垂直方向的左右偏差应不超过 10°，水平方向的上下偏差应不超过 3°。为了避免显示结果因施力角度有偏差而受影响，在测量时应在手柄上施加一个垂直向下的稳定力值。

（4）显示屏上的数值即为测量数据。

6. 扭力扳手的使用要求

（1）扭力扳手不能作为拆卸工具，也不能用其敲击其他物件。

（2）在使用扭力扳手时要柔和、均匀地施力。

（3）在使用扭力扳手时，严禁在手柄加套管或加长柄（有专用配套附件的除外），定值扭力扳手的加长柄需要定期随扭力扳手进行校检。

（4）在用完扭力扳手后，应将扭矩值调整至最小值（定值扭力扳手除外）。

（5）当扭力扳手长时间未用时，在使用前或校检前应先预加载几次，使润滑油均匀地流遍扭力扳手的内部结构。

7. 扭力扳手的使用注意事项

（1）可用干抹布对扭力扳手表面进行清洁，不使用时应将其存放在通风干燥处。

（2）在使用扭力扳手过程中，调整操作姿势时尽量使用拉力，防止跌倒。

（3）当扭力扳手损坏时，如发生卡滞等现象时，应立即更换。

（4）校检扭力扳手时若无法满足设定值在 ±2.5% 公差范围内的要求，则应将扭力扳手送至专业机构进行检查。

培训单元 7　功能部件装配

一、主轴箱装配

1. 主轴箱的结构

数控机床主轴箱主要由箱体、主轴部件、传动轴、润滑系统等组成。图 1-2-44 为 CK6132 经济型数控车床主轴箱实物图。数控机床主轴箱箱体所用的材料通常是 HT200 灰铸铁，这种材料生产工艺简单、铸造性能优良、减振性能良好。数控机床主轴箱箱体主要用来支承主轴部件、传动轴和固定其他零部件。数控机床主轴部件应具有良好的回转精度、结构刚度、抗振性、热稳定性、耐磨性和精度的保持性。具有自动工件夹紧装置的数控车床和铣削中心能够实现工件在主轴上的自动装卸和夹紧，如图 1-2-45 所示，该数控车床就有夹紧装置；而具有换刀装置的加工中心能够实现刀具在主轴上的自动装卸和夹紧。数控机床的主轴部件包括主轴、主轴轴承和安装在主轴上的传动件等。主轴的端部一般用于安装刀具或夹持工件的夹具。主轴在结构上应能保证定位准确、安装可靠、连接牢固、装卸方便，并能传递足够的扭矩。在主轴电动机采用变频器或伺服放大器来驱动后，主轴箱的结构就变得越来越简单了。

图 1-2-44　CK6132 经济型数控车床主轴箱实物图

1—主轴　2—三联齿轮组　3、6—滑移齿轮　4—卡盘　5—双联齿轮组　7—传动轴　8—带轮

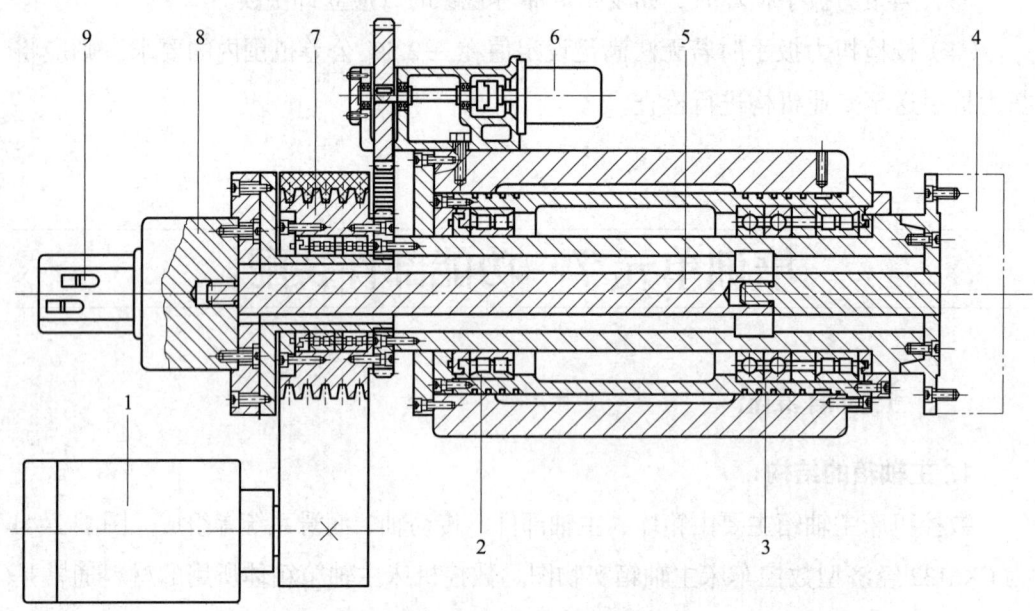

图 1-2-45 ETC3650 数控车床伺服驱动无级变速主轴箱结构图
1—电动机 2—双列圆柱滚子轴承 3—角接触球轴承 4—夹紧装置
5—拉杆 6—编码器 7—带轮 8—油缸 9—行程开关

2. 主轴的变速方式

数控机床主轴的变速是按照控制指令自动执行的，因此变速机构必须适应自动操作的要求。例如，早期的数控车床是在普通车床基础上发展起来的，其主轴变速方式与普通车床一样，即由三相异步电动机通过 V 带带动传动轴，通过拨叉改变传动比，从而使主轴具有不同的转速。这种变速结构具有变速范围窄、变速迟钝、转速低、操作复杂不利于自动化生产等缺点，但是成本低，早期的数控车床多采用这种结构。目前，数控机床多采用由交流主轴电动机或直流主轴电动机带动的无级调速系统。为了扩大调速范围，适应低速大扭矩的要求，数控机床也经常采用齿轮有级调速和电动机无级调速相结合的调速方式。数控机床主传动系统主要有四种配置方式，如图 1-2-46 所示。

（1）带有变速齿轮的主传动（见图 1-2-46a）。这是大中型数控机床常用的主传动系统配置方式，通过几对变速齿轮来扩大调速范围。

（2）带有传动带的主传动（见图 1-2-46b）。这种配置方式主要用于转速较高、变速范围不大的数控机床，电动机本身的调速就能满足要求，不需要使用变速齿轮，因此避免了齿轮传动时产生的振动和噪声。常用的部件是同步齿形带。

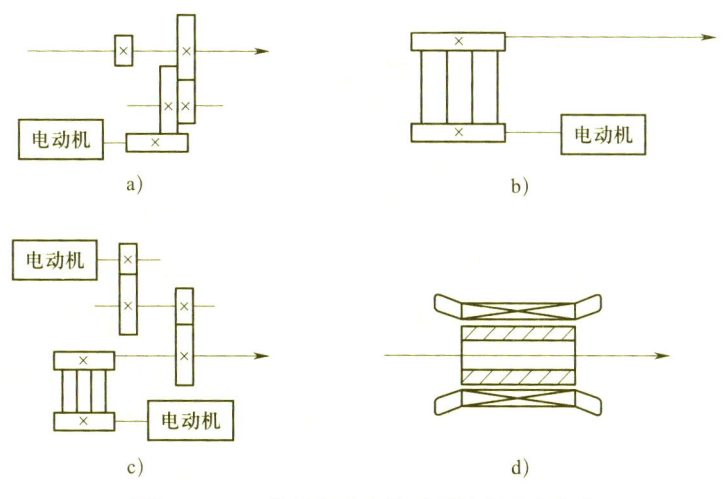

图 1-2-46 数控机床主传动系统的配置方式
a) 带有变速齿轮的主传动　b) 带有传动带的主传动
c) 用两个电动机分别驱动主轴　d) 内装电动机的主传动

（3）用两个电动机分别驱动主轴（见图 1-2-46c）。这种配置方式是以上两种的混合，结合了二者的优点。高速时，由一个电动机通过传动带传动；低速时，由另一个电动机通过变速齿轮传动，变速齿轮起到降速和扩大调速范围的作用，这样就使恒功率区增大，克服了低速时转矩不够且电动机功率不能充分利用的问题。注意，两个电动机不能同时工作。

（4）内装电动机的主传动（见图 1-2-46d）。这种配置方式是由电动机直接带动主轴旋转的，大大简化了主轴箱的结构，有效提高了主轴部件的刚度，但是主轴输出转矩小，电动机发热对主轴精度影响较大。

近年来还出现了一种新型内装电动机主轴，即主轴与电动机转子合为一体。其优点是主轴组件结构紧凑、质量小、惯量小，可提高启动、停止时的响应特性，便于控制振动和噪声；其缺点是电动机运转产生的热量易使主轴产生热变形。因此，能否做好温度控制和冷却是使用这种内装电动机主轴面临的关键问题。

3. 主轴的支承配置形式

数控机床主轴的支承配置形式主要有以下三种。

前支承采用双列圆柱滚子轴承和 60°角双向推力角接触球轴承组合，后支承采用成对的角接触球轴承，如图 1-2-47 所示。这种配置形式能使主轴获得较大的径向、轴向刚度，能满足数控机床强力切削的要求，普遍应用于各类数控机床的主轴，如数控车床、数控铣床、加工中心等。注意，后支承也可以采用圆柱滚子轴承，以进一步提高后支承的径向刚度。

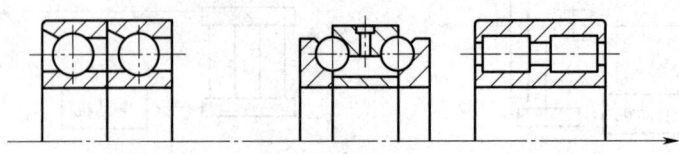

图 1-2-47　数控机床主轴的支承配置形式之一

前后支承均采用高精度双列角接触球轴承，如图 1-2-48 所示。这种配置形式提高了主轴的转速，适用于要求主轴在较高转速下工作的数控机床。目前，这种配置形式在立式、卧式加工中心上得到了广泛应用，满足了这类机床转速范围较大、最高转速较高的要求。为了提高这种配置形式的主轴刚度，前支承可以用四个或更多轴承进行组配，而后支承仍用两个轴承进行组配。

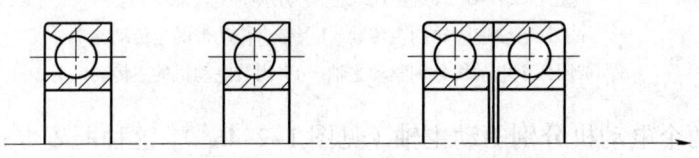

图 1-2-48　数控机床主轴的支承配置形式之二

前后支承分别采用双列和单列圆柱滚子轴承，如图 1-2-49 所示。这种配置形式能使主轴承受较大的载荷（尤其是承受较大的动载荷），获得较大的径向、轴向刚度，同时安装和调整较方便。但是，这种配置形式限制了主轴的最高转速和精度，适用于中等精度、低速与重载的数控机床。

图 1-2-49　数控机床主轴的支承配置形式之三

4. 经济型数控机床主轴箱的装配

主轴轴承是重要的主轴部件，其安装精度直接影响了主轴其他部件的工作性能。在数控机床上，主轴轴承常采用滚动轴承，滚动轴承根据滚动体的种类分为球轴承、滚子轴承两大类。常用的滚动轴承精度有高级 P6X、精密级 P5、特精级 P4 和超精级 P2。前支承的精度一般比后支承的精度高一级，但也可以是相同的精度等级。普通精度的数控机床前支承精度通常为 P4、P5 级，后支承精度通常为 P5、P6X 级。特高精度的数控机床前后支承精度通常为 P2 级。

（1）主轴轴承的装配方法

1）温差装配法。温差装配法不会对轴承和主轴造成损伤，并能很好地保持轴承原有的精度，因此在数控机床轴承装配中应用最广泛。温差装配法分为热装配法（简称热装法）和冷却装配法（简称冷装法）。

①数控机床主轴与轴承的装配通常采用热装法。目前，轴承的加热方法主要有以下两种。

一种是利用电磁感应器加热。加热时将轴承套入电磁感应器，如图 1-2-50 所示，通常加热至 80～100 ℃时切断电源、停止加热，并立即取出已经变热的轴承，与常温状态下的主轴进行装配。在加热前，要用清洗液或除锈剂对主轴和轴承（指使用过的轴承）进行清洗、除锈；要检查主轴有无损伤、毛刺等，应对损伤的主轴进行修复，并用整形锉刀或砂纸去除毛刺；要检查轴承是否磨损、转动是否畅顺、有无异响等；要对电磁感应器的使用场所进行检查，不允许存有易燃易爆物品，确保安全文明生产。

图 1-2-50　利用电磁感应器对轴承加热

另一种是将轴承放入油箱中直接加热。如图 1-2-51 所示，通常将轴承加热至 80～100 ℃后取出，与常温状态下的主轴进行装配。

应用以上两种方法时必须注意用电安全，并佩戴隔热手套。

②数控机床主轴轴承与轴承座或箱体的装配通常采用冷装法。冷装法主要是利用干冰对轴承的外圈进行冷却，当轴承外圈因冷却而缩小后，迅速将其与轴承座或箱体进行装配。

2）压入装配法。对于主轴与轴承、轴承与轴承座配合过盈较小的，可采用压入装配法，如图 1-2-52 所示。

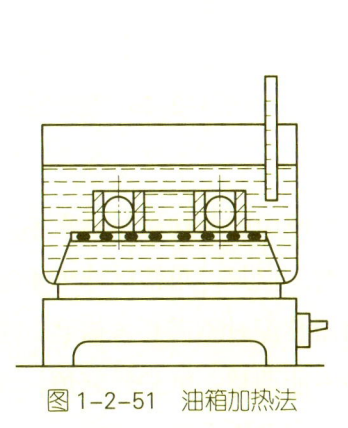

图 1-2-51　油箱加热法

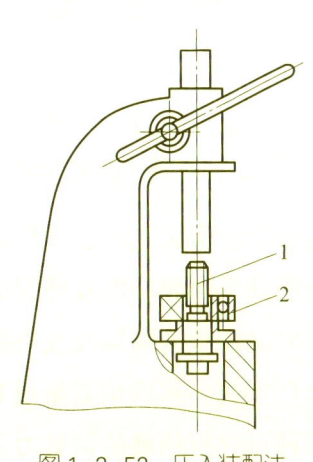

图 1-2-52　压入装配法
1—压棒　2—轴承座

（2）主轴轴承的预紧方法。数控机床主轴轴承承受的载荷较大、旋转精度要求较高，通常在无游隙甚至有少量过盈状态下工作，因此需要在装配时对轴承进行预紧。预紧是指在装配轴承时，给轴承的内圈或外圈施加一个轴向力，以消除轴承游隙，并使滚动体与内外圈接触处产生初变形。预紧能提高轴承在工作状态下的刚度和旋转精度。

1）角接触球轴承的预紧方法。角接触球轴承的结构如图1-2-53所示。将其成对安装时，其布置方式有三种，对应的预紧方法分别如下：背靠背安装（即外圈宽边相对）时，按如图1-2-54所示的箭头方向施力，使两个轴承紧靠在一起；面对面安装时（即外圈窄边相对），按如图1-2-55所示的箭头方向施加预紧力，使两轴承紧靠在一起；同向安装（即外圈宽、窄边相对）时，按如图1-2-56所示的箭头方向施力，使两轴承紧靠在一起。

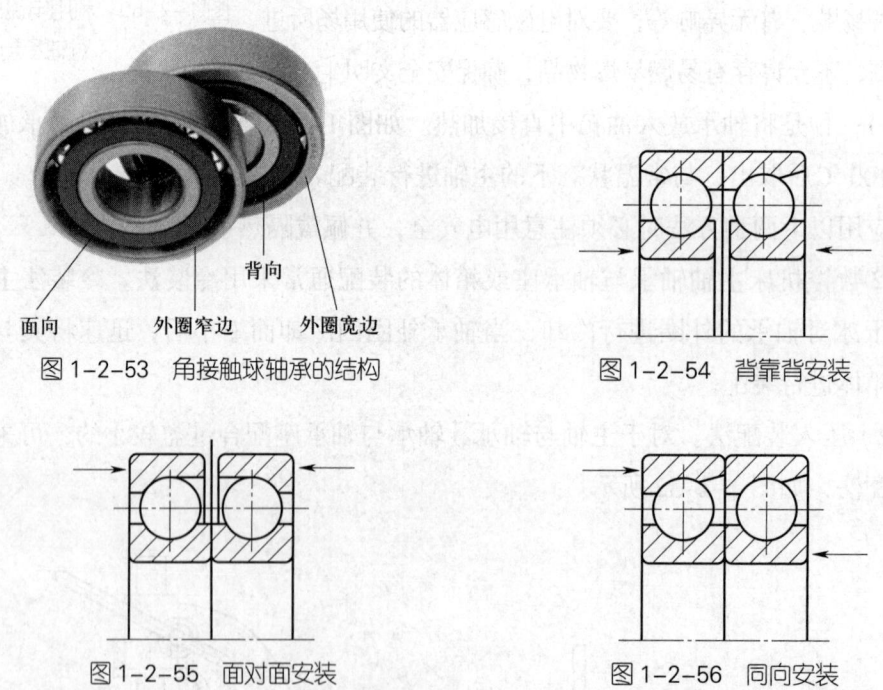

图1-2-53 角接触球轴承的结构　　图1-2-54 背靠背安装

图1-2-55 面对面安装　　图1-2-56 同向安装

角接触球轴承的预紧处理方法有两种。

①修磨轴承内圈端面或外圈端面。根据成对使用的角接触球轴承不同的布置方式，需要对轴承内圈端面或外圈端面进行修磨。但是，角接触球轴承通常是由轴承生产厂家按要求的预紧量成对提供的，因而装配时不需要再修磨，用螺母将其并紧后即可获得精确的预紧力。只是使用中不能调整，维护较麻烦，成本相对较高；但装配质量较好，占用空间较小，适用于刚度要求高、需要安装多个轴承

的主轴。注意，安装时必须按照安装的顺序、方向来装配。

②修磨隔套。无论采用何种布置方式，都可以在同一组轴承之间配置不同厚度的隔套来达到预紧目的。如需调整预紧力，修磨内外隔套的厚度就可以了。现在大部分经济型数控机床都采用配隔套的预紧方法，角接触球轴承配内、外隔套的装配示意如图1-2-57所示。

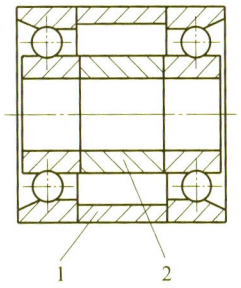

图1-2-57 角接触球轴承配内、外隔套的装配示意

1—外隔套　2—内隔套

2）内圈为圆锥孔轴承的预紧方法

①轴承内圈单向预紧（见图1-2-58）。预紧时的操作方法具体如下：先松开锁紧螺母1，再拧紧锁紧螺母2，通过隔套3使轴承内圈4向轴径大端移动，使轴承内圈变形、胀大，在滚道上产生过盈，从而消除径向游隙，达到预紧的目的。最后，再将锁紧螺母1拧紧，就起到锁紧的作用。由于其结构简单，很多经济型数控机床采用这种方式，但预紧量不易控制，适用于轻载数控机床主轴部件。

②轴承内圈双向预紧（见图1-2-59）。操作方法与单向预紧基本相同，但由于锁紧螺母4起到限制内圈移动量的作用，因此更易于控制预紧量。锁紧螺母一般采用细牙螺纹，便于微调整，且在调好后能锁紧。

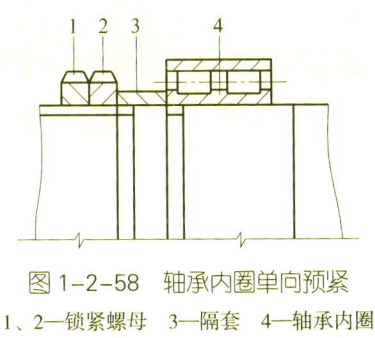

图1-2-58 轴承内圈单向预紧

1、2—锁紧螺母　3—隔套　4—轴承内圈

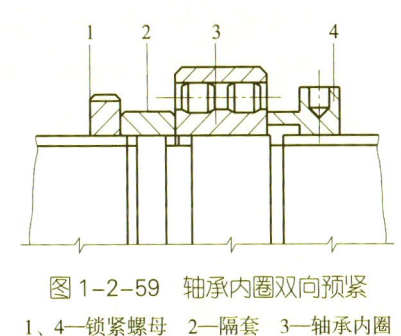

图1-2-59 轴承内圈双向预紧

1、4—锁紧螺母　2—隔套　3—轴承内圈

3）滚动轴承定向装配与预紧方法。由于数控机床主轴的旋转精度要求较高，因此在将滚动轴承内圈往主轴轴径上装配时，可以采用二者回转误差高点对低点相互抵消的办法进行装配，这种装配方法称为定向装配法。

①装配前的测量。装配前必须对主轴、轴承等主要配合零件进行测量，确定误差值和方向并做好标记。

一是测量主轴前端定心表面对前后支承轴颈公共轴线的径向圆跳动，并标出最高点或最低点，记录数值。如图 1-2-60 所示，检测时，将支承主轴的前后轴颈分别置于 V 形架上，在轴向上用钢珠支承在挡铁上，在主轴锥孔中插入锥度检验棒，用百分表分别测出近主轴端及距主轴端 300 mm 处的径向圆跳动（支好百分表后转动主轴，测出锥孔中心线的偏差方向并做好标记）。

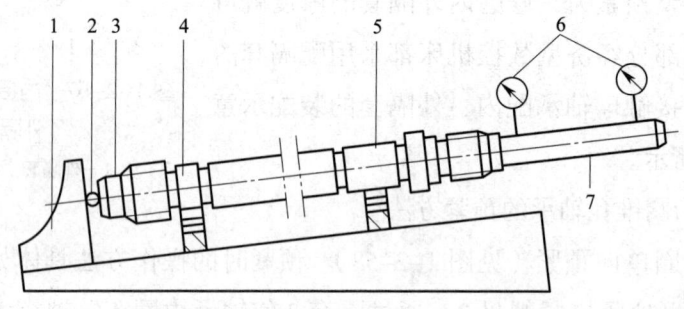

图 1-2-60　测量主轴锥孔中心线偏差方向
1—挡铁　2—钢珠　3—堵头　4—后支承轴颈
5—前支承轴颈　6—百分表　7—锥度检验棒

二是测量轴承内圈径向圆跳动误差。如图 1-2-61 所示，检测时，将外圈固定不动，在内圈端面上施加适当的力 F。旋转轴承内圈，按百分表指针的指示标出内圈径向圆跳动的最高点或最低点，并记录对应的数据。

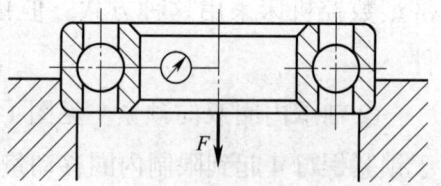

图 1-2-61　轴承内圈径向圆跳动误差测量

三是测量轴承外圈径向圆跳动误差。如图 1-2-62 所示，将轴承装配到主轴上，转动外圈并沿百分表方向施加一定的力，按百分表指针的指示标出外圈径向圆跳动的最高点或最低点，并记录对应的数据。

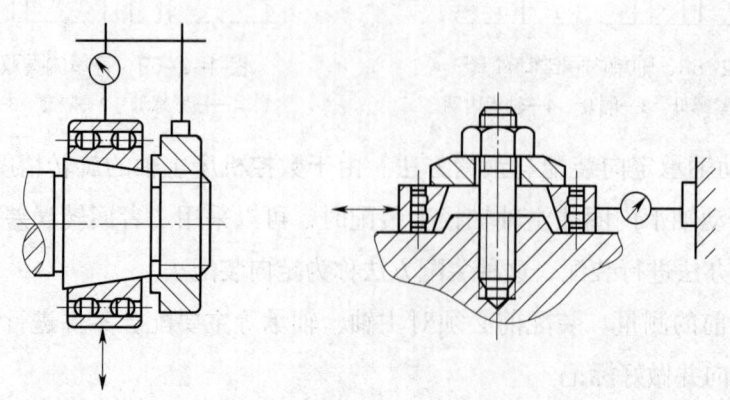

图 1-2-62　轴承外圈径向圆跳动误差测量

②装配。装配时,轴承内圈径向圆跳动量较大的放在后支承上,前后支承中各轴承内圈径向圆跳动的最高点标记位置应置于同一方向,且与主轴所标最高点的方向相反,使被测表面中心向实际旋转中心 O_2 靠拢,如图 1-2-63 所示。当前后轴承的内圈分别有偏心误差 $\delta_后$ 和 $\delta_前$,且 $\delta_后 > \delta_前$ 时,主轴锥孔中心线 O_3 与支承轴颈公共轴线 O_1 有偏离距离 δ,此时按定向装配原则确定轴承与轴颈的装配位置,主轴锥孔的回转中心线将出现最小的径向圆跳动误差 Δr。对于按定向装配法装配的轴承,应保证其内圈与轴颈不再发生相对转动,否则将丧失已获得的调整精度。

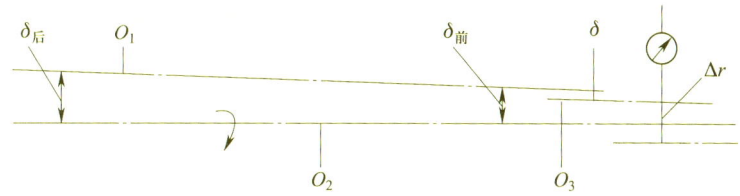

图 1-2-63 主轴定向装配示意图

(3)主轴部件的调整方法。主轴轴承间隙过大对加工精度和表面粗糙度都有很大的影响,应分别对前后轴承进行适当的调整,以消除过大的间隙。但也要注意,轴承间隙过小,会使主轴运转时发生温升过高等不正常现象。CA6140 主轴部件结构如图 1-2-64 所示。

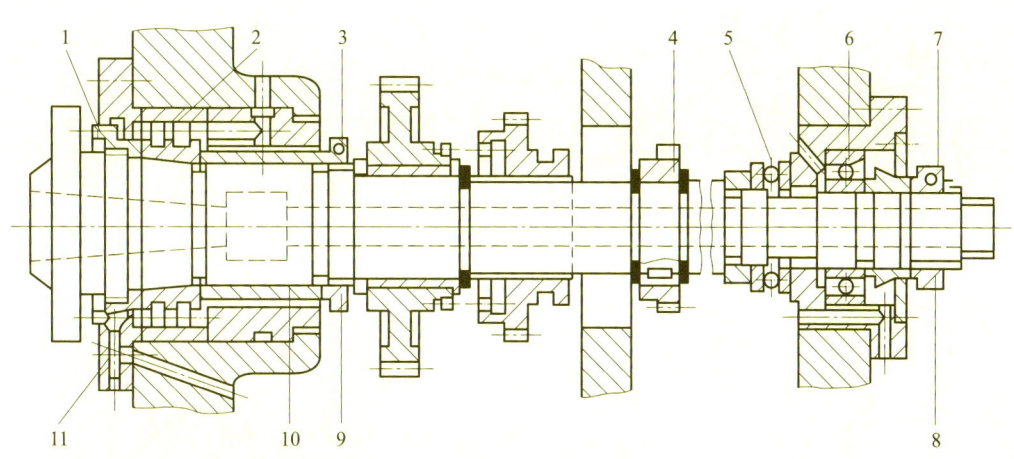

图 1-2-64 CA6140 主轴部件结构
1、8、9—锁紧螺母 2—圆柱滚子轴承 3、7—紧固螺钉 4—齿轮
5—推力球轴承 6—角接触球轴承 10—隔套 11—前轴承端盖

1)主轴后轴承的调整方法。将主轴尾部锁紧螺母 8 上的紧固螺钉 7 松开,沿主轴正转方向适当地转动锁紧螺母 8,使角接触球轴承 6 内圈向右移动(减小轴承

径向间隙）。在将角接触球轴承调整至合适位置后，用百分表触及主轴前端面，用适当的力前后推动主轴，保证轴向间隙在 0.01 mm 以内。最后用手转动主轴，确保主轴转动灵活，把锁紧螺母 8 上的紧固螺钉 7 拧紧。

2）主轴前轴承的调整方法。先将锁紧螺母上的紧固螺钉 3 松开，按主轴正转方向适当地转动锁紧螺母 9，迫使隔套 10 和圆柱滚子轴承 2 内圈向右移动，以减小轴承径向间隙。之后用手转动主轴，感觉它是否比调整前略紧，以及转动是否灵活（通常可滑转 1.5 圈左右）。如果调整得过紧，可反向调整增大轴承径向间隙。在将圆柱滚子轴承调整至合适位置后，用百分表触及主轴前端轴颈处，撬动杠杆对主轴施加 200～300 N 的径向力，保证轴承径向间隙在 0.005 mm 之内。调整完毕，把锁紧螺母 9 上的紧固螺钉 3 拧紧。

 相关链接

数控机床主轴常用的滚动轴承见表 1-2-17。

表 1-2-17　数控机床主轴常用的滚动轴承

序号	简图	名称	承受载荷的性质	特点及用途
1		深沟球轴承	径向载荷，任意方向的轴向载荷可达到未被利用轴向载荷的 70%	极限转速高，承载能力较差；用于高速、轻载主轴的辅助支承，当转速很高时可代替推力轴承承受纯轴向力
2		角接触球轴承	径向载荷，单向轴向载荷	极限转速高，承载能力较差，结构简单，调整方便；适用于高速、轻载的精密主轴，能同时承受径向和轴向负荷，常在一个支承点中使用多个角接触球轴承，以提高刚度

续表

序号	简图	名称	承受载荷的性质	特点及用途
3		圆柱滚子轴承	径向载荷	极限转速高，承载能力较强，不能调整间隙，允许轴向浮动；常用作后支承或辅助支承
4		双列圆柱滚子轴承	径向载荷	内圈带双挡边，内孔为圆锥孔，可调整径向间隙；常用作高精度、高刚度、高速的径向轴承
5		圆锥滚子轴承	径向载荷，单向轴向载荷	刚度高，承载能力强，发热量大，极限转速低；对于外圈有凸缘的，其支承孔可做成直孔；适用于中速、重载、高刚度的主轴
6		双列圆锥滚子轴承	径向载荷，双向轴向载荷	刚度高，承载能力很强，发热量大，极限转速低；修磨中间隔套能调整径向、轴向间隙，结构简单，调整容易；对于外圈有凸缘的，其支承孔可做成直孔；适用于中低速、重载、高刚度的主轴

二、进给传动部件装配

数控机床进给系统的通用部件主要有伺服电动机、联轴器、直线导轨、滑块、丝杠螺母座、丝杠、丝杠支承座等。部分通用部件如图 1-2-65 所示。为了确保数控机床传动精度高和工作平稳,数控机床进给系统必须满足以下五点性能要求:摩擦阻力小,各运动部件的惯性小,传动精度与定位精度高,响应速度高,使用维护方便。

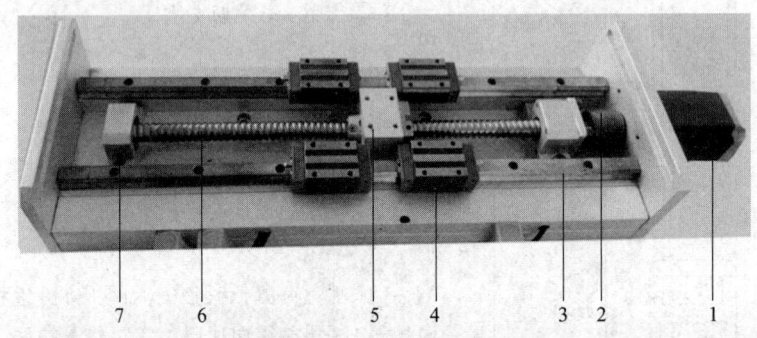

图 1-2-65 部分通用部件

1—伺服电动机 2—联轴器 3—直线导轨 4—滑块 5—丝杠螺母座 6—丝杠 7—丝杠支承座

1. 直线导轨

直线导轨又称线轨、滑轨、线性导轨、线性滑轨,其外观如图 1-2-66 所示。直线导轨的作用是支撑和引导运动部件,使其按给定的方向做往复直线运动。数控机床对导轨的要求有导向精度高、耐磨性能好、刚度足够大、低速运动平稳、结构简单、工艺性好。

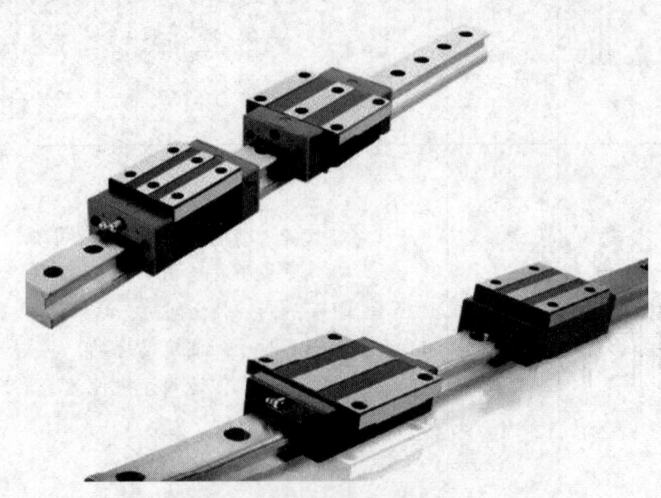

图 1-2-66 直线导轨外观

直线导轨常用于直线往复运动场合，它拥有比直线轴承更高的额定载荷，同时可以承担一定的扭矩，可在高负载的情况下实现高精度的直线运动。数控机床通常采用的直线导轨主要有塑料滑动导轨、滚动导轨和静压导轨三种。

（1）塑料滑动导轨。塑料滑动导轨（见图1-2-67）具有摩擦因数低且动、静摩擦因数差值小，减振性好（具有良好的阻尼性），耐磨性好（自润滑），结构简单，维修方便，成本低等特点。

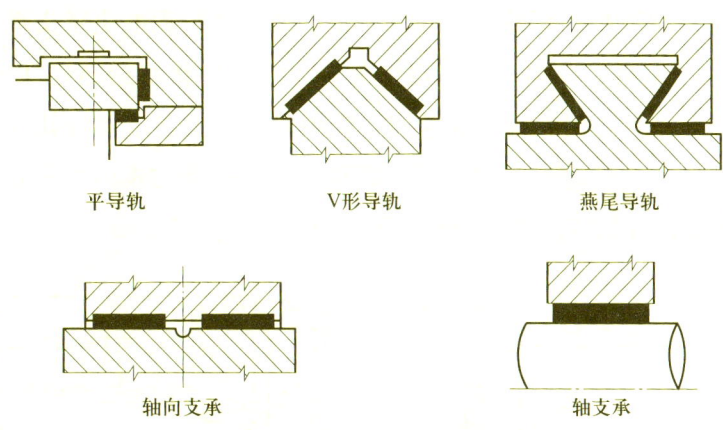

图1-2-67　塑料滑动导轨

塑料滑动导轨分为贴塑导轨和注塑导轨。贴塑导轨广泛应用于中小型数控机床，如中小型数控车床的中拖板就采用贴塑导轨。注塑导轨适用于大型、重型数控机床，常用的加工中心多采用注塑导轨。

塑料软带通常粘接于数控机床的动导轨即工作台或溜板上，使它与支承导轨即床身导轨的表面配合运动。为了避免产生局部的应力集中，在塑料软带上开有油槽，油槽形状（见图1-2-68）因需求而异。进油孔应位于油槽的中央，其直径尺寸应略大于油槽宽度。

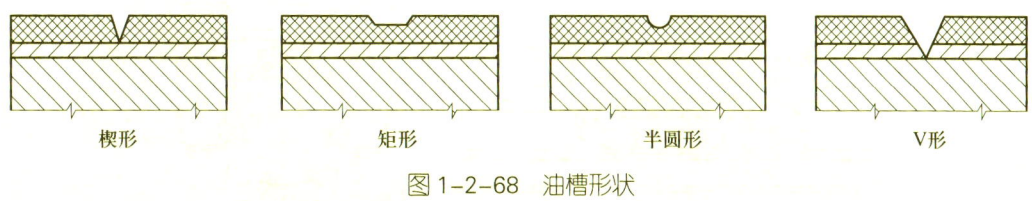

图1-2-68　油槽形状

（2）滚动导轨。滚动导轨是在导轨面之间放置滚珠、滚柱（或滚针）等滚动体，使导轨面之间产生滚动摩擦而不是滑动摩擦。滚动导轨与滑动导轨相比，优点如下：灵敏度高，摩擦阻力小；运动均匀，尤其是在低速移动时，不易出现爬行现象；定位精度高，重复定位误差仅为0.2 μm；牵引力小，移动轻便；磨损小，精度保持性好，使用寿命长。但是，滚动导轨抗振性较差，对防护要求较高，结构复杂，制造比较困难，成本较高。根据滚动体的类型，滚动导轨分为三种结构形式：滚珠导轨、滚柱导轨和滚针导轨。目前，数控机床采用滚柱导轨的较多，特别是载荷较大的数控机床。

常用的滚动导轨有滚动导轨块和直线滚动导轨两种。

1）滚动导轨块。滚动导轨块是一种由圆柱滚动体做循环运动的标准结构导轨元件。其优点是刚度高、承载能力强、便于拆装，且行程取决于支承件导轨平面的长度；其缺点是制造成本高、抗振性欠佳。滚动导轨块的结构如图1-2-69所示，端盖2与导向片4引导滚柱3返回。使用时用螺钉将滚动导轨块固定在运动部件的导轨面上，当运动部件移动时，滚柱3在导轨面与本体6之间滚动但不接触，同时又绕本体6循环运动，因而该导轨面不需要淬硬、磨光。

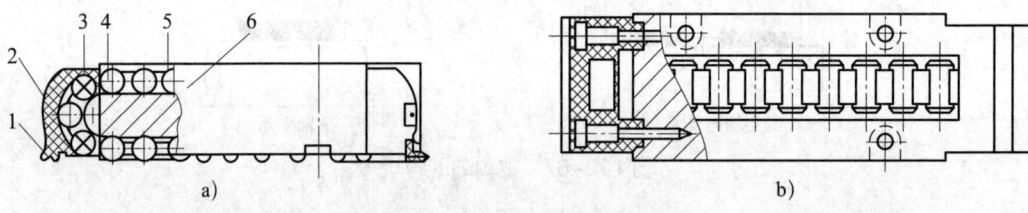

图1-2-69 滚动导轨块的结构
a）侧视剖面图 b）俯视剖面图
1—防护板 2—端盖 3—滚柱 4—导向片 5—保持器 6—本体

2）直线滚动导轨。直线滚动导轨的结构如图1-2-70所示。它将支承导轨和运动导轨组合在一起，形成独立的导轨副部件，故又称单元式滚动导轨。与滚动导轨块相比，直线滚动导轨可承受倾覆力矩和侧向力。直线滚动导轨制造精度高，

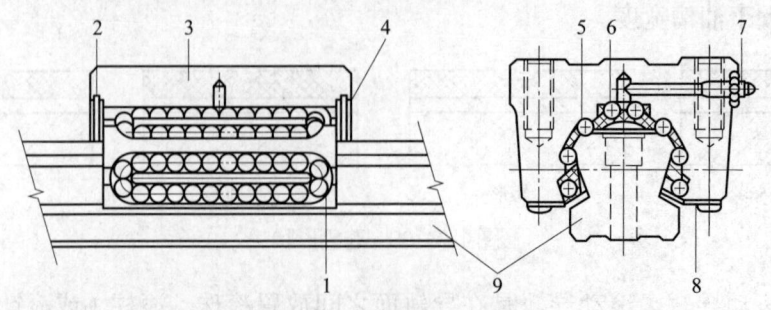

图1-2-70 直线滚动导轨的结构
1—保持器 2—压紧圈 3—支承块 4—密封板 5—承载钢珠列
6—反向钢珠列 7—加油嘴 8—侧板 9—导轨

可高速运行、预加负载,并能长时间保持高精度、高刚度,具有自调功能,安装基面允许误差大。

数控机床常用的直线滚动导轨副由一根长导轨轴和一个或几个滑块组成,滑块内有四组滚珠(或滚柱),当滑块相对导轨轴移动时,每组滚珠(或滚柱)都在各自的滚道内循环运动,循环承受载荷(承受载荷的形式与轴承类似)。四组滚珠(或滚柱)可承受除轴向力以外任何方向的力和力矩。

(3)静压导轨。采用静压导轨时,要在导轨的油腔中通入具有一定压力的润滑油,使动导轨(工作台)与静导轨(床身)之间形成一层油膜,使导轨处于液体摩擦的状态。静压导轨有以下优点:摩擦系数小,机械效率高;油膜具有良好的吸振性,运动平稳,无爬行现象;工作精度高;使用寿命长。

静压导轨应用广泛,尤其在大型精密数控机床中应用较多。静压导轨按结构形式分为开式静压导轨和闭式静压导轨,如图 1-2-71 所示。

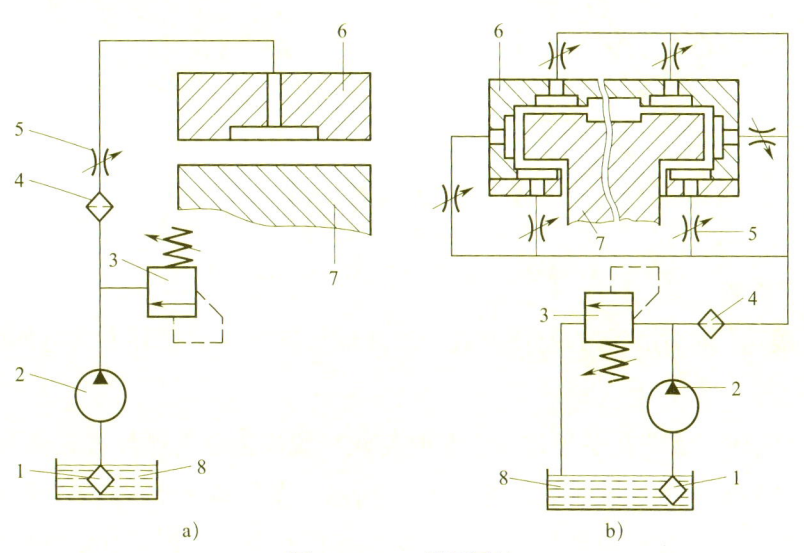

图 1-2-71 静压导轨
a)开式静压导轨 b)闭式静压导轨
1—过滤器 2—液压泵 3—溢流阀 4—精密过滤器 5—节流阀 6—运动件 7—承导件 8—油箱

2. 滚珠丝杠副

在数控机床的进给传动链中,将旋转运动转换为直线运动通常利用滚珠丝杠副。滚珠丝杠副的传动具有以下优点:传动效率高、摩擦损失小、运动灵敏、低速时无爬行、传动精度高、刚度好等。但它无自锁能力,具有传动的可逆性。进给传动所用的伺服电动机通常是永磁电动机,它具有一定的自锁能力,所以在丝杠水平放置状态下,当丝杠停止传动时它能立即停止运动。对于垂直使用的滚珠丝杠副，由于受重力作用影响，当传动被切断时单凭伺服电动机的永磁功能不能立即停止运动，所以会增加制动装置。此外，滚珠丝杠副制造工艺复杂，制造成本较高。

（1）滚珠丝杠副的结构和工作原理。滚珠丝杠副如图1-2-72所示。在丝杠3和螺母1上都有半圆弧形的螺旋槽，当它们套装在一起时便形成了滚珠的螺旋形滚道。螺母上有回路管道4，它将几圈滚道的两端连接起来，构成封闭的循环滚道，并装满滚珠2。当丝杠旋转时，滚珠在滚道内做循环滚动，使螺母（或丝杠）轴向移动。

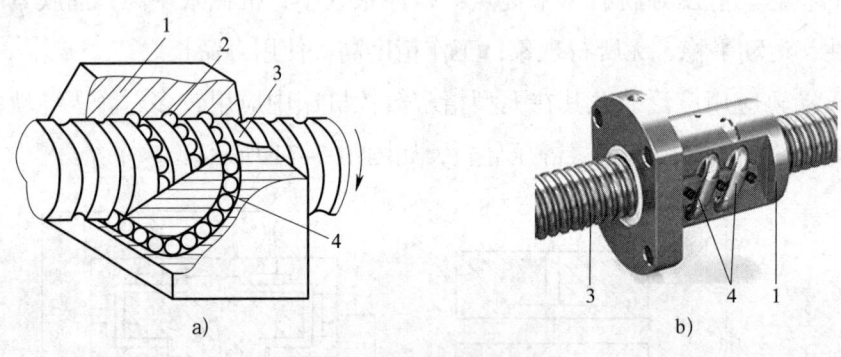

图1-2-72 滚珠丝杠副
a）结构图 b）实物图
1—螺母 2—滚珠 3—丝杠 4—回路管道

（2）滚珠丝杠副滚珠的循环方式。滚珠丝杠副滚珠的循环方式有外循环和内循环两种。

1）外循环。滚珠在循环过程中有时与丝杠脱离接触的循环方式称为外循环。常用的一种外循环滚珠丝杠副如图1-2-73所示。在其螺母体轴向上相隔数个半导程处钻出两个孔与螺旋槽相切，作为滚珠的进口与出口；再在其螺母外表面上铣出回珠槽并连通两孔；在其螺母内进出口处各装一挡珠器，并在其螺母外表面上装一个套筒，这样就构成了封闭的循环滚道。

外循环结构、制造工艺简单，使用较广泛。但其缺点是滚道接缝处很难做得平滑，影响滚珠滚动的平稳性，甚至会发生卡珠现象，噪声也较大。

2）内循环。滚珠始终与丝杠保持接触的循环方式称为内循环。内循环是采用反向器使相邻的两条滚道连通，从而形成一条滚珠循环通道，滚珠在此通道中做循环滚动。反向器有两种形式。圆柱凸键反向器如图1-2-74a所示，该反向器的圆柱部分嵌入螺母内，端部开有反向槽2，反向槽靠圆柱外圆面及其上端的凸键1定

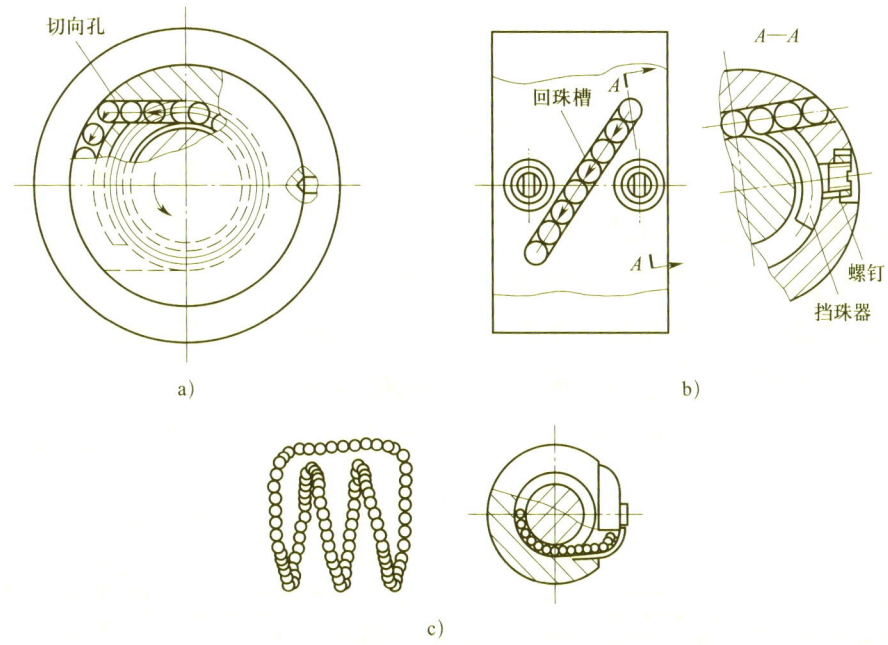

图 1-2-73 常用的一种外循环滚珠丝杠副
a) 切向孔结构 b) 回珠槽结构 c) 滚珠的运动轨迹

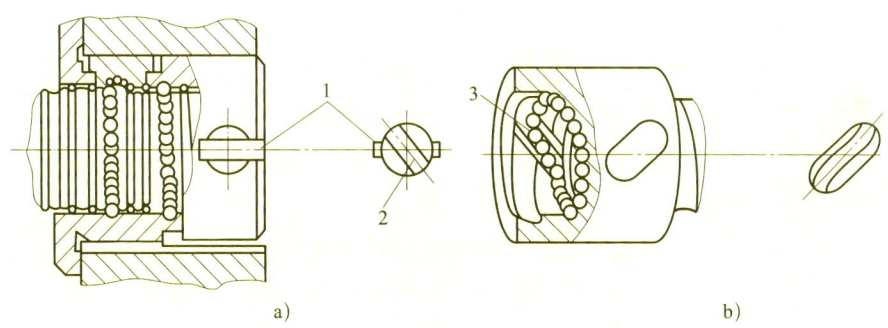

图 1-2-74 内循环滚珠丝杠
a) 圆柱凸键反向器 b) 扁圆镶块反向器
1—凸键 2、3—反向槽

位,以保证对准滚道方向。扁圆镶块反向器如图 1-2-74b 所示,该反向器为一半圆头的平键形镶块,镶块嵌入螺母的切槽中,其端部开有反向槽 3,靠镶块的外廓定位。比较两种反向器,后者尺寸较小,因而螺母的径向尺寸和轴向尺寸较小,但其外廓和螺母上的切槽尺寸精度要求较高。

(3) 滚珠丝杠副的支承方式

1) 一端装推力球轴承(见图 1-2-75a)。这种支承方式的承载能力差,轴向刚度低,只适用于短丝杠。

2）一端装推力球轴承，另一端装向心球轴承（见图1-2-75b）。这种支承方式可用于丝杠较长的情况。

3）两端装推力球轴承（见图1-2-75c）。这种支承方式是把推力球轴承装在滚珠丝杠副的两端，并施加预紧拉力。虽然这样有助于提高刚度，但使丝杠对热变形较为敏感，影响轴承的使用寿命。

4）两端装推力球轴承及向心球轴承（见图1-2-75d）。为使丝杠具有最大的刚度，在它两端可以采用双重支承的方式，即在两端装推力球轴承及向心球轴承，并施加预紧拉力。这种支承方式不能精确地预先测定预紧力，因为预紧力是由丝杠热变形而产生的，而且设计时要求提高推力球轴承的承载能力和支架刚度。

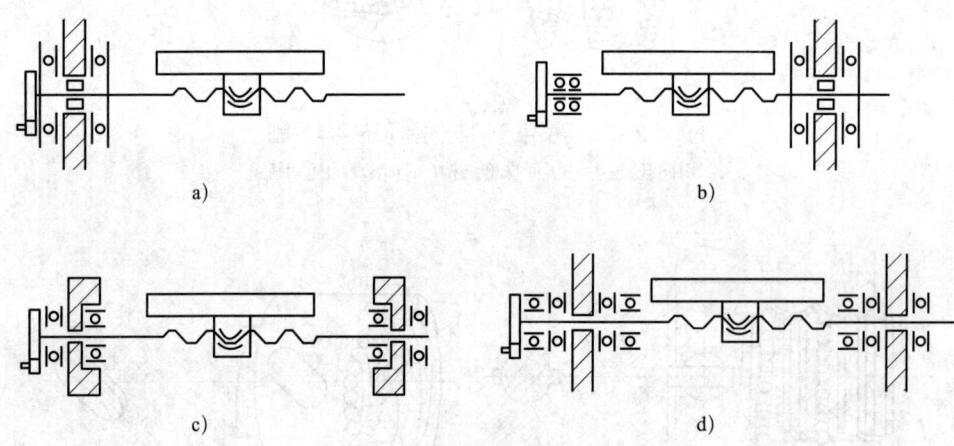

图1-2-75 滚珠丝杠副的支承方式
a）一端装推力球轴承 b）一端装推力球轴承，另一端装向心球轴承
c）两端装推力球轴承 d）两端装推力球轴承及向心球轴承

（4）滚珠丝杠副的固定方式。滚珠丝杠副的固定方式有一端固定和两端固定两种。数控机床在满足丝杠要求的情况下，通常采用一端固定的方式。广泛应用的是滚珠丝杠副一端固定、一端支承的形式，在支承端留有间隙，可有效地抵消数控机床因热伸长产生的误差，从而保证数控机床可进行长时间、大切削量的切削。

3. 联轴器

联轴器主要用于轴与轴之间的连接，它们一起回转并传递转矩。用联轴器连接的两根轴只有在机器停车后，经过拆卸才能彼此分离。联轴器分为刚性和弹性两大类，如图1-2-76所示。

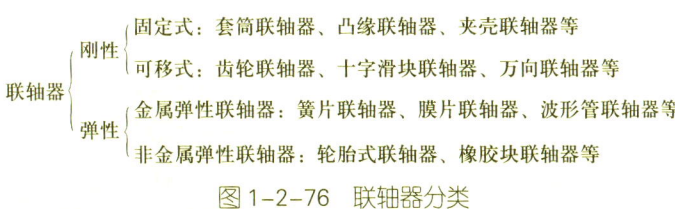

图 1-2-76 联轴器分类

下面对经济型数控机床常用的联轴器进行介绍。

（1）固定式联轴器

1）套筒联轴器。套筒联轴器（见图 1-2-77）由连接两轴轴端的套筒和连接套筒与轴的连接件（键、螺钉或销钉）组成。

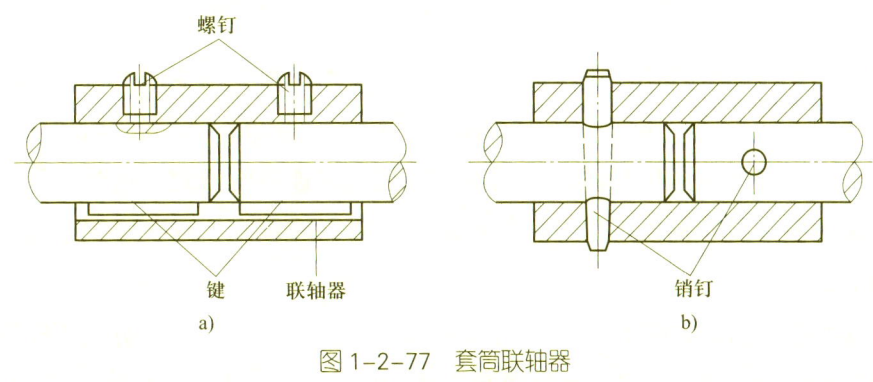

图 1-2-77 套筒联轴器
a）带有键和螺钉 b）带有销钉

这种联轴器结构简单、径向尺寸小，但拆装困难（拆装时轴需要做轴向移动），且要求两轴严格对中，因此在使用上受到一定限制。使用时，通常采用丝杠轴承座与电动机座为一体的支架，其两孔的同轴度较高，因而装配更方便。

2）凸缘联轴器。凸缘联轴器是把两个带有凸缘的半联轴器分别与两轴连接，然后用螺栓把两个半联轴器连成一体传递动力和扭矩的。其半联轴器与轴是通过键来传递动力和扭矩的。凸缘联轴器可做成带防护边的（见图 1-2-78a）或不带防护边的（见图 1-2-78b）。凸缘联轴器有两种对中方法：一种是用一个半联轴器上的凸肩与另一个半联轴器上的凹槽相配合而对中，如图 1-2-78a 所示；另一种是左、右半联轴器共同与中间环配合而对中，如图 1-2-78b 所示。前者在拆装时轴必须做轴向移动，后者则无此要求。连接时可以采用铰制孔用螺栓，此时螺栓杆与螺孔为过渡配合，靠螺栓杆承受挤压与剪切来传递扭矩；也可以采用半精制的普通螺栓，此时螺栓杆与螺孔之间存有间隙，扭矩靠半联轴器结合面之间的摩擦力来传递。凸缘联轴器对于所连接的两轴的同轴度要求很高，但由于其结构简单、成本低，可传递较大扭矩，故当转速低、无冲击、轴的刚度大且对中性较好时常采用这种联轴器。

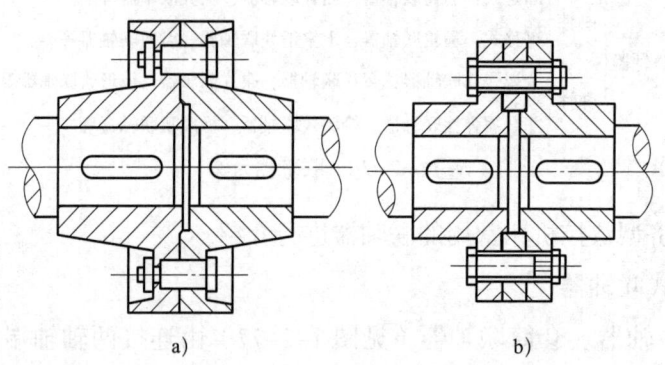

图 1-2-78 凸缘联轴器
a）带防护边的凸缘联轴器　b）不带防护边的凸缘联轴器

（2）金属弹性联轴器。金属弹性联轴器利用了锥环的胀紧原理，可以较好地实现无键、无隙连接，属于安全联轴器的一种。在大扭矩、宽调速伺服电动机的传动机构中，伺服电动机与丝杠之间通常采用直接连接的方式，这时广泛使用金属弹性联轴器。该联轴器不仅可以简化结构、降低噪声，而且可以减小间隙、提高传动刚度。

金属弹性联轴器如图 1-2-79 所示。弹簧片 1 用于传递扭矩，分别用螺钉和球面垫圈与两边的联轴套相连。每片弹簧片厚 0.25 mm，材料为不锈钢。金属弹性联轴器两端的位置偏差由弹簧片的变形抵消。

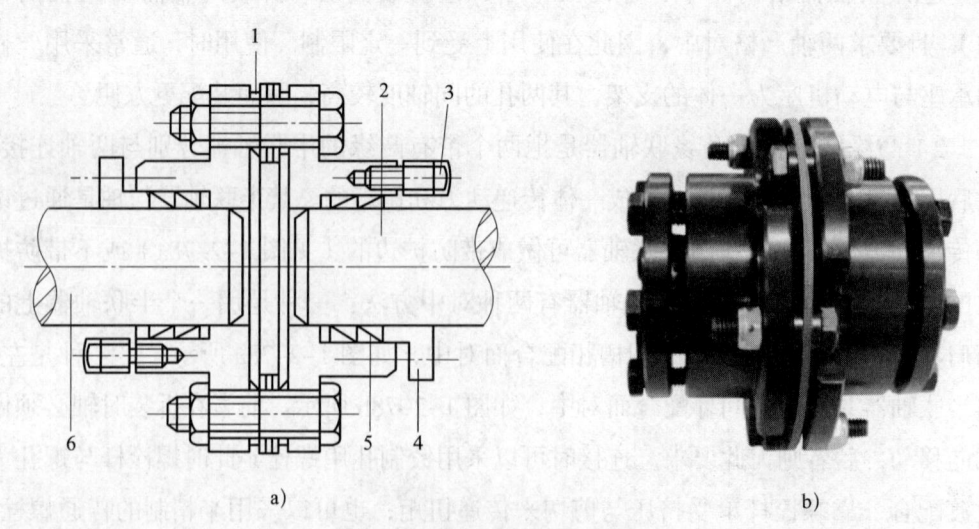

图 1-2-79 金属弹性联轴器
a）结构图　b）实物图
1—弹簧片　2—丝杠　3—螺钉　4—端盖　5—锥环　6—电动机轴

由于该联轴器利用了锥环的胀紧原理,可以较好地实现无键、无隙连接,因此又称无键锥环联轴器,它能对过载起到保护作用,是一种安全联轴器。在拆装时只需要把压紧锥环两端面的螺钉拧松,就可以使金属弹性联轴器在任意轴上做轴向移动,且装配位置所受限制小。锥环如图1-2-80所示。

图1-2-80 锥环
a)外锥环 b)内锥环 c)成对锥环

4. 十字滑台

数控机床十字滑台通常由上下工作台、滚珠丝杠副、直线导轨等组成。工作台是由伺服电动机通过联轴器(或同步带)与滚珠丝杠副来传动的。直线导轨常采用滑动导轨(见图1-2-81a)或滚动导轨(见图1-2-81b)。

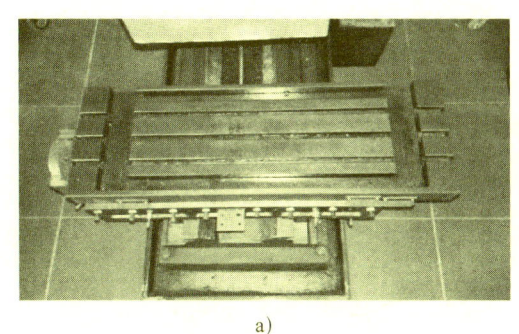 

图1-2-81 数控机床十字滑台
a)滑动导轨十字滑台 b)滚动导轨十字滑台

三、换刀装置结构、工作原理及装配

1. 排刀式刀架

排刀式刀架一般用于小规格数控机床,如图1-2-82所示,它以加工棒料或盘类零件为主。在排刀式刀架中,夹持着不同用途刀具的刀夹沿着数控机床的 X 轴方向排列在横向滑板上。

排刀式刀架刀具的典型布置方式如图1-2-83所示。排刀式刀架在刀具布置、机床调整等方面都较为方便，可以根据具体工件的车削工艺要求，任意组合不同用途的刀具。第一把刀具完成车削任务后，横向滑板只需要按程序沿 X 轴移动预先设定的距离，第二把刀具就能到达加工位置，这样就完成了换刀动作。这种换刀方式节省时间，有利于提高数控机床的生产效率。

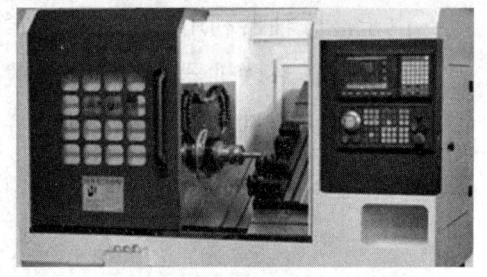

图 1-2-82　排刀式刀架

排刀式刀架只适合加工旋转直径较小的工件，不适合加工较大规格的工件或细长的轴类零件。旋转直径超过 100 mm 的数控机床大多不采用排刀式刀架。

排刀式刀架使用的快换台板如图 1-2-84 所示，它可以实现成组刀具的机外预调，即数控机床在加工某一工件的同时，可以利用快换台板在机外组成加工同一种零件或不同零件的排刀组，利用对刀装置进行预调。当刀具磨损或需要更换加工零件品种时，可以通过更换快换台板成组地更换刀具，从而使换刀时间大为缩短。

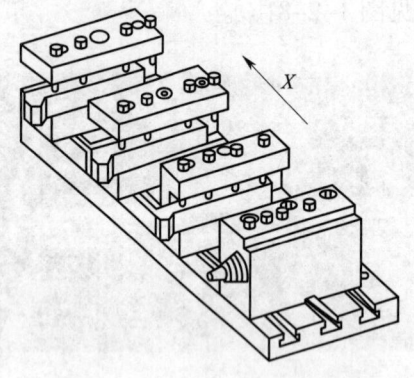

图 1-2-83　排刀式刀架刀具的典型布置方式

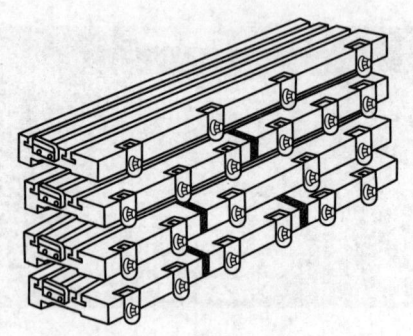

图 1-2-84　快换台板

2. 回转刀架

回转刀架是数控车床常用的一种自动换刀装置。回转刀架上的回转头刀座用于安装不同用途的刀具，通过回转头的旋转、分度和定位，实现自动换刀。回转刀架分度准确、定位可靠、重复定位精度高、转位速度快、夹紧性好，可以保证数控车床具有较高的精度和效率。回转刀架外形通常是多边形、圆盘形等，可安装多把刀具。回转刀架根据刀架回转轴与安装底面的相对位置分为立式刀架和卧式刀架两种。立式回转刀架的回转轴垂直于车床主轴，多用于经济型数控车床；

卧式回转刀架回转轴平行于车床主轴，可在径向与轴向同时安装刀具。回转刀架根据驱动方式的不同分为电动刀架（见图1-2-85）、液压刀架（见图1-2-86）、伺服刀架（见图1-2-87）和动力刀架（见图1-2-88）。电动刀架与液压刀架最大的不同点是，前者只能顺时针换刀，后者顺时针、逆时针换刀都可以。另外，经济型电动刀架不能就近换刀，而液压刀架可以就近换刀，所以液压刀架换刀时间更短。

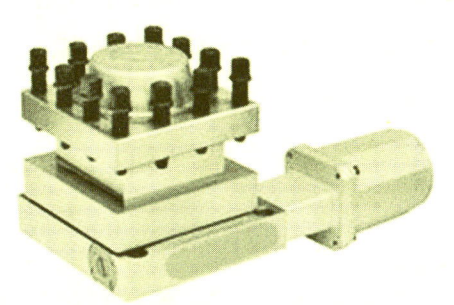

图1-2-85 立式电动刀架（LD4型电动刀架）

图1-2-86 卧式液压刀架

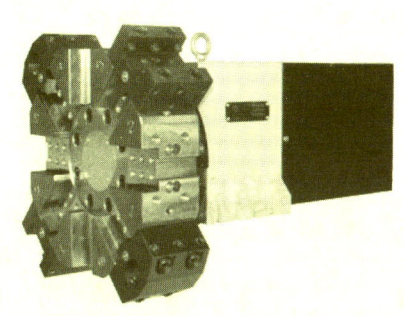

图1-2-87 伺服刀架

图1-2-88 动力刀架

3. 经济型数控车床电动方刀架

经济型数控车床电动方刀架（简称方刀架）是在普通车床四方刀架（简称普通四方刀架）的基础上发展起来的一种自动换刀装置，其功能和普通四方刀架一样，具有四个刀位，能装夹四把不同功能的刀具，当方刀架回转90°时刀具交换一个刀位，但方刀架的回转和刀位号的选择是由加工程序指令控制的。方刀架只能顺时针换刀，不能就近换刀。方刀架结构简单，成本也较低，能对大部分零件进行加工，目前应用较广。下面以图1-2-85所示的LD4型电动刀架为例，说明其结构和工作原理。

在数控系统发出换刀T信号后，正转继电器吸合，正转交流接触器吸合，三相电动机得电正转，并通过联轴器带动蜗杆、蜗轮、螺杆转动，上刀体在螺杆的带动下做直线运动而抬起。当上刀体抬至一定高度时,离合销进入离合盘槽,然后离合盘带动离合销,离合销带动上刀体转位。当上刀体旋转到所需刀位时,霍尔元件电路发出到位信号,正转继电器断开,正转交流接触器断开,反转继电器吸合,反转交流接触器吸合,三相电动机反转,离合盘带动离合销使上刀体反转,粗定位销进入反靠盘槽,上刀体不再旋转,方刀架完成粗定位。之后,螺杆继续反转做螺旋运动,离合销从离合盘槽中爬出,同时上刀体做直线运动向下降,上刀体端齿啮合,方刀架完成精定位并锁紧。此时,反转时间结束,反转继电器断开,反转交流接触器断开,三相电动机停止运行。而后延时继电器动作,切断电源,并向数控系统发出回答信号,整个换刀程序完成。

 **相关链接**

数控机床刀架常见故障现象、原因分析与排除方法见表 1-2-18。

表 1-2-18 数控机床刀架常见故障现象、原因分析与排除方法

故障现象	原因分析	排除方法
电动机无法启动或上刀体不转动	电动机三相电源线相序接反	立即切断电源,调整电动机三相电源线相序
	电源电压偏低	电源电压正常后再使用
	系统的正转控制信号触点 TL+ 无输出电压	用万用表测量系统 +24 V 和 TL+ 两触点输出电压是否为 +24 V,若无输出电压,则说明是系统故障,需要送厂维修或更换相关元器件
	刀架内部有机械故障,偶尔卡死	维修刀架,检查轴承是否损坏
上刀体连转不停或刀台在某刀位不停	发信盘电源故障	检查发信盘电源电压(DC 24 V)是否正常,若不正常更换电源
	发信盘某刀位的信号线接触不良	检查信号线接触是否良好,若接触不良应重新进行接线
	某霍尔元件断路或短路	更换发信盘
	磁钢磁极装反	调整磁钢磁极方向
	磁钢与霍尔元件的相对位置不准确	调整磁钢与霍尔元件的相对位置
	某霍尔元件无信号	更换霍尔元件

续表

故障现象	原因分析	排除方法
刀架锁不紧	刀架反转时间不足	重设刀架反转时间
	刀架电动机的反转接触器接触不良	检查反转接触器接线是否良好,以及控制程序是否正确,按需更换反转接触器
	无刀架锁紧信号输出	检查有无刀架锁紧信号输出,按需更换发信盘
换刀位时换不到位或过冲太大	磁钢在圆周方向相对于霍尔元件的位置太前或太后	调整磁钢在圆周方向相对于霍尔元件的位置
	在控制程序中,刀架电动机正转停止和反转开始之间的延迟时间较长	修改控制程序,删除刀架电动机正转停止和反转开始之间的延迟时间
工件的加工表面出现波纹	刀架没有充分锁紧	适当延长锁紧时间
	车刀固定不牢固或刀杆太细	拧紧刀杆或更换更粗的刀杆

四、辅助设备装配

1. 液压系统

数控机床在实现整机自动化控制过程中,除了需要数控系统的控制,还需要液压装置的辅助。所用的液压装置应结构紧凑、工作可靠、易于控制和调节。

下面以 MJ-50 数控车床液压系统为例进行介绍。如图 1-2-89 所示,该数控车床液压系统由卡盘、回转刀架和刀架刀盘、尾架套筒三个分系统组成,主要负责卡盘、回转刀架和刀架刀盘、尾架套筒的驱动与控制。它能实现卡盘的夹紧、松开以及两种夹紧力的转换,回转刀架的正反转和刀架刀盘的松开、夹紧,尾架套筒的伸出、退回。液压系统中所有电磁铁的通断均由 PLC(可编程逻辑控制器)控制,并以一变量液压泵为动力源。液压系统压力通常调为 4 MPa。

(1)动力元件——液压泵。液压泵是指将原动机所输出的机械能转换成液体压力能的动力元件,其作用是向液压系统提供压力油。液压泵是液压系统的"心脏"。

常用的液压泵有齿轮泵和叶片泵,下面主要介绍叶片泵。叶片泵在数控机床中应用较广。叶片泵有单作用泵、双作用泵和限量泵、变量泵之分。数控机床常用的是单作用变量泵。叶片泵定子内表面呈圆柱形,转子上有均匀分布的窄槽,叶片安装在转子窄槽内并可滑动,定子和转子之间存在偏心距。当转子转动时,

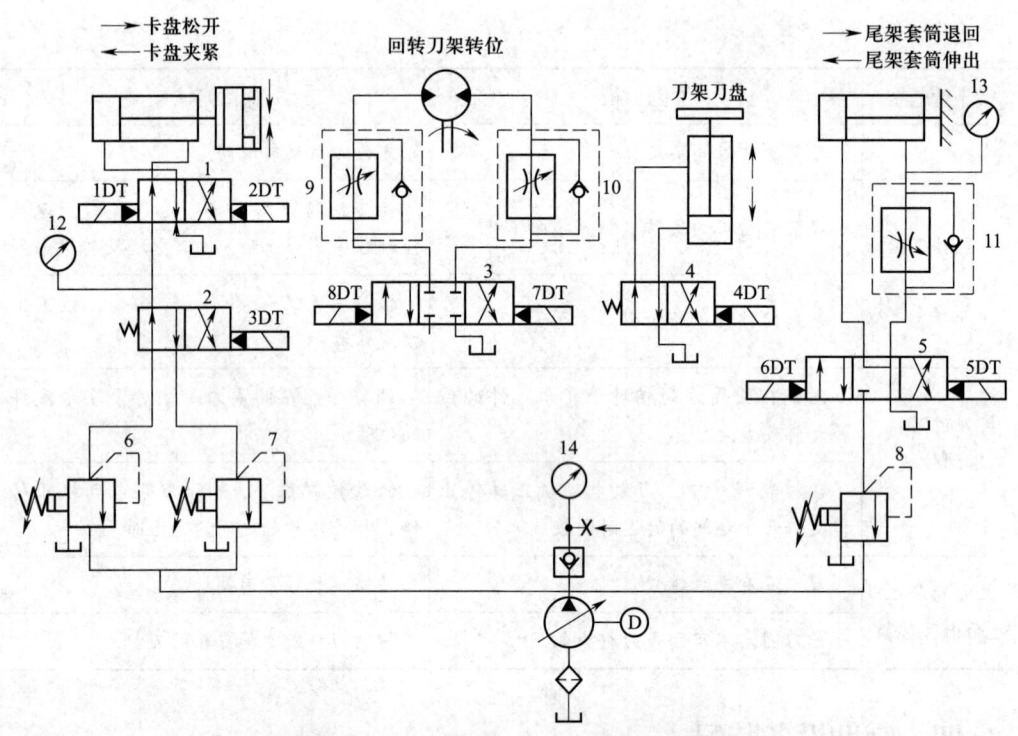

图 1-2-89 MJ-50 数控车床液压系统工作原理
1、2、3、4、5—换向阀 6、7、8—减压阀 9、10、11—调速阀 12、13、14—压力表

叶片在离心力和通入叶片根部压力油的压力作用下,其顶部紧紧地贴在定子内表面上,这样,两相邻的叶片、定子内表面、转子外表面和两端配油盘便构成了密封的工作空间。当传动轴带动转子按图 1-2-90 所示方向旋转时,右侧的叶片逐渐向外伸出,密封的工作空间逐渐增大,产生局部真空,于是通过吸油口和配油盘上的窗口将油吸入,完成吸油过程;而左侧的叶片被定子内表面逐渐压回槽中,密封的工作空间逐渐减小,其中的油液经配油盘上的另一窗口和压油口被压出,完成压油过程。如果泵的转子每转一转,每个封闭工作空间完成一次吸油、压油过程,则称其为单作用叶片泵。如果泵的转子每转一转,每个封闭工作空间完成两次吸油、压油过程,则称其为双作用叶片泵,其工作原理如图 1-2-91 所示。

(2)执行元件。执行元件是指把液体压力能转换为机械能,以驱动工作机构的元件。数控机床常用的执行元件包括液压缸(见图 1-2-92)、回转液压缸(见图 1-2-93)、液压马达(见图 1-2-94)等,下面主要介绍液压缸。

液压缸分为单作用缸和双作用缸。在压力油作用下,只能做单方向运动的液压缸称为单作用缸。单作用缸的回程必须借助运动件的自重或其他外力(如弹簧力)才能实现。在液压油作用下,能做两个方向往复运动的液压缸称为双作用缸。

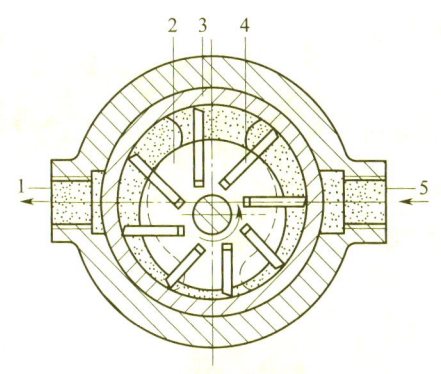
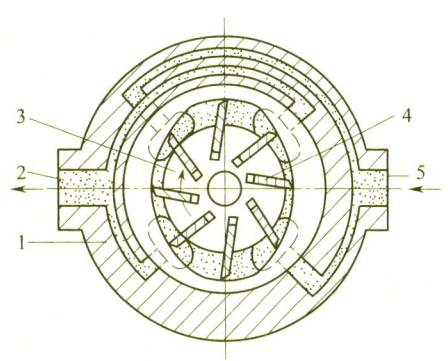

图 1-2-90　单作用叶片泵工作原理　　　　图 1-2-91　双作用叶片泵工作原理
1—压油口　2—转子　3—定子　4—叶片　5—吸油口　　1—定子　2—压油口　3—转子　4—叶片　5—吸油口

图 1-2-92　液压缸　　　　　　　　图 1-2-93　回转液压缸

一种简易的双作用式单活塞杆液压缸结构如图 1-2-95 所示。进、出油口设置在两端盖上，缸体固定不动。端盖与缸体之间用垫圈 3 密封，活塞杆与端盖之间、活塞与缸体之间用 O 形密封圈密封。当压力油从进、出油口交替输入液压缸的左、右油腔时，推动活塞并通过活塞杆带动工作台实现往复直线运动。由于液压缸仅一端有活塞杆，因此活塞两端的有效作用面积并不相等。液压缸可以采用缸体固定、活塞杆运动的方式，也可以采用活塞杆固定、缸体运动的方式，其往复运动距离均约为有效行程的 2 倍。

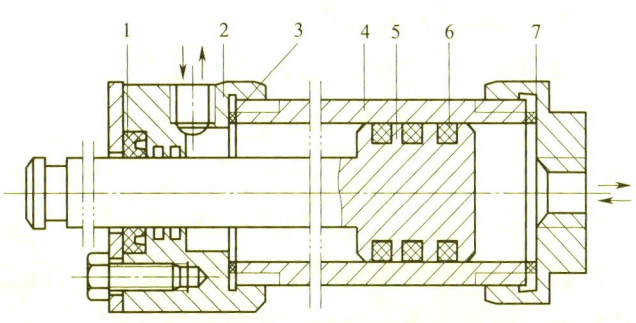

图 1-2-94　液压马达　　　　图 1-2-95　双作用式单活塞杆液压缸结构
1、6—O 形密封圈　2、7—端盖　3—垫圈　4—缸体　5—活塞杆

（3）控制元件。液压系统控制元件包括压力、方向、流量的控制阀，是对系统中油液的压力、流向、流量进行控制和调节的元件。数控机床液压系统中常用的控制元件有电磁换向阀（见图1-2-96）、减压阀（见图1-2-97）、压力继电器（见图1-2-98）、调速阀等。

图1-2-96 电磁换向阀

图1-2-97 减压阀

图1-2-98 压力继电器

控制阀的分类方法有很多，根据用途和工作特点不同，主要分为三类。一类是压力控制阀，其作用是控制液压系统中液压油的压力，如减压阀、顺序阀等；一类是方向控制阀，其作用是控制液压系统中液压油的流动方向，如单向阀、换向阀等；另一类是流量控制阀，其作用是控制液压系统中液压油的流量，如节流阀、调速阀等。

为了减少液压系统中元件的数目和缩短管道长度，有时常将两个或两个以上的阀类元件安装在一个阀体内，制作成结构紧凑的独立单元，这样的阀被称为组合阀。

（4）辅助元件。辅助元件是指除上述三种元件以外的其他元件，如管道、管接头、油箱、滤油器等。

2. 气动系统

典型的加工中心刀库换刀气动回路由气源三联件、电磁换向阀、气压调节阀、换刀气缸等组成，如图1-2-99所示。

（1）气动执行元件。气动执行元件主要指气缸。气缸按压缩空气对活塞的作用力方向分为单作用气缸和双作用气缸。弹簧复位式单作用气缸如图1-2-100

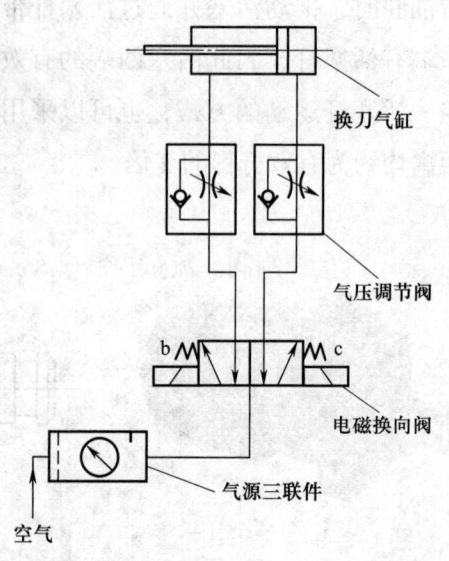

图1-2-99 典型的加工中心刀库换刀气动回路

所示，单杆双作用气缸如图 1-2-101 所示。其中，单杆双作用气缸在数控机床中应用较为广泛。

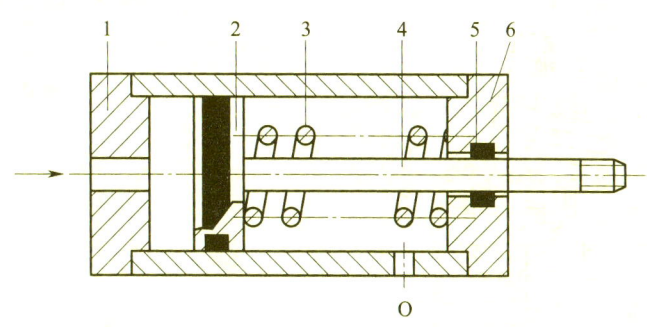

图 1-2-100　弹簧复位式单作用气缸
1、6—端盖　2—活塞　3—弹簧　4—活塞杆　5—密封圈

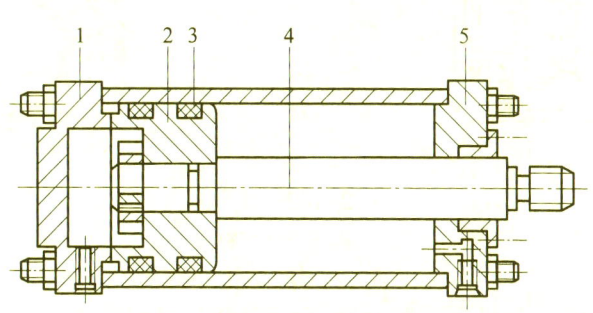

图 1-2-101　单杆双作用气缸
1、5—端盖　2—活塞　3—密封圈　4—活塞杆

（2）气动控制元件

1）压力控制阀。常用的压力控制阀有减压阀（见图 1-2-102）和安全阀。

2）方向控制阀。在气压传动系统中，方向控制阀通过改变压缩空气的流动方向和通断气流，来控制执行元件的启动、停止以及运动方向。常用的方向控制阀如图 1-2-103 所示。

3）流量控制阀。流量控制阀是指通过改变阀的流通截面积来实现流量控制的元件，包括节流阀（见图 1-104）等。

（3）辅助元件。气源三联件是过滤器、减压阀和油雾器三种气源处理元件的组合，如图 1-2-105 所示。过滤器能对气源进行清洁，可过滤压缩空气中的水分，避免水分随气体进入装置。减压阀起稳压作用，使气源处于恒定状态，可避免气源气压突变而对阀门或执行元件等硬件造成损伤。油雾器能对机体运动部件进行润滑，尤其是能对不方便加润滑油的部件进行润滑，大大延长了机体的使用寿命。

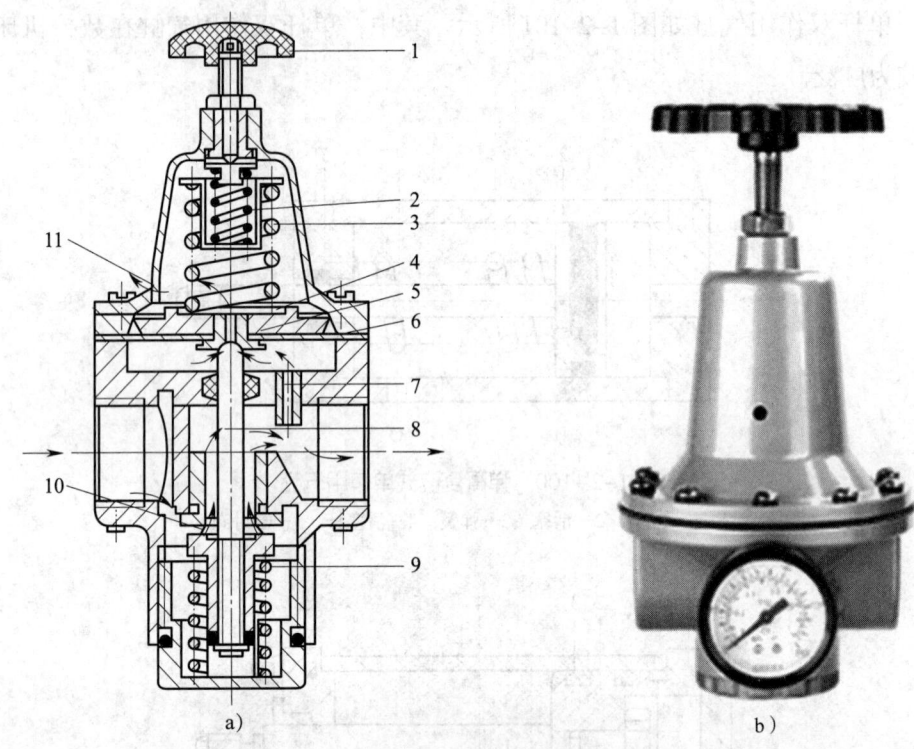

图 1-2-102 减压阀

a）结构图 b）实物图

1—手柄 2、3、9—弹簧 4—溢流孔 5—溢流阀座 6—膜片
7—阻尼孔 8—阀芯 10—进气阀口 11—排气孔

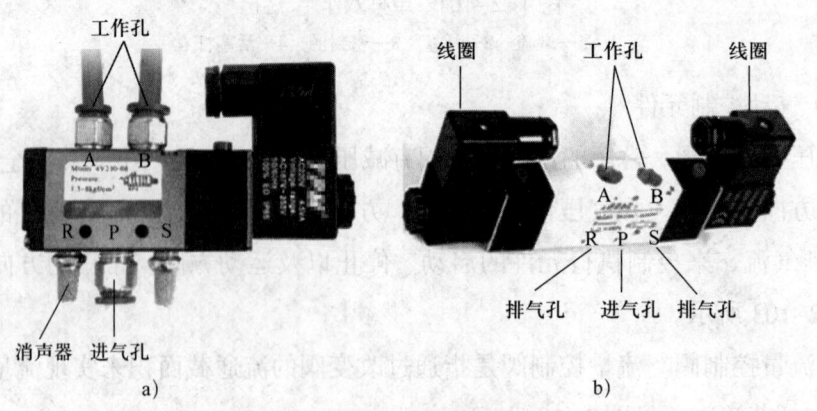

图 1-2-103 常用的方向控制阀

a）单控电磁阀 b）双控电磁阀

应按照说明书对气源三联件进行操作，注意，排水有压差排水与手动排水两种方式。调节压力时，在转动旋钮前应先将其拉起，而压下旋钮即定位。顺时针转动旋钮能调高出口压力，逆时针转动旋钮能调低出口压力。调节压力时应逐步均匀地调至所需压力值，不应一步调节到位。

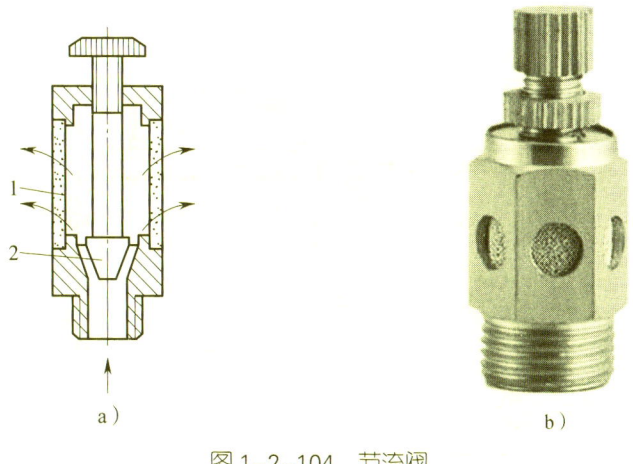

图 1-2-104 节流阀
a) 结构图 b) 实物图
1—消声套 2—节流口

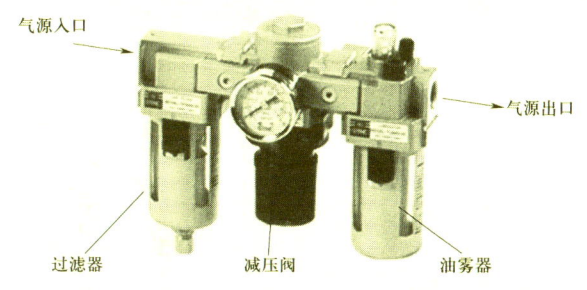

图 1-2-105 气源三联件

3. 润滑系统

（1）润滑系统的工作原理。润滑系统主要对数控机床的主轴、直线导轨、滚珠丝杠副等进行润滑和冷却，润滑剂分为润滑脂和润滑油，供油方式分为集中和分组。目前，大部分数控设备都采用集中的供油方式，其优点是能及时润滑，维护更方便。主轴箱润滑系统示意图如图 1-2-106 所示，这种润滑系统采用分组的供油方式，主轴箱的润滑油先由油泵供至分油器，再由分油器不间断地对主轴部件进行润滑和冷却，最后润滑油回流至油箱循环利用。直线导轨和滚珠丝杠副由自动润滑系统进行润滑，其结构示意图如图 1-2-107 所示，润滑油泵可以设置间歇时间和注油时间，不循环利用润滑油。

在日常的设备保养中有时还需要手动加润滑剂。手动加润滑油的方法如图 1-2-108 所示，先将油枪加满润滑油，然后将油枪嘴放在加油口处，适当地施力压下油孔钢珠，再用手按压加油柄，待润滑油加好后拔出油枪嘴，确认油孔钢

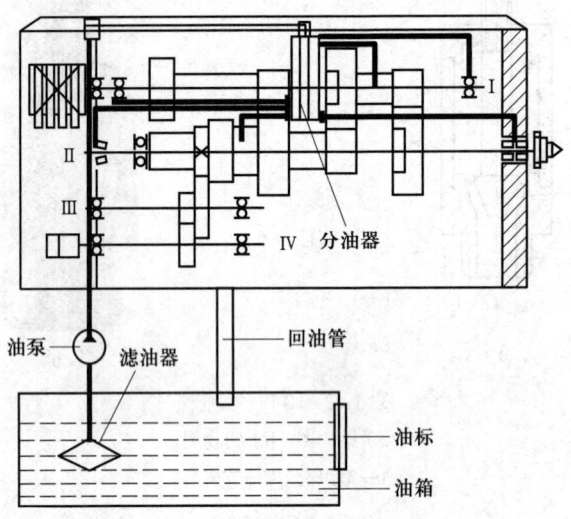

图 1-2-106 主轴箱润滑系统示意图

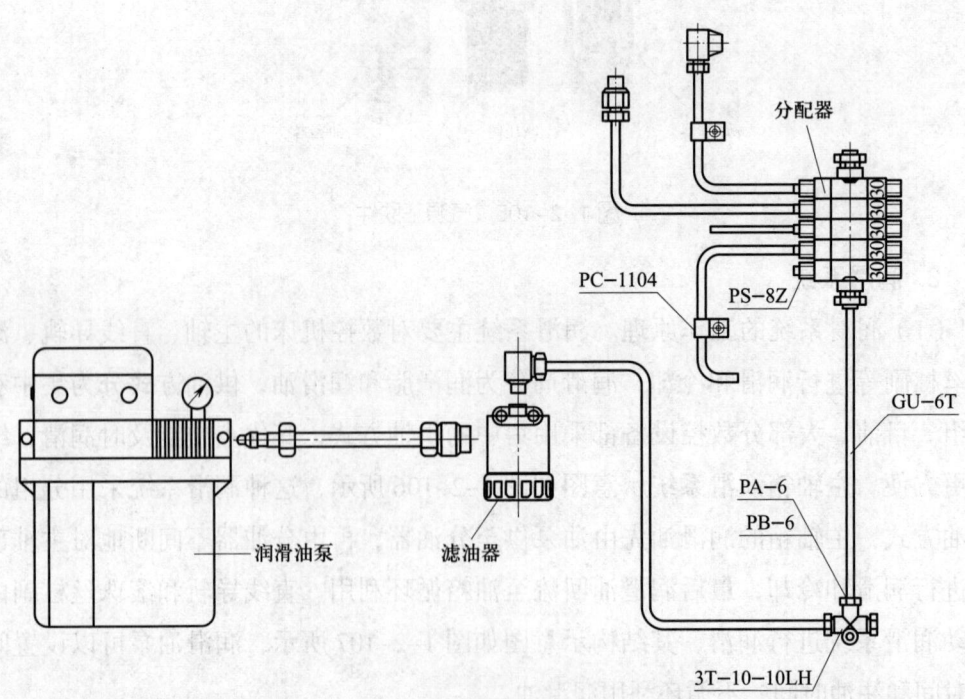

图 1-2-107 自动润滑系统的结构示意图

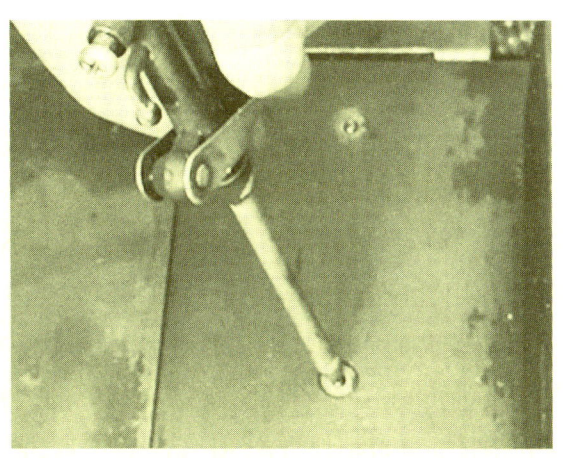

图 1-2-108 手动加润滑油的方法

珠复位。手动加润滑脂的方法如图 1-2-109 所示,将油枪加满润滑脂,然后将油枪嘴套在加油嘴上,用手按压加油柄,待润滑脂加好后拔出油枪嘴。

图 1-2-109 手动加润滑脂的方法

(2)润滑部位。数控机床的润滑部位主要有轴承、齿轮、导轨和顶尖。

1)轴承的润滑

①滑动轴承的润滑。滑动轴承是常用的传动部件,滑动轴承所涂的润滑油不仅要起到润滑作用,还要起到冷却作用,因此常用润滑性能良好,同时具备良好的抗氧化性、抗磨性、防锈性及抗泡性的低黏度润滑油。例如,对于精密磨床主轴的精密滑动轴承来说,其轴承间隙特别小(1 μm)、转速特别高(30 000 r/min以上),因而应使用黏度较小、抗磨性极好、运动黏度为 2.0 mm²/s(40 ℃)的润滑油。

②滚动轴承的润滑。滚动轴承具有摩擦系数小、运转安静等优点,因而数控

机床上应用了大量的滚动轴承。例如，对于内径为 25 mm 的滚动轴承来说，当其转速在 30 000 r/min 以下时可以封入高速润滑脂，当其转速超过 30 000 r/min 时则应进行强制润滑或喷雾润滑。注意，除大型、粗糙的特殊滚动轴承外，一般不能对滚动轴承使用含固体润滑剂的润滑脂。

2）齿轮的润滑。数控机床所用的齿轮受到的冲击和振动不大，承受的负荷也较小，因而一般不需要使用含极压添加剂的润滑油，但需要注意防止主轴箱发生热变形。对于冲击、负荷较大的冲压或剪切机床的齿轮来说，应使用含抗磨剂的齿轮油。用于循环润滑或油浴润滑的齿轮油，应具有较好的抗氧化性、抗腐蚀性、抗磨性、防锈蚀性和抗泡性。一般根据齿轮的种类选择合适的齿轮油。

3）导轨的润滑。导轨承受的负荷及速度变化很大，且导轨上频繁地进行往复运动，因此容易产生边界润滑，甚至产生半干润滑而出现爬行现象，故要做好导轨的润滑工作。为了避免出现爬行现象，除了要用氟系树脂材料对导轨进行贴面处理，还要用含防爬剂的润滑油，一般选用 32 号、68 号、100 号、150 号导轨油。

4）顶尖的润滑。数控机床顶尖是一种特殊的轴承，分为固定顶尖和回转顶尖。高速数控机床多采用负荷较大的回转顶尖，这种回转顶尖都通过封入的润滑脂来润滑。

（3）润滑方式。以普通车床为例，常用的润滑方式有以下几种。

1）浇油润滑。对于外露的滑动表面，如床身导轨面，中、小滑板导轨面等，应将其擦干净后用油壶浇油进行润滑。

2）溅油润滑。通过转动的齿轮使润滑油飞溅，对车床齿轮箱内的零件进行润滑。

3）油绳润滑。将毛线浸在油槽内，利用毛细管作用将润滑油引到需要润滑的部位（如进给箱）。

4）弹子油杯润滑。在尾座和中、小滑板摇动手柄的轴承处，一般用弹子油杯进行润滑。

5）油脂杯润滑。采用这种润滑方式时，先在油脂杯中装满润滑脂，然后旋入杯盖，润滑脂就被挤入轴承套内。

6）油泵循环润滑。这种润滑方式是由车床内油泵提供充足的油料进行润滑的。换油时，先将废油放净，然后用干净的煤油将泵体内部和油绳彻底洗净，之后注入用筛网过滤后的新油，油面不得低于油标中心线。如果发现主轴箱油孔内无油输出,则说明油泵输油系统有故障,应立即停机检查断油原因,等故障修复后才可以启动车床。

4. 冷却系统

数控机床在进行高速、大功率切削时会产生大量的切削热,切削热使刀具、工件和机床内部的温度上升,进而影响刀具的使用寿命、工件的加工质量和机床的精度。因此,在数控机床工作时,用切削液对工件进行适当的冷却具有重要意义。切削液不仅起到冷却作用,还起到润滑、排屑、防锈等作用。

以某型号数控机床的冷却装置为例,如图 1-2-110 所示,切削液由冷却泵经管路送至床鞍,再由床鞍经管路送至滑板,再由刀架上的喷嘴送出。

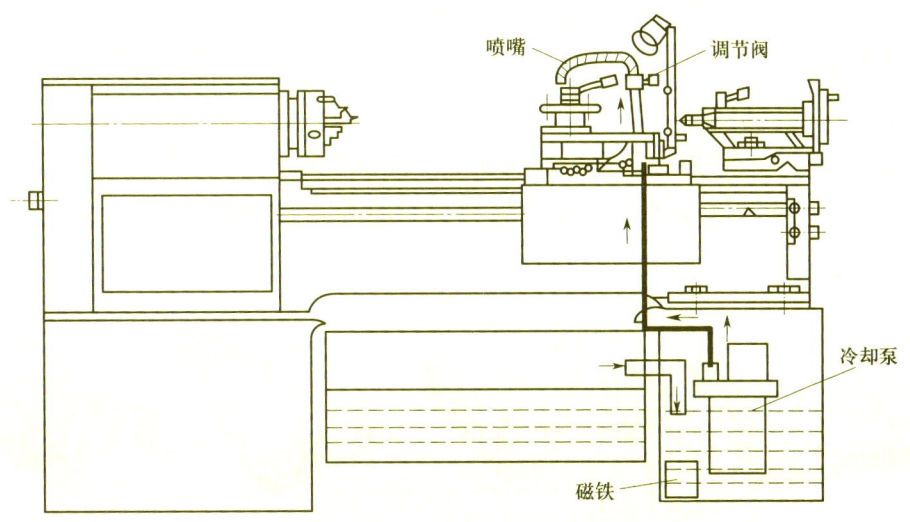

图 1-2-110 某型号数控机床的冷却装置

切削液的流量可以通过安装在冷却支杆上的调节阀来进行控制。用过的切削液流回油盘,经过滤小孔再流回冷却装置。为了提高冷却泵的使用寿命,防止冷却管路堵塞,通常在切削液槽内安装一块磁铁来吸附铁屑。该磁铁应与切削液槽一起进行定期清洗。经济型数控机床常用的冷却泵为小功率的三相水泵,常用的切削液为乳化液,用户可以根据工件的加工要求自行配制或选用适宜的乳化液。

5. 排屑器

排屑器是数控机床的必备附属装置,其作用是将切屑从加工区域排出数控机床,提高生产效率,降低工人的劳动强度。数控机床常用的排屑器有平板链式排屑器(见图 1-2-111a)、刮板式排屑器(见图 1-2-111b)、螺旋式排屑器(见图 1-2-111c)、磁性排屑器(见图 1-2-111d)等。

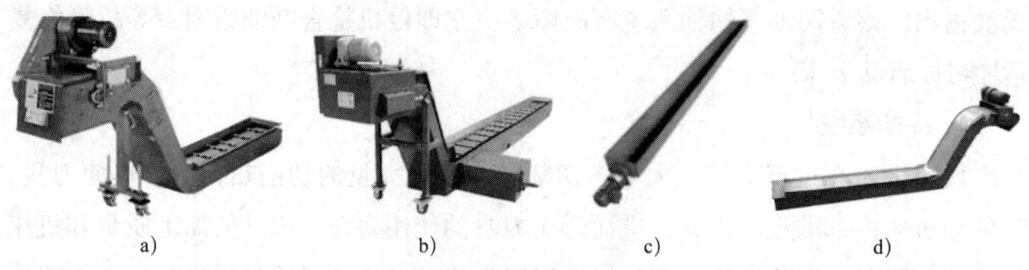

图1-2-111 排屑器
a）平板链式排屑器 b）刮板式排屑器 c）螺旋式排屑器 d）磁性排屑器

6. 防护装置

（1）防护门。防护门的作用是在进行数控加工时防止切屑飞出伤人及其他意外事故的发生。在用数控机床进行加工时，应关闭防护门。数控机床配置的防护门多种多样，有些数控机床的防护门上还加装了各种感应装置，当打开防护门时，数控机床就会自动停机。

（2）防护罩。防护罩的作用是保证数控机床主要部件的生产安全，减少滚珠丝杠副、主轴和导轨的磨损，延长设备的使用寿命。常用的数控机床防护罩如图1-2-112所示。

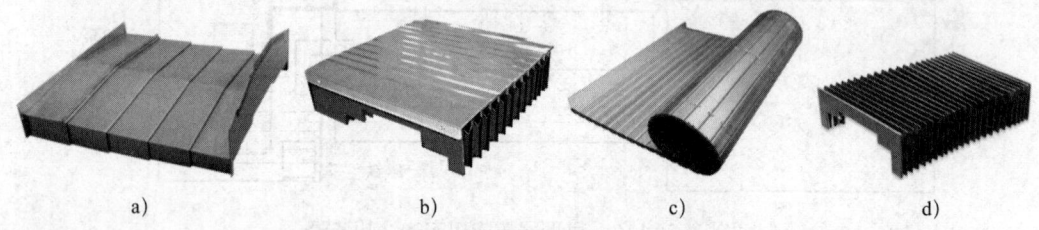

图1-2-112 常用的数控机床防护罩
a）钢板防护罩 b）盔甲式防护罩 c）防护帘 d）柔性风琴式防护罩

（3）防护套。防护套如图1-2-113所示，它能保护丝杠、轴等零件不受灰尘污染，能随部件做伸长或压缩运动，常安装在数控机床的内部或外部，可在垂直或水平状态下使用。常用的螺旋钢带保护套采用优质碳钢经热处理制成，对轴类、杆类零件等进行保护。

（4）防护拖链。常用的防护拖链如图1-2-114所示。各种防护拖链可以有效地保护电线、电缆、液压与气动软管，延长被保护对象的使用寿命，改善管线零乱分布的状况，增强数控机床整体造型的美观性。

图1-2-113 防护套

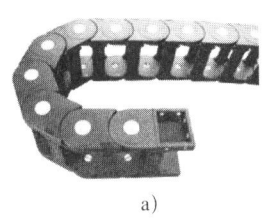 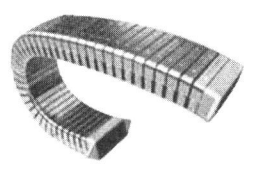 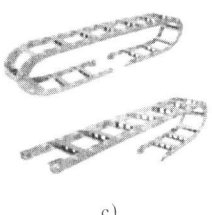

a)　　　　　　　　　b)　　　　　　　　c)

图 1-2-114　防护拖链

a）塑料拖链　b）铝拖链　c）钢拖链

【综合实训】

CK6132 经济型数控车床主轴箱总装

实训任务

1. 能正确使用工具对螺纹连接进行装配。
2. 能对滑动轴承、深沟球轴承等进行正确的装配。
3. 能正确使用工具和量具对数控车床主轴箱总装进行定向装配与调整。

操作准备

1. 数控机床安装、调试、维修的常用工具、量具。
2. CK6132 经济型数控车床主轴箱及其零部件等。
3. CK6132 经济型数控车床主轴箱展开图（见图 1-2-115）。
4. 进行试装，先把键研配好，在确认主轴与齿轮、锁紧螺母、轴承等零件配合无松紧不当问题之后，再拆下来等待正式的安装。

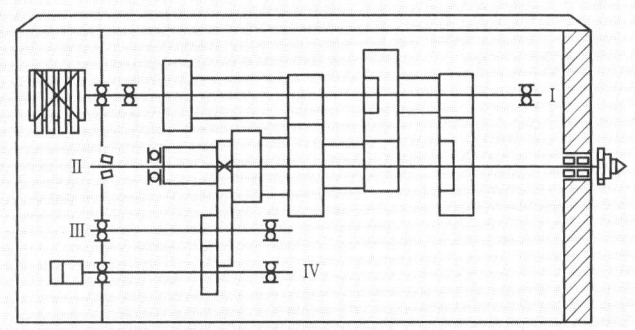

图 1-2-115　CK6132 经济型数控车床主轴箱展开图

Ⅰ—传动轴　Ⅱ—主轴　Ⅲ—过渡轴　Ⅳ—编码器轴

操作步骤

按从下到上、从内到外的安装原则,主轴箱轴组的安装顺序是Ⅳ、Ⅲ、Ⅱ、Ⅰ。

一、Ⅳ轴和Ⅲ轴的装配

Ⅳ轴和Ⅲ轴的结构如图1-2-116所示。Ⅳ是编码器的传动轴,安装时要保证旋转顺畅,该轴的径向跳动和轴向窜动应符合要求,否则会影响编码器读取主轴转速的准确性和灵敏度。Ⅲ轴是主轴与编码器轴的过渡轴。

步骤1 编码器轴Ⅳ的装配

编码器轴Ⅳ的装配零件如图1-2-117所示。

图1-2-116 Ⅳ轴和Ⅲ轴的结构
1—过渡轴Ⅲ 2—卡簧 3、7—齿轮
4—编码器轴Ⅳ 5—钢丝圈 6—螺钉

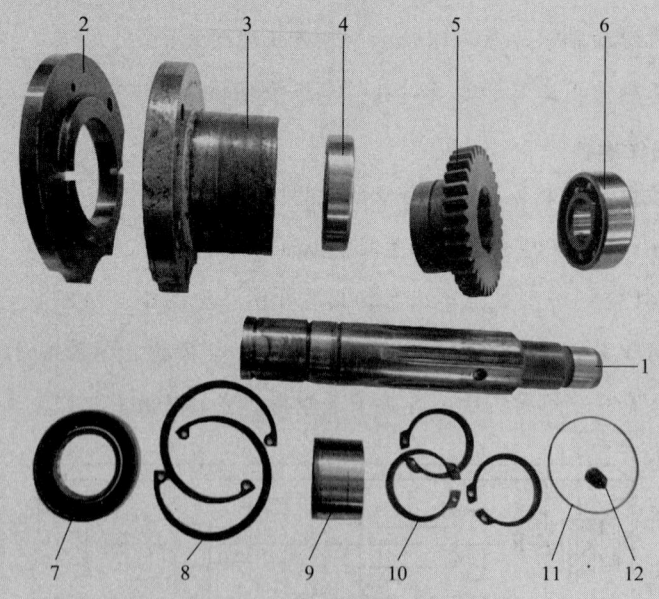

图1-2-117 编码器轴Ⅳ的装配零件
1—编码器轴Ⅳ 2—压盖 3—轴承座 4、6—深沟球轴承 5—齿轮
7—油封 8—内卡簧 9—轴套 10—外卡簧 11—钢丝圈 12—螺钉

(1)在编码器轴Ⅳ上装入深沟球轴承4,在深沟球轴承两端分别装一个外卡簧10,再装入轴套9(安装之前应在轴套与轴的配合面上涂液态密封胶),组成Ⅳ轴组件。

（2）将内卡簧8装入轴承座3内，把上一步装好的Ⅳ轴组件装入轴承座内，再装入一个内卡簧，在轴承座的另一端装上油封7（其U形口必须朝向箱体内）、外卡簧10，形成如图1-2-118所示的编码器轴组。

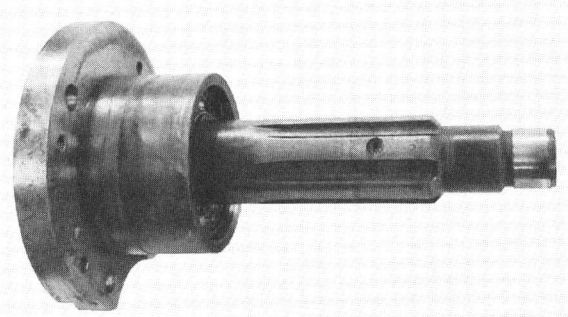

图1-2-118 编码器轴组

（3）在主轴箱的Ⅳ轴支承座内装入深沟球轴承6。

（4）在轴承座与箱体配合的端面上涂液态密封胶，将编码器轴组从主轴箱外向内穿入，并分别穿入钢丝圈11和齿轮5。

（5）用螺栓把轴承座压入箱体，注意要保证主轴对正深沟球轴承6的内孔，要对称地将螺栓拧紧且用力均匀。

（6）调整齿轮5，使齿轮螺孔对准轴上的定位孔，装上螺钉12并拧紧，装上钢丝圈11，以防螺钉返松。

（7）装上压盖2，按对称顺序拧紧螺栓。

（8）检查编码器轴Ⅳ的旋转是否顺畅。

步骤2 Ⅲ轴的装配

Ⅲ轴的装配零件如图1-2-119所示。

（1）在轴Ⅲ的支承座内装入深沟球轴承2。

（2）将轴Ⅲ从主轴箱外向内穿入轴孔，并依次套入卡簧9、齿轮4、齿轮3、隔套8、深沟球轴承2进行配合安装。

（3）在轴Ⅲ上分别装入隔套10和深沟球轴承5。

（4）在密封柱上装入O形密封圈，再装入轴孔内。

二、Ⅱ主轴组的装配与调整

Ⅱ主轴组的结构如图1-2-120所示。Ⅱ主轴组的装配与调整步骤具体如下。

图 1-2-119　Ⅲ轴的装配零件

1—轴Ⅲ　2、5—深沟球轴承　3、4—齿轮　6—O形密封圈　7—密封柱　8、10—隔套　9—卡簧

图 1-2-120　Ⅱ主轴组的结构

1—角接触球轴承　2—平面推力球轴承　3—齿轮　4—三联齿轮组　5—滑移齿轮
6—拨叉　7—卡簧　8—主轴　9—圆螺母　10—隔套
11—双列圆柱滚子轴承　12—端盖　13—卡盘

步骤1　Ⅱ主轴组的装配

（1）装配三联齿轮组，如图1-2-121所示，将键2装入键槽，装入齿轮1，拧紧螺钉7，将滑动轴承3装入齿轮组内，拧紧螺钉5、6，另一边的滑动轴承4采用同样的方法装配。在三联齿轮组内的滑动轴承3、4上分别涂蓝油显示剂，并将三联齿轮组装入与主轴对应的轴颈上进行互研，根据滑动轴承3、4的显点情况，用曲面刮刀对其进行精刮，直至符合要求。

（2）把Ⅱ主轴组的装配零件按装配顺序摆放好，如图1-2-122所示，避免漏装或将零件方向装错。

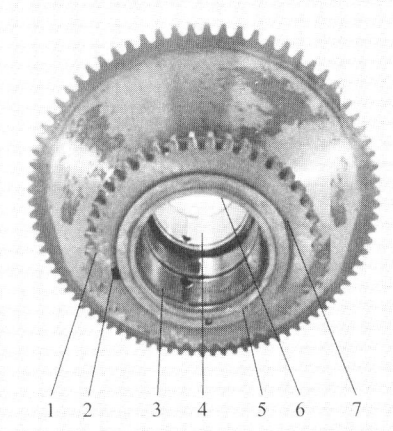

图 1-2-121 三联齿轮组

1—齿轮 2—键 3、4—滑动轴承 5、6、7—螺钉

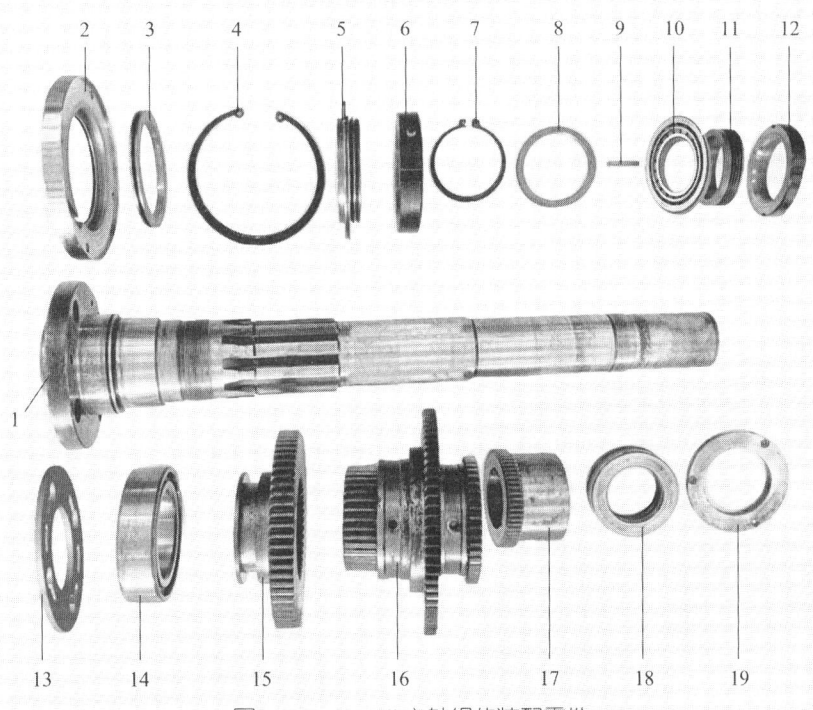

图 1-2-122 Ⅱ 主轴组的装配零件

1—主轴 2—端盖 3、5、8、11—隔套 4—内卡簧 6、12—圆螺母 7—外卡簧
9—键 10—单列圆锥滚子轴承 13—卡盘圈 14—双列短圆柱滚子轴承 15—滑移齿轮
16—三联齿轮组 17—齿轮 18—平面推力球轴承 19—油封压盖

（3）先将内卡簧 4 装入主轴前轴承座内，然后装入双列短圆柱滚子轴承 14（注意轴承内径锥度大的一侧向外），将隔套 3 装入端盖 2 内，在端盖 2 与轴承座的配合面上涂液态密封胶（按需装密封垫圈），将端盖组件装在前轴

承座上，对称地拧紧螺栓；将卡盘圈13穿入主轴1，把主轴从箱体前端孔穿入，在箱体内依次穿入隔套5、圆螺母6、外卡簧7、滑移齿轮15、隔套8、三联齿轮组16、键9、齿轮17、平面推力球轴承18，在安装平面推力球轴承18时注意，紧圈应靠近齿轮17，松圈应贴近箱体，不得装反；在主轴后端依次装入单列圆锥滚子轴承10、油封压盖19，对称地拧紧油封压盖的螺钉；装入隔套11、圆螺母12。上述各零部件都安装好后，将圆螺母6、12适当地拧紧，并检查主轴转动是否顺畅，有无异响。

步骤2　Ⅱ主轴组的调整

（1）前轴承间隙的调整（即调整主轴的径向跳动）。如图1-2-123所示，先将调整螺母的防松螺钉松开，然后用圆扳手逐渐旋紧调整螺母，并通过隔套使双列短圆柱滚子轴承的内圈在主轴锥颈（锥度1：12）处做轴向移动，从而使其内圈胀大。一般前轴承内、外圈的间隙在0～0.005 mm为宜，调整后锁紧防松螺钉。

（2）后轴承间隙的调整（即调整主轴的轴向窜动）。如图1-2-124所示，先将调整螺母的防松螺钉松开，然后用圆扳手逐渐旋转调整螺母，并通过隔套使单列圆锥滚子轴承和平面推力球轴承的轴向间隙缩小（小于0.01 mm），同时用手转动主轴Ⅱ，直至旋转灵活、无阻滞现象。

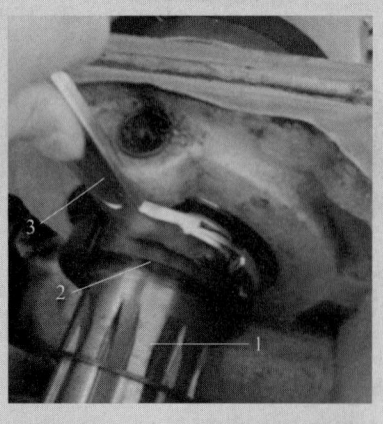

图1-2-123　前轴承间隙的调整
1—主轴　2—调整螺母　3—圆扳手

图1-2-124　后轴承间隙的调整

步骤3　Ⅱ主轴组挡位机构的装配

（1）将拨叉组件进行试装，检查是否达到配合要求，并按装配顺序把各组件摆好。

（2）如图1-2-125所示，将O形密封圈7、8分别穿入操纵杆10内，然后在弹簧2上涂适量的润滑脂，并将其放入手柄座孔6内。

（3）如图1-2-126所示，将拨块7装入杠杆6的适当位置，将操纵杆4装进箱体内，并使其依次穿入定位套3、杠杆6，注意不要穿到底。

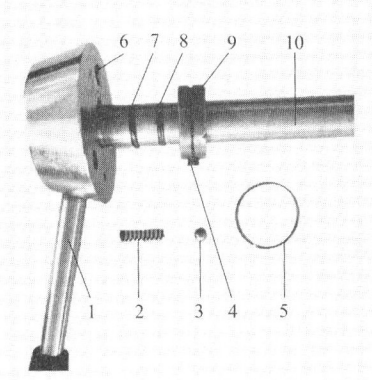

图1-2-125 Ⅱ主轴组的挡位机构零件
1—手柄 2—弹簧 3—钢珠
4—定位螺钉 5—钢丝挡圈
6—手柄座孔 7、8—O形密封圈
9—挡圈 10—操纵杆

图1-2-126 Ⅱ主轴组挡位机构
1—定位螺钉 2—钢丝挡圈 3—定位套
4—操纵杆 5—圆锥销
6—杠杆 7—拨块

用带磁性的一字螺钉旋具（或用涂有润滑脂的普通一字螺钉旋具）将钢珠放在弹簧内，将操纵杆压入到位，拧紧定位螺钉1使定位套3固定，将钢丝挡圈2装入定位套3与定位螺钉1的槽内，防止定位螺钉1返松，装上圆锥销5。

（4）在拨块滚道内加入适量的润滑油，转动主轴Ⅱ，检查转动是否顺畅、有无异响，换挡是否顺畅。

三、Ⅰ传动轴的装配

Ⅰ传动轴（其结构见图1-2-127）是动力输入轴，该轴为花键轴。为了能让Ⅰ传动轴承受较大的径向载荷，为其设计了两个深沟球轴承。在装配前一定要把待装零件检查一遍，看是否有裂纹、碰伤，各部位尺寸是否合格，各处倒角是否已去掉毛刺（可用油石处理毛刺），并在配合处涂一层薄薄的润滑脂，以便于安装。Ⅰ传动轴的装配步骤具体如下。

步骤1 把待装配的所有零件按装配顺序摆好，如图1-2-128所示，通常根据轴、齿轮、甩油盘、轴承来决定安装方向和装配工艺。

图 1-2-127 Ⅰ传动轴的结构

1—轴承座　2—甩油盘　3—齿轮限位卡簧　4、8—双联齿轮　5—拨叉组
6—操纵杆　7—花键轴　9—深沟球轴承（右端）

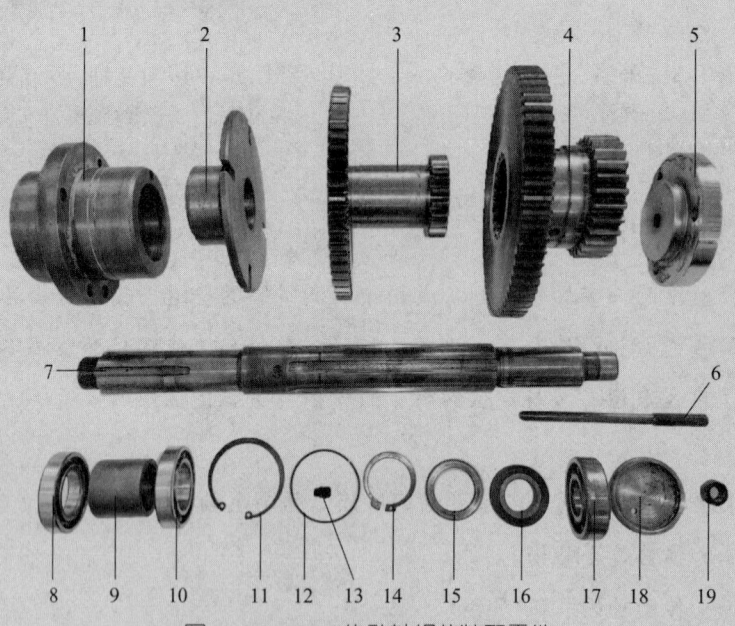

图 1-2-128 Ⅰ传动轴组的装配零件

1—轴承座　2—甩油盘　3、4—双联齿轮　5—端盖　6—螺杆　7—传动轴
8、10、17—深沟球轴承　9—轴承隔套　11—内卡簧　12—钢丝圈　13—螺钉
14—齿轮限位卡簧　15、16—隔套　18—轴承压盖　19—螺母

步骤2　装配滑动轴承齿轮组，如图 1-2-129 所示，将滑动轴承 1 压入双联齿轮内，拧紧两端螺钉。在双联齿轮组的滑动轴承内表面涂上蓝油显示剂，并将双联齿轮组装入与主轴对应的轴颈上进行互研，根据滑动轴承的显点情况，用曲面刮刀对其进行精刮，直至符合要求。

步骤3 如图1-2-128所示，将深沟球轴承10、轴承隔套9、深沟球轴承8分别装入传动轴7。

步骤4 将上一步装好的Ⅰ传动轴组件用压力机压入轴承座1内（压轴承外圈），直至装到位，装入内卡簧11，检查轴承转动是否顺畅、有无异响，装好的轴承座组件如图1-2-130所示。

图1-2-129 滑动轴承齿轮组
1—滑动轴承 2—螺钉 3—双联齿轮

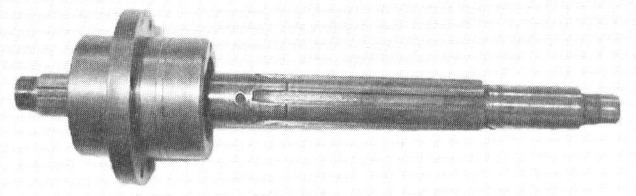

图1-2-130 轴承座组件

步骤5 将深沟球轴承17装入箱体内Ⅰ传动轴的支承座内。

步骤6 将Ⅰ传动轴组件从外向内装配，分别穿入钢丝圈12、甩油盘2、齿轮限位卡簧14、双联齿轮3、隔套15、双联齿轮4、隔套16，注意保持整个结构的平衡。通过旋紧螺栓，将轴承座1平稳地压入箱体，在压入过程中要保证螺栓收紧时对称，最后把螺栓紧固好。

步骤7 在端盖5与箱体的配合面上涂液态密封胶，装上端盖，对称地将螺栓拧紧；装上轴承压盖18，将螺杆6从端盖5拧入，直到顶紧轴承压盖18（注意必须保证Ⅰ传动轴转动顺畅）。

步骤8 装配Ⅰ传动轴的挡位机构（见图1-2-131），采用销钉5对拨叉进行限位，如图1-2-132所示。装配时要注意，必须保证销钉对准拨叉的槽，否则拨叉无法在允许范围内顺畅地转动。

步骤9 如图1-2-133所示，将带轮1、O形密封圈6、垫圈5依次装入花键轴2，用专用工具旋紧圆螺母4，装上防松螺钉3。

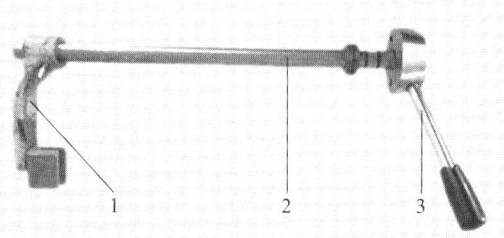

图1-2-131 Ⅰ传动轴的挡位机构
1—拨叉 2—操纵杆 3—手柄

图1-2-132 Ⅰ传动轴拨叉结构
1—操纵杆 2—圆锥销 3—杠杆
4—拨叉 5—销钉

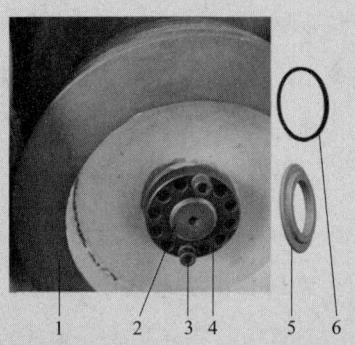
图1-2-133 带轮组结构
1—带轮 2—花键轴 3—防松螺钉
4—圆螺母 5—垫圈 6—O形密封圈

步骤10 调整Ⅰ传动轴的轴向窜动，在钢珠上涂润滑脂后将其放入轴检测孔内，用百分表检测轴向窜动，如图1-2-134所示。若轴向窜动不符合要求则需要调整，如图1-2-135所示，用呆扳手1松开螺母4、调整螺杆5，将轴承压盖、轴承外圈向后推，以消除轴承的游隙，在轴向窜动符合要求后还应保证传动轴旋转顺畅。调整完毕，用一字螺钉旋具6固定调整螺杆，用呆扳手1拧紧螺母4。

图1-2-134 轴向窜动的检测
1—百分表 2—带轮 3—百分表支架
4—钢珠 5—Ⅰ传动轴

图1-2-135 Ⅰ传动轴轴向窜动的调整
1—呆扳手 2—端盖 3—螺栓 4—螺母
5—调整螺杆 6—一字螺钉旋具

注意事项

1. 主轴箱通常采用定向装配法，首先应根据箱体主轴孔径和主轴直径的大小确定主轴的安装方向。例如，本综合实训中CK6132经济型数控车床的主轴是从主轴箱前端向后端安装的。

2. 平面推力球轴承有松圈与紧圈之分，在安装时应将松圈靠近后轴承座，不得装反。

TH7125 数控铣床主轴部件的装配

实训任务

1. 能正确使用工具对数控铣床主轴部件进行装配。
2. 能对角接触球轴承进行正确的配对与装配。
3. 能正确使用工具和量具对主轴组件进行定向装配与调整。

操作准备

1. 数控机床安装、调试、维修的常用工具、量具。
2. TH7125 数控铣床主轴及其零部件等。
3. TH7125 数控铣床主轴传动结构图（见图 1-2-136）。
4. 使用清洗液或除锈剂对主轴、轴承（用过的）和各零部件进行清洗、除锈、润滑，检查主轴有无损伤、毛刺等（有损伤的应进行修复，有毛刺的应用整形锉刀或砂纸去除），检查轴承是否磨损，主轴转动是否顺畅、有无异响等。
5. 进行试装，即先将键研配好，在确认主轴与齿轮、锁紧螺母、轴承等零件的配合无松紧不当问题后，再拆下来等待正式的安装。

图 1-2-136 TH7125 数控铣床主轴传动结构图
1—主轴座 2—主轴基座 3—主轴 4—联轴器 5—电动机

操作步骤

步骤 1 如图 1-2-137 所示，将主轴 1 依次穿入隔套 2、角接触球轴承 3、内外轴承隔套 4、角接触球轴承 5、隔套 6。

步骤 2 如图 1-2-138 所示，将前端盖 5 与主轴套筒 4 通过螺钉对角拧紧，用压力机将主轴轴承组压入主轴套筒 4 内，之后装入后端盖 3，对角拧紧螺钉，装入圆螺母 2 并轻轻地拧紧。注意，使用压力机进行装配时，压力应施加在轴承的外圈，严禁通过滚动体来装配。

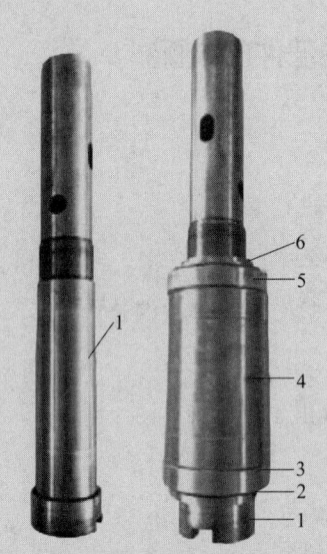
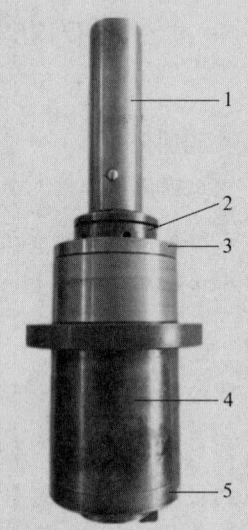

图1-2-137 主轴及主轴轴承组
1—主轴 2、6—隔套
3、5—角接触球轴承 4—内外隔套

图1-2-138 主轴套筒组
1—主轴 2—圆螺母 3—后端盖
4—主轴套筒 5—前端盖

步骤3 安装拉杆

（1）检查主轴拉杆的钢珠，用润滑脂将其粘紧，避免在安装过程中脱落。

（2）如图1-2-139所示，用带磁性的一字螺钉旋具把钢珠2装进主轴换刀位的钢珠孔3中，再装上钢珠套1并轻轻地敲紧；如图1-2-140所示，将拉杆1从主轴尾部装入，用压力机将拉杆压至拉杆销孔，穿入拉杆销4，将螺钉5对准拉杆销4的销槽并拧紧。

步骤4 通过修磨内外隔套的厚度对主轴进行预紧。

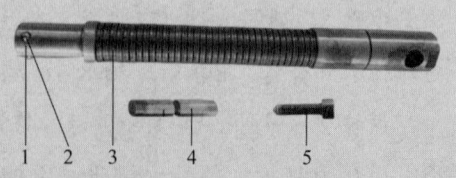

图1-2-139 主轴拉杆
1—钢珠套 2—钢珠
3—钢珠孔 4—主轴

图1-2-140 拉杆组件
1—拉杆 2—钢珠 3—弹簧片
4—拉杆销 5—螺钉

注意事项

1. 角接触球轴承应进行热装（装配前先加热至80℃），热装前应除去轴承表面的灰尘、污物等，且必须将角接触球轴承装到预定位置。不允许用水冷却零件，因为可能产生内应力而降低零件的强度。采用热装法时应佩戴隔热手套。

2. 主轴采用定向装配法，应用一对"背对背"的角接触球轴承对其进行支承。

导轨间隙的调整

实训任务

1. 能正确使用常用的工具、量具。
2. 能对经济型数控车床、经济型数控铣床的导轨间隙进行正确的调整。
3. 能针对不同结构的数控机床导轨间隙采用不同的调整方法。

操作准备

1. 数控机床安装、调试、维修的常用工具、量具。
2. 经济型数控车床、经济型数控铣床的导轨及其零部件。

操作步骤

步骤1　通过磨削或刮削的方法调整导轨间隙

先用塞尺检测导轨间隙；然后拧下如图1-2-141所示的压板螺钉1，卸下压板2；再对压板与导轨的配合面进行磨削或刮削，直至符合配合间隙要求为止；最后清理压板上的毛刺和切屑，在清理干净后将压板2装上，拧紧压板螺钉1。

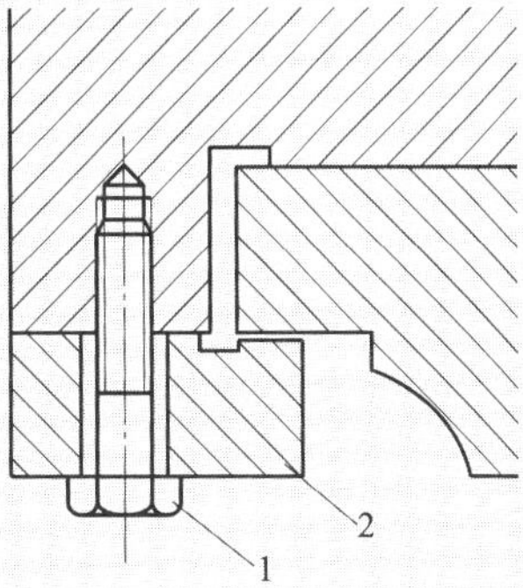

步骤2　用垫片调整导轨间隙

先用塞尺检测导轨间隙；然后拧下如图1-2-142所示的压板螺钉2，卸下压板3和垫片1，根据检测结果通过增减垫片的层数或磨削垫片来满足配合间隙要求；最后装上垫片1和压板3，拧紧压板螺钉2。

图1-2-141　通过磨削或刮削调整导轨间隙
1—压板螺钉　2—压板

步骤3　用镶条调整导轨间隙

（1）用平镶条调整矩形导轨间隙。如图1-2-143所示，旋松锁紧螺母1，转动调整螺钉2，推动平镶条1向导轨方向移动，同时用塞尺检测平镶条和导轨面的间隙，调整到配合间隙符合要求为止。旋紧锁紧螺母1，应保证已调好的配合间隙不变。

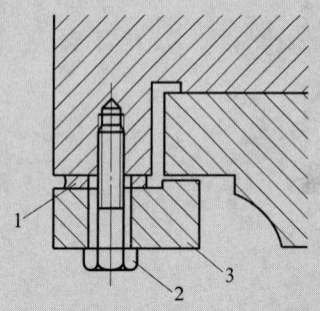 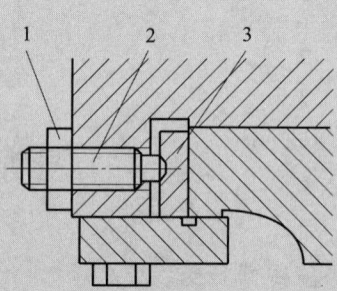

图1-2-142　用垫片调整导轨间隙　　　图1-2-143　用平镶条调整矩形导轨间隙
1—垫片　2—压板螺钉　3—压板　　　　1—锁紧螺母　2—调整螺钉　3—平镶条

（2）用斜镶条或角度块镶条调整燕尾导轨间隙。如图1-2-144所示，旋松锁紧螺母1，转动调整螺钉2，推动镶条3向导轨方向移动，同时用塞尺检测镶条和导轨面的间隙，调整到配合间隙符合要求为止。旋紧锁紧螺母1，应保证已调好的配合间隙不变。

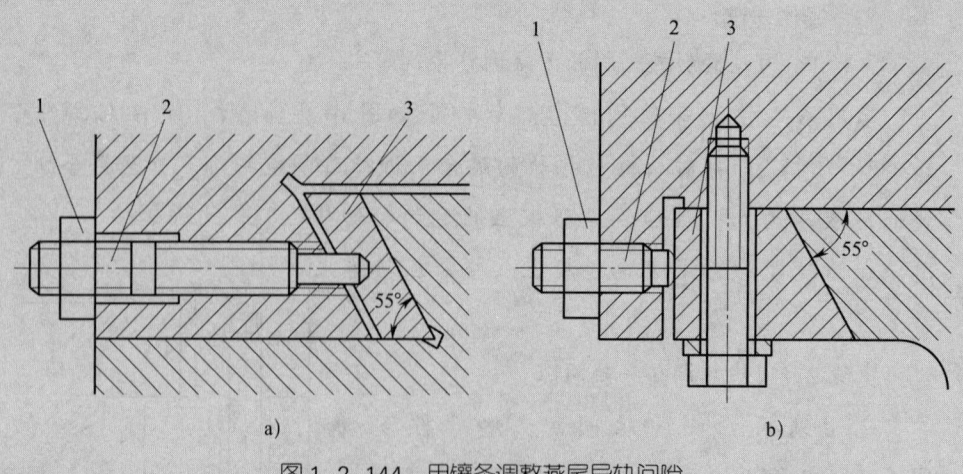

图1-2-144　用镶条调整燕尾导轨间隙
a）用斜镶条调整　b）用角度块镶条调整
1—锁紧螺母　2—调整螺钉　3—镶条

（3）用楔形镶条调整导轨间隙

1）用楔形镶条和单调整螺钉调整导轨间隙。如图1-2-145a所示，用旋具旋转调整螺钉 1，带动楔形镶条 2 移动，同时用塞尺检测楔形镶条与导轨面的间隙，调整到符合配合间隙要求为止。

如图 1-2-145b 所示，旋松锁紧螺母 1、3，用旋具旋转调整螺钉 2，带动楔形镶条 4 移动，同时用塞尺检测楔形镶条与导轨面的间隙，调整到符合配合间隙要求为止。旋紧锁紧螺母 1、3，应保证已调好的配合间隙不变。

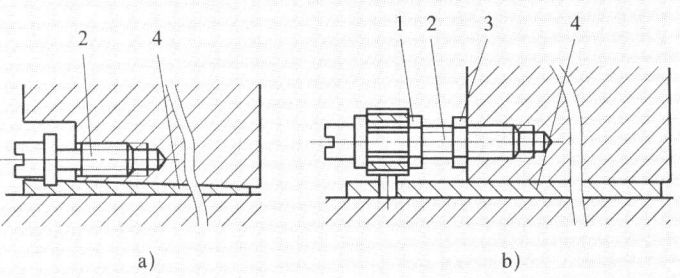

图 1-2-145　用楔形镶条和单调整螺钉调整导轨间隙

a）无锁紧螺母　b）有锁紧螺母

1、3—锁紧螺母　2—调整螺钉　4—楔形镶条

2）用楔形镶条和双调整螺钉调整导轨间隙。如图 1-2-146 所示，具体方法参考用楔形镶条和单调整螺钉调整导轨间隙。

步骤 5　调整滚动导轨间隙

如图 1-2-147 所示，楔形垫铁 9 固定不动，滚动导轨 8 固定在楔形垫铁 6 上（可随其移动），旋转调整螺钉 3、5，使楔形垫铁 6 相对楔形垫铁 9 运动，调整到符合配合间隙要求为止。

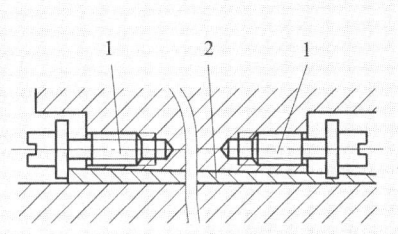

图 1-2-146　用楔形镶条和双调整螺钉调整导轨间隙

1—调整螺钉　2—楔形镶条

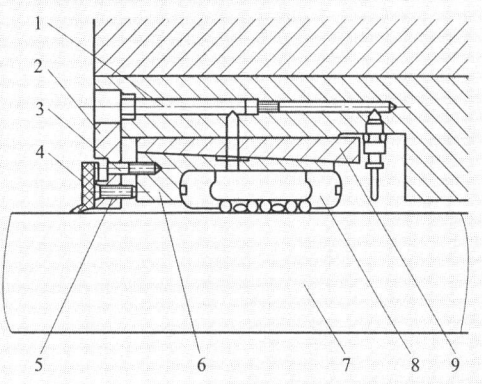

图 1-2-147　调整滚动导轨间隙

1—润滑油路　2—楔形垫铁调板　3、5—调整螺钉　4—刮板　6、9—楔形垫铁　7—支承导轨　8—滚动导轨

> **注意事项**
> 1. 任何导轨间隙在调整后，都必须保证滑动面接触良好，移动轻便、灵活，无阻滞现象。
> 2. 在调整结束后，所有螺钉必须拧紧，所有螺母必须锁牢。

直线滚动导轨副的装配

实训任务
1. 能按顺序装配直线滚动导轨副。
2. 能在装配过程中进行两导轨平行度的调整。
3. 能在装配过程中调整导轨的等高。

操作准备
1. 数控机床装配、调试、维修的常用工具、量具。
2. 直线滚动导轨副等零部件。

操作步骤

步骤1　检查工作

装配前必须检查导轨有无碰伤处或锈蚀处，并用防锈油清洗干净，同时检查滑块与导轨之间的滑动是否顺畅、有无异响；检查各零部件的配合面有无毛刺、污物，可用油石、汽油和抹布将各零部件的配合面清理干净，如图1-2-148所示；检查导轨与装配连接部位的螺孔是否对正。

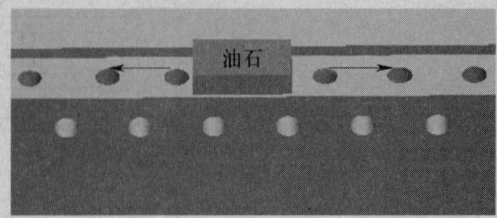

图1-2-148　用油石清除配合面的毛刺

步骤2　基准导轨的安装

（1）将导轨基准面靠在机床装配表面的侧基面上，对准螺孔，用螺栓将基准导轨固定好，如图1-2-149所示。注意不要将螺栓拧紧，此时它只起定位作用。

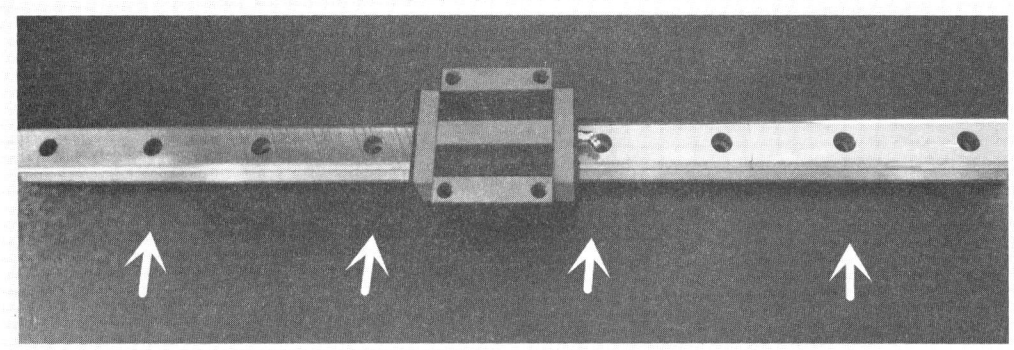

图1-2-149 基准导轨定位

（2）拧紧基准导轨侧面的压紧螺栓，使导轨基准面紧靠机床侧基面，如图1-2-150所示。

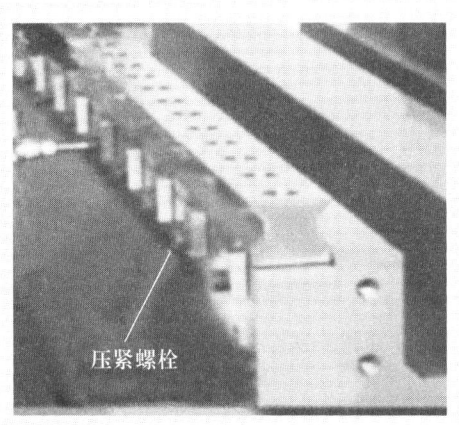

图1-2-150 压紧基准导轨

（3）用指示式扭力扳手按规定力矩拧紧基准导轨的安装螺钉，按图1-2-151所示顺序，从中间向两端拧紧。

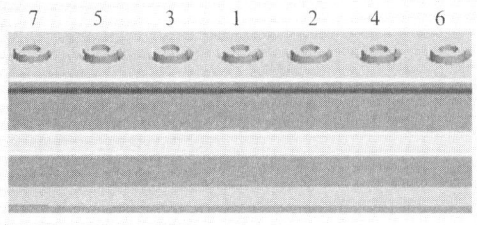

图1-2-151 基准导轨安装螺钉的拧紧顺序

步骤3 非基准导轨的安装

以基准导轨为基准进行装配，其安装方法与基准导轨相同。导轨的等高、上下直线度和左右直线度可以通过加减垫片或刮削的方式来调整，导轨之间的平行度则主要是调整非基准导轨，如图1-2-152所示。

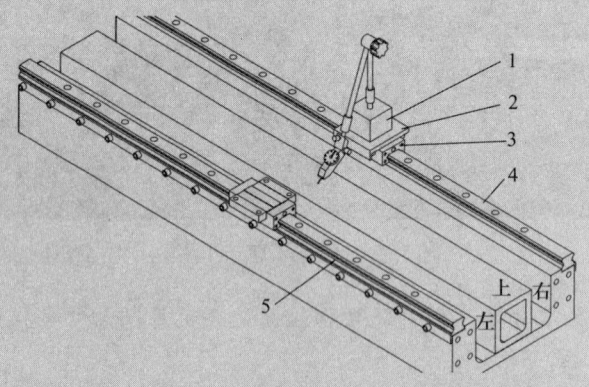

图1-2-152 非基准面导轨的安装与调整
1—百分表 2—等高块 3—滑块
4—非基准导轨 5—基准导轨

步骤4 移动滑板的安装

如图1-2-153所示，将移动滑板置于滑块上并对准安装螺孔，将所有螺栓轻轻地压紧，按顺序拧紧基准侧和非基准侧滑块上的各个螺栓。对于滑块侧面有压紧螺钉的，应先将压紧螺钉拧紧，在使滑块侧面紧紧地贴靠移动滑板侧面后，再按顺序拧紧基准侧和非基准侧滑块上的各个螺栓。

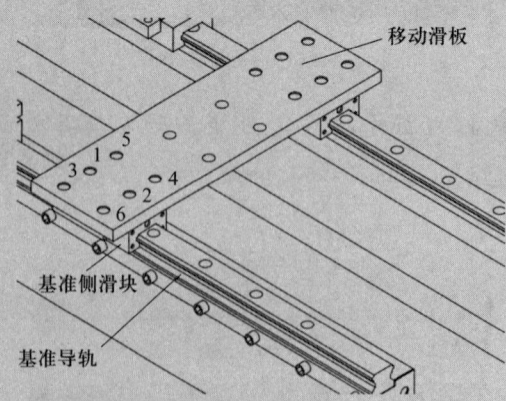

图1-2-153 移动滑板的安装（数字代表对应螺栓的拧紧顺序）

步骤5 移动滑板的平行度和直线度检测

用百分表检测移动滑板的平行度（见图1-2-154a）、直线度（见图1-2-154b）是否符合要求。

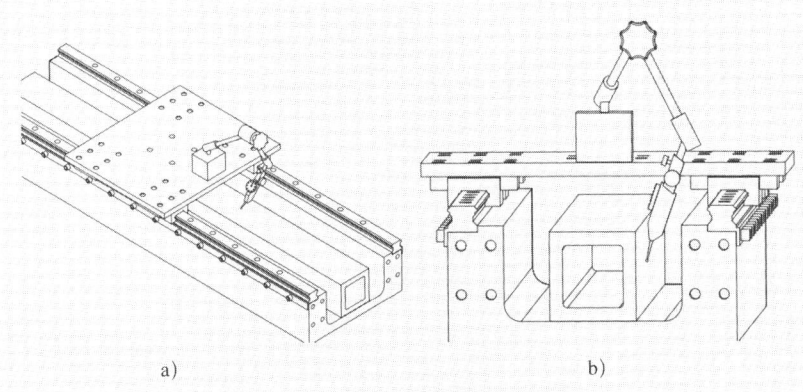

图 1-2-154 移动滑板的检测
a）检测平行度　b）检测直线度

注意事项

1. 在导轨各零部件安装、定位后，所有安装螺钉必须按规定力矩拧紧。
2. 移动滑板在全行程内必须运行轻便、灵活，无阻滞现象，确保平行度和直线度检测的正确性。

滚珠丝杠副的装配

实训任务

1. 能正确地进行外循环滚珠丝杠副的装配。
2. 能正确地进行内循环滚珠丝杠副的装配。
3. 能正确地进行滚珠丝杠副轴向间隙的调整。

操作准备

1. 数控机床装配、调试、维修的常用工具、量具。
2. 外循环、内循环滚珠丝杠副等。

操作步骤

步骤1　外循环滚珠丝杠副的安装

如图 1-2-155 所示，先将丝杠 1、螺母 3、滚珠 4 清洗干净，拆下螺钉 5 和回路管道 2，将螺母 3 旋入丝杠 1，先将部分滚珠从

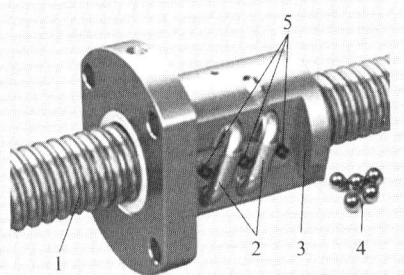

图 1-2-155 外循环滚珠丝杠副
1—丝杠　2—回路管道　3—螺母
4—滚珠　5—螺钉

回路管道口装入滚道内,再将部分滚珠装入回路管道2内。为了防止滚珠掉出,通常在回路管道两出口处涂上润滑脂。然后将装好滚珠的回路管道装入螺母3,装上压块,拧紧螺钉5。

步骤2　内循环滚珠丝杠副(见图1-2-156)的安装

将反向器2从螺母3内向外安装,在滚道内涂上润滑脂,用带磁性的一字螺钉旋具把滚珠1装入滚道,直至装满两条循环的滚道,如图1-2-156b所示。将辅助安装套筒套入螺母3内(辅助安装套筒的外径比丝杠小径小0.15 mm左右,内径比丝杠前端轴的直径大0.15 mm左右),将螺母组件穿在丝杠上,一只手顶住辅助安装套筒,另一手将螺母旋入丝杠,如图1-2-157所示。

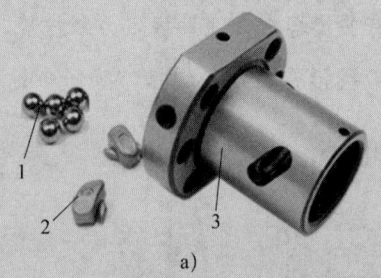 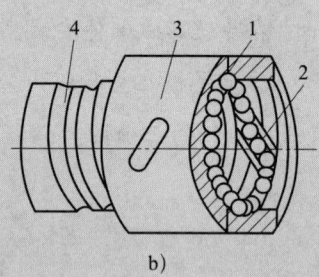

图1-2-156　内循环滚珠丝杠副
a)拆解图　b)安装图
1—滚珠　2—反向器　3—螺母　4—丝杠

步骤3　滚珠丝杠副轴向间隙的调整

为了保证滚珠丝杠副具有一定的反向传动精度和轴向刚度,必须消除其轴向间隙。消除轴向间隙时通常利用两个螺母的相对轴向位移,使两个螺母中的滚珠分别贴紧滚道两个相反的侧面上。

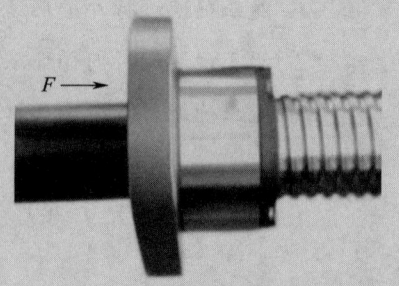

图1-2-157　螺母安装方法

注意事项

1. 在安装内循环滚珠丝杠副时,要将滚珠安装在滚道内。也就是说,滚道外的空位不应安装滚珠,因为那些空位不能形成循环滚道,会加快滚珠与螺母、丝杠的磨损,甚至导致滚珠卡滞。

2. 在消除滚珠丝杠副轴向间隙时,预紧力不宜过大,因为预紧力过大会增大空载力矩,从而降低传动效率,缩短零部件的使用寿命。

双螺母滚珠丝杠副间隙的调整

实训任务
能调整多种双螺母滚珠丝杠副的间隙。

操作准备
1. 数控机床装配、调试、维修的常用工具、量具。
2. 双螺母滚珠丝杠副等零部件。

操作步骤

一、垫片调隙式双螺母滚珠丝杠副（见图 1-2-158）

调整垫片厚度使左、右两螺母产生轴向位移，即可消除间隙和产生预紧力。这种双螺母滚珠丝杠副的特点是结构简单、预紧可靠、拆装方便，但精度调整比较困难，且使用过程中不可调整。

步骤 1　松开定位螺钉 5，拆下键 3，使螺母 2 互为反向旋转，使螺母 2 与垫片 4 分开，将垫片 4 取下（通常由两个半圆形的垫片组成，便于拆装和调整）。

步骤 2　用清洗液清洗拆下的零件并用抹布擦干，用千分尺检测垫片的厚度。根据螺母与丝杠的间隙大小，决定是在已有垫片的基础上增加相应厚度的垫片，还是减小已有垫片的厚度。

步骤 3　将符合要求的垫片装入两螺母之间，装上键 3，拧紧定位螺钉 5。

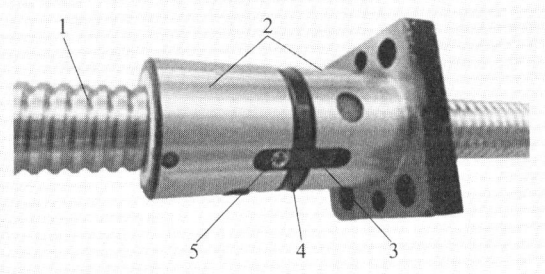

图 1-2-158　垫片调隙式双螺母滚珠丝杠副
1—丝杠　2—螺母　3—键　4—垫片　5—定位螺钉

二、螺纹调隙式双螺母滚珠丝杠副（见图 1-2-159）

这种双螺母滚珠丝杠副的特点是结构紧凑，可随时调整，但很难准确地获得所需要的预紧力。螺母 1 一端有凸缘、另一端有键槽，而螺母 4 一端有螺纹、另一端有键槽。键 2 的作用是限制螺母 1 与螺母 4 之间的相对转动。

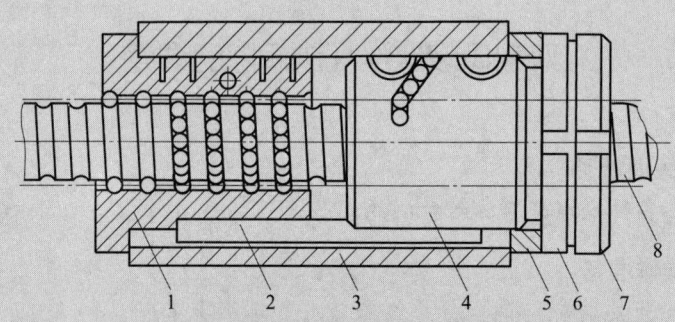

图 1-2-159 螺纹调隙式双螺母滚珠丝杠副
1、4—螺母 2—键 3—螺母座 5—垫圈 6、7—圆螺母 8—丝杠

步骤 调整时先将圆螺母7松开,然后通过调整圆螺母6使螺母4做轴向移动,以消除两螺母与丝杠的轴向间隙,并起到预紧的作用。待间隙符合要求后,用两圆扳手将两圆螺母相互锁死,防止返松。

三、齿差调隙式双螺母滚珠丝杠副(见图1-2-160)

这种双螺母滚珠丝杠副的特点是结构简单、调整方便,但结构尺寸较大。

步骤 调整时先拧出固定内齿圈的螺钉,拔下定位销,取下内齿圈2、4;然后调整螺母1、3,使其在同一方向上都转动一个齿,即改变螺母1、3之间的齿数差;再装上内齿圈2、4,插入定位销,对称地拧紧螺钉,则螺母1、3之间产生相对角位移,即可消除轴向间隙并起到预紧作用。

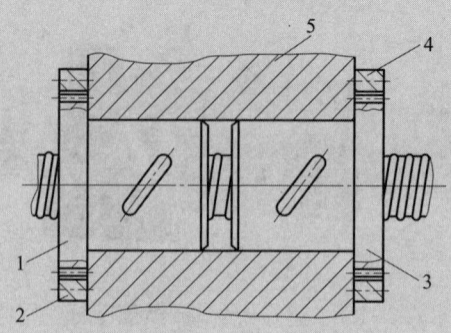

图 1-2-160 齿差调隙式双螺母滚珠丝杠副
1、3—螺母 2、4—内齿圈 5—螺母座

注意事项

1. 可按需用润滑脂或润滑油对双螺母滚珠丝杠副进行润滑。
2. 应避免灰尘、切屑、污物等进入双螺母滚珠丝杠副。

滚珠丝杠副的安装

实训任务
1. 掌握数控机床滚珠丝杠副的装配工艺。
2. 能安装滚珠丝杠副及调整丝杠平行度。

操作准备
1. 数控机床装配、调试、维修的常用工具、量具。
2. 移动滑板、滚珠丝杠副、丝杠支承座、V形安装支架、丝杠螺母座、直线滚动导轨副等零部件。

操作步骤

步骤1 先将丝杠支承座安装好，穿上定位销，拧上螺栓但不要拧得太紧，放上V形安装支架，如图1-2-161所示。

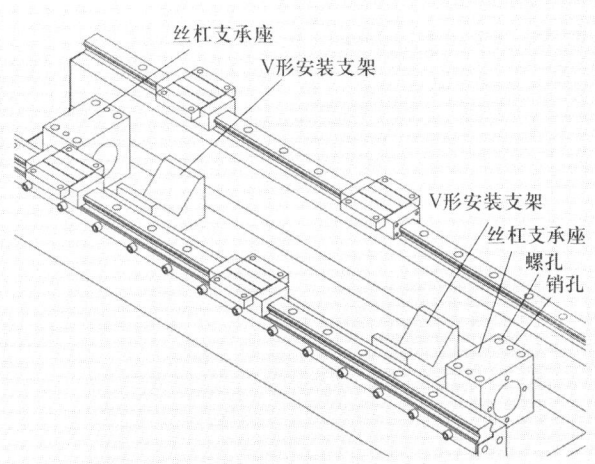

图1-2-161 丝杠支承座、V形安装支架的定位

步骤2 滚珠丝杠副的安装

（1）将滚珠丝杠副装入丝杠支承座安装孔中，并在V形安装支座上装入隔套，在一端装上轴承端盖。

（2）如图1-2-162所示，按顺序分别拧紧丝杠支承座、轴承端盖的各紧固螺栓。

（3）装上丝杠螺母并轻轻地将其拧紧。

（4）另一端的轴承端盖用同样的方法安装。

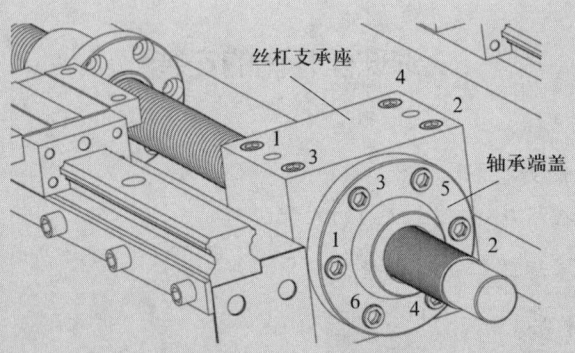

图1-2-162 丝杠支承座、轴承端盖各紧固螺栓的拧紧顺序

步骤3　丝杠上下平行度的检测

（1）先按要求拧紧丝杠两端的螺母，并确保丝杠旋转无阻碍。

（2）如图1-2-163所示，将滑块推到丝杠一端，在滑块上放上直角等高块、百分表座，用百分表检测丝杠直径的最高部位，记录检测值。为了便于记录，一般将第一次记录的值调整到零。

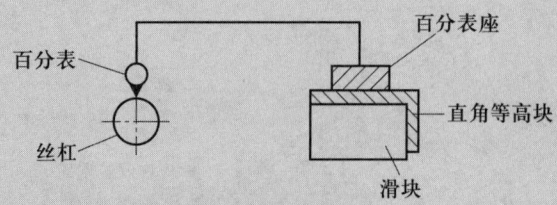

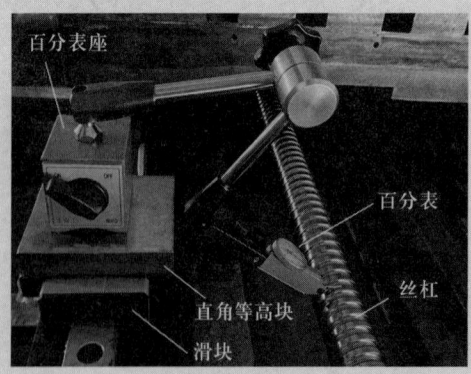

图1-2-163 丝杠上下平行度的检测

（3）将直角等高块和百分表一起提起（注意，直角等高块与百分表的相对位置应保持不变），将滑块推向丝杠另一端，用同样的方法检测。

（4）当出现不平行情况时，如图1-2-164所示的错误位置，可通过在丝杠支承座底部加减垫片或加工（刮研或磨削）垫片对丝杠上下平行度进行调整。

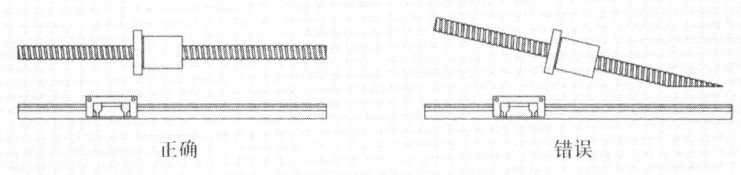

图 1-2-164　丝杠与导轨的上下相对位置

步骤 4　丝杠左右平行度的检测

用百分表检测丝杠的左右平行度，具体方法参考丝杠上下平行度的检测，如图 1-2-165 所示。当出现不平行情况时，如图 1-2-166 所示的错误位置，可以调整轴承座的位置。

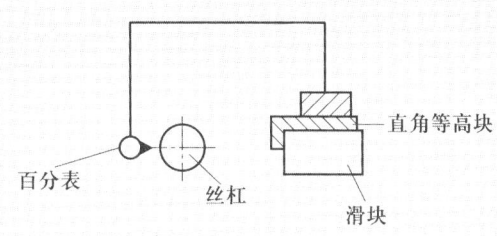

图 1-2-165　丝杠左右平行度的检测

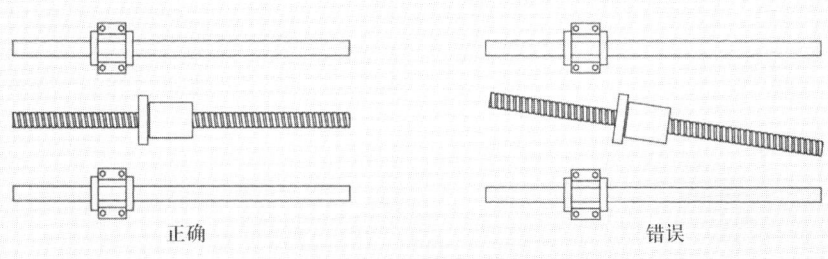

图 1-2-166　丝杠与导轨的左右相对位置

步骤 5　移动滑板的安装（见图 1-2-167）

先对角拧紧移动滑板与基准侧滑块的连接螺栓，再对角拧紧移动滑板与非基准侧滑块的连接螺栓。

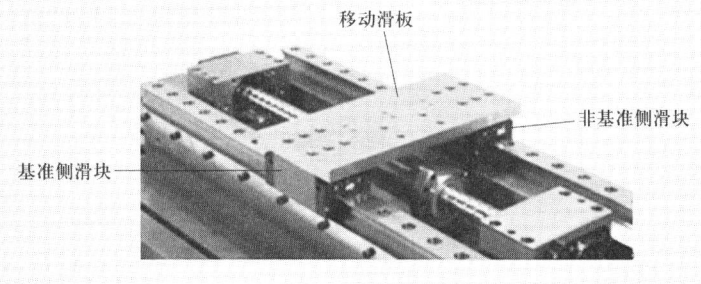

图 1-2-167　移动滑板的安装

步骤 6 丝杠螺母座的安装（见图 1-2-168）

先将丝杠螺母座与移动滑板进行装配，对角拧紧紧固螺栓；再将丝杠螺母与丝杠螺母座进行装配，对角拧紧紧固螺栓。

图 1-2-168 丝杠螺母座的安装

步骤 7 相关检测

先用扭力扳手根据要求的力矩拧紧锁紧螺母，再用测力器分别检测移动滑板在中间和两端共三个位置的驱动力，然后用百分表检测丝杠的径向跳动（见图 1-2-169a）和轴向窜动（见图 1-2-169b）。

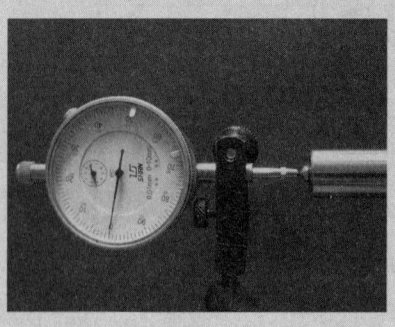

图 1-2-169 丝杠径向跳动和轴向窜动的检测
a）径向跳动检测 b）轴向窜动检测

注意事项

1. 在将丝杠螺母与丝杠螺母座进行配合安装时，要避免撞击和偏心。
2. 两端轴承座的中心与丝杠螺母座的中心三点应成一线。

数控铣床十字滑台的装配

实训任务

1. 了解数控铣床十字滑台的结构。
2. 掌握联轴器的安装方法。
3. 能用直线滚动导轨装配十字滑台。
4. 能检测与调整 X 轴、Y 轴工作台的垂直度。

操作准备

1. 数控铣床安装、调试、维修的常用工具、量具。
2. 移动滑板、丝杠支承座、联轴器、滚珠丝杠副、直线滚动导轨副等零部件。
3. 检查数控铣床 X 轴和 Y 轴工作台、直线滚动导轨副、滚珠丝杠副等零部件有无碰伤或锈蚀情况,滑动、旋转部件的动作是否顺畅,可用油石、汽油和抹布将各零部件的配合面清理干净。

操作步骤

步骤1 直线滚动导轨副的安装

分别将基准导轨副和非基准导轨副安装在 Y 轴工作台的导轨安装面上,并调整平行度。

步骤2 滚珠丝杠副的安装

装上丝杠支承座,轻轻地拧紧各螺栓,将滚珠丝杠副穿入丝杠支承座内,装上轴承座,调整丝杠平行度,紧固丝杠支承座。装好直线滚动导轨副和滚珠丝杠副的 Y 轴工作台,如图1-2-170所示。

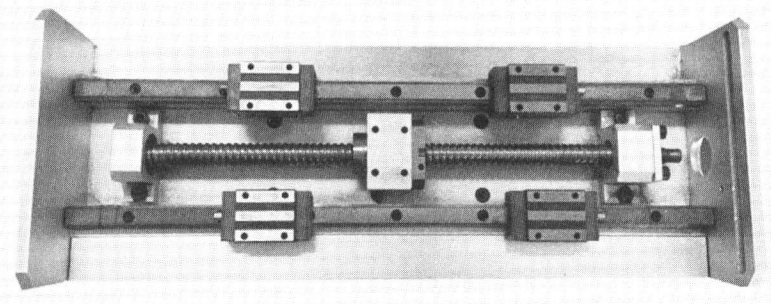

图1-2-170 装好直线滚动导轨副和滚珠丝杠副的 Y 轴工作台

步骤3 移动滑板的安装

按图1-2-171所示的顺序拧紧各螺栓。

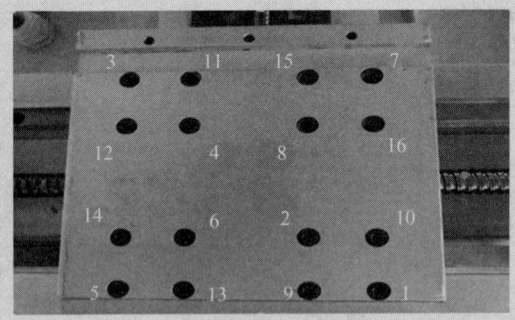

图1-2-171 移动滑板各螺栓的拧紧顺序

步骤4 电动机座的安装、检测和调整

对角拧紧电动机座的螺栓，分别检测丝杠与电动机座端面、电动机安装孔的垂直度并进行调整。

（1）丝杠与电动机座端面垂直度的检测与调整方法。将百分表底座安放在丝杠端面上，使百分表测头压在电动机端面上，旋转丝杠，读取最大值。可通过在电动机座与机体之间增减垫片来调整丝杠与电动机座端面的垂直度。

（2）丝杠与电动机安装孔垂直度的检测与调整方法。将磁力表座安装在丝杠端面上，使百分表测头压在电动机座内孔内，旋转丝杠，读取最大值。可通过调整电动机座的位置来调整丝杠与电动机安装孔的垂直度。

步骤5 联轴器、伺服电动机的安装

如图1-2-172所示，将联轴器5装入电动机主轴3，将电动机组件与丝杠6进行装配，安装时要保证丝杠6与电动主机轴3的同轴度，对称地拧紧电动机螺栓，并调整联轴器5的位置，最后拧紧联轴器的锁紧螺钉4。

步骤6 X轴工作台的安装

X轴工作台各零部件的安装方法与Y轴工作台一样，在安装完X轴工作台的直线滚动导轨副和滚珠丝杠副后，将X轴工作台整体吊装到Y轴工作台的移动滑板上并进行装配，如图1-2-173所示。调整X轴工作台和Y轴工作台的垂直度和平行度，对角拧紧连接螺栓。装上X轴工作台的移动滑板。

图1-2-172 联轴器、伺服电动机的安装
1—伺服电动机 2—电动机座 3—电动机主轴
4—锁紧螺钉 5—联轴器 6—丝杠 7—螺母

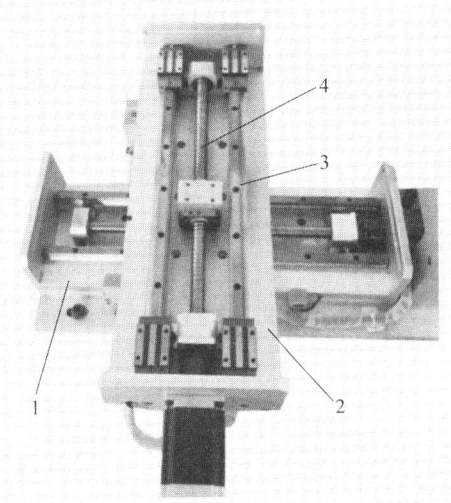

图1-2-173 数控铣床十字滑台结构
1—Y轴工作台 2—X轴工作台
3—直线滚动导轨副 4—滚珠丝杠副

步骤7 检测X轴、Y轴工作台的垂直度

如图1-2-174所示，先清理好工作台，将方尺1平放在工作台上，把磁力表座安装在主轴座上，使百分表测头触及方尺检测面，先沿X轴方向把方尺找平，然后沿Y轴方向移动工作台，两端读数的差值为X轴与Y轴的垂直度误差。注意，也可先沿Y轴方向找平，再检测X轴方向。

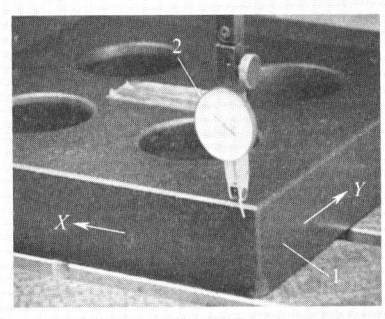

图1-2-174 X轴、Y轴工作台垂直度的检测
1—方尺 2—百分表

四位电动刀架的装配

 实训任务

1. 了解电动刀架的结构和工作原理。
2. 掌握刀盘的拆卸、装配方法,以及刀位的调整方法。
3. 能装配和调整四位电动刀架。

操作准备

1. 数控机床安装、调试、维修的常用工具、量具。
2. 四位电动刀架各零件(部分零件见图1-2-175)。
3. 数控车床电动刀架的结构图(见图1-2-176)和内部实物图(见图1-2-177)。

   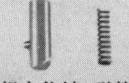   

螺杆　　止推垫圈　　圆螺母　　粗定位销　弹簧　离合销　销　键　平面轴承

     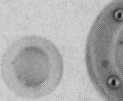  

滚动轴承　弹簧垫圈　端盖　O形密封圈　端盖螺钉　　发信盘　　　圆螺母　　滚针轴承

 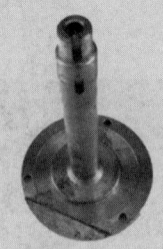  

上刀体　　　　　　中轴　　　　　　　蜗杆传动组件

      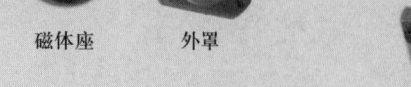 

密封垫圈　　磁体座　　　外罩　　　　离合盘　　反靠盘　　O形密封圈
　　　　　　　　　　　　　　　　　　联轴器　　连接座

图1-2-175　四位电动刀架部分零件

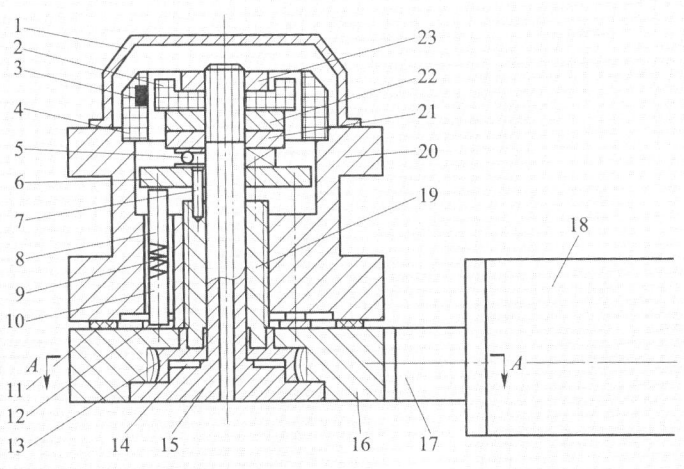

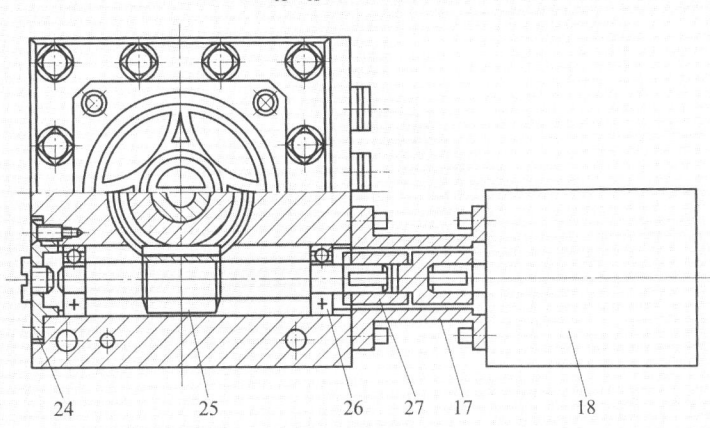

图1-2-176 数控车床电动刀架结构图

1—外罩 2—发信盘 3—磁体 4—磁体座 5—推力球轴承 6—离合盘 7—圆柱销 8—离合销
9—弹簧 10—粗定位销 11—啮合齿轮 12—反靠盘 13—蜗轮 14—滚针轴承 15—中轴
16—刀架底座 17—连接座 18—三相电动机 19—螺杆 20—上刀体 21—止推垫圈
22、23—圆螺母 24—轴承端盖 25—蜗杆 26—滚动轴承 27—联轴器

操作步骤

步骤1 安全保障工作

切断电源、气源,卸压,在显著的位置悬挂维修工作牌。

步骤2 清洗、润滑和检查

清洗各零部件;在旋转部位上涂抹干净的黄油,在端齿部位及旋转基面上加注洁净的机油;检查各零部件是否磨损,有无裂痕、毛刺等,按需更换损坏件,清理毛刺件。

步骤3 刀架底座组件的安装

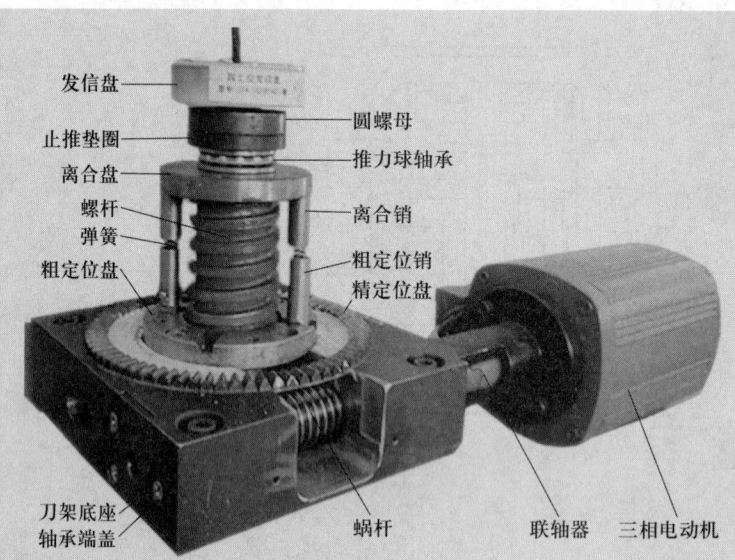

图 1-2-177　数控车床电动刀架内部实物图

（1）将滚针轴承和蜗轮按顺序装入中轴，形成中轴组件（见图 1-2-178），再将中轴组件装入刀架底座并拧紧螺钉。

（2）在蜗杆靠近电动机的方向装上滚动轴承，成形蜗杆组件（见图 1-2-179），将蜗杆组件旋入刀架底座，用专用的轴承安装套轻敲滚动轴承的外圈，将其敲至合适位置。

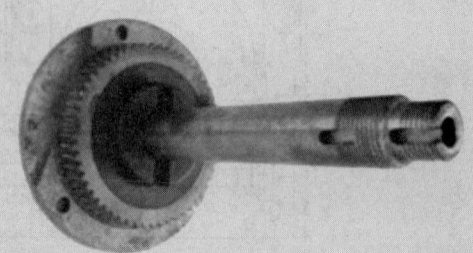

图 1-2-178　中轴组件

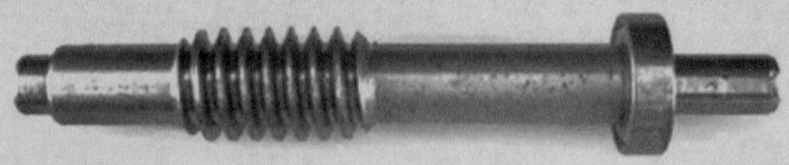

图 1-2-179　蜗杆组件

（3）装上连接座并拧紧对应的螺钉，在另一端装上滚动轴承、弹簧垫圈、轴承端盖并拧紧对应的螺钉，形成刀架底座组件（见图 1-2-180）。

（4）用内六角扳手转动蜗杆，检查蜗杆、蜗轮的配合是否达到装配要求，旋转是否顺畅。注意，蜗杆的轴向窜动应不大于 0.05 mm（用百分表检测）。

图 1-2-180　刀架底座组件

步骤 4　上刀体组件的装配

将螺杆旋入上刀体（留够长度），将粗定位销（共两个）涂上润滑脂后插入上刀体两个销孔中（注意销上定位针的方向，尽量把粗定位销插入上刀体内）。将上述组件从上而下穿入中轴，并使螺杆的凸出部分与蜗轮的凹槽重合，用内六角扳手转动蜗杆，使螺杆端面超出螺母 F 表面 1~2 mm，如图 1-2-181 所示。调整上刀体与刀架底座齿盘啮合间隙（宜为 1~2 mm）。如图 1-2-182 所示，上刀体销孔应与螺杆销孔成 90°。

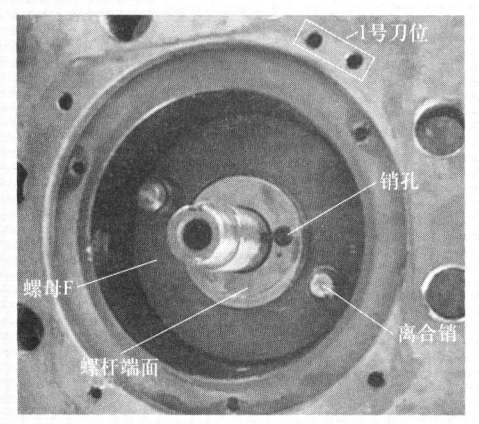

图 1-2-181　上刀体组件的装配效果

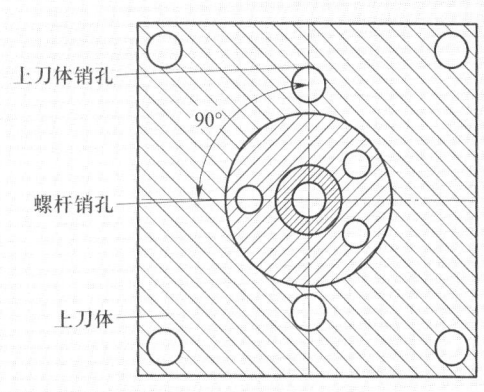

图 1-2-182　上刀体组件的装配图

步骤 5　离合盘的装配

离合盘的安装点可以选在上刀体上升的最高位置，也可以选在上刀体精定位盘与刀架底座精定位盘完全啮合时的位置，一般选择前者。

将弹簧和离合销涂上润滑脂，分别装入如图 1-2-181 所示的两个反向定位的销孔中，装上离合盘（离合盘与螺杆连接的销孔是不对称的，应使离合盘有槽的一面与螺杆端面贴紧，二者应无间隙）和圆柱销，微转动刀体使离合销插入离合盘槽中。此时，蜗轮、螺杆、离合盘均相互紧贴，三者应无间隙，若有间隙应按图 1-2-183 所示方法进行调整。之后依次装入推力球轴承、键、止推垫圈、圆螺母和防松螺钉。

步骤 6　推力球轴承的安装

当推力球轴承有紧圈和松圈之分时，松圈应靠近离合盘，紧圈应靠近止推垫圈，如图 1-2-184 所示。装配好后应手动检测换刀动作是否灵活、顺畅，有无异响。

图 1-2-183　离合盘的调整方法

图 1-2-184　推力球轴承紧圈和松圈的位置

步骤 7　联轴器与电动机轴的装配

蜗杆与电动机通过联轴器进行装配（注意凹凸面的配合），只需要拧紧紧固螺钉即可。之后将 O 形密封圈（起防水作用）套入端盖螺钉，然后将其旋到端盖上并拧紧。

步骤 8　刀架的安装（见图 1-2-185）

将发信盘控制线从刀架底座中的轴孔穿入，将刀架放置在床鞍的安装位置上，先校准刀架中心高度，使车刀刀尖对准车床主轴旋转中心；然后将内六角扳手插入蜗杆，顺时针转动蜗杆（面向端盖），使上刀体转动约 45°（方便安装螺栓），刀架底座的螺孔应对准安装螺孔，插入螺栓，并对称地拧紧。

步骤9　电气部件的装调

将密封垫圈、磁体座、发信盘分别装入上刀体。一般在刀架锁紧的状态下调整发信盘上霍尔元件与磁体的相对位置,霍尔元件应比磁体要向前(在顺时针方向上)约半个宽度,调好后装上圆螺母并拧紧,如图1-2-186所示。

发信盘控制线的接线方法如图1-2-187所示。

步骤10　调试

(1)使用前应试运转,换刀时应灵活、顺畅、无异响,且刀号无误、重复定位精准,无换不到位或过冲现象。

图1-2-185　刀架的安装

图1-2-186　发信盘的安装

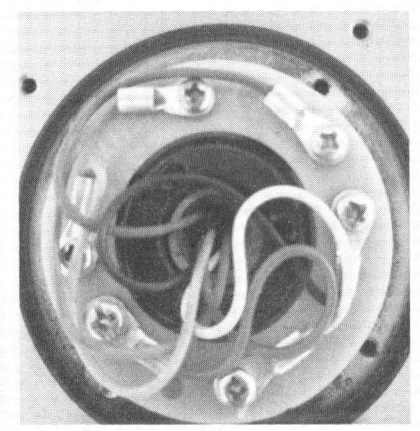

图1-2-187　发信盘控制线的接线方法

(2)若在试运转时发现异常现象,如电动机不转或上刀体连转不停,应立即关闭电源排除故障。

注意事项

1. 发信盘的控制线较多,在安装前应先把控制线的线耳尽量错开排列,并用电工胶布包好,以便于穿线。

2. 排线时不要将控制线排出发信盘外,避免控制线与磁体座发生摩擦而损坏。

3. 接线端子不得相互接触,也不能与圆螺母接触,以避免短路和漏电的情况发生。

4. 电动机电源线不要接反相序,同时地线要接牢。

变量叶片泵的装配

实训任务

1. 熟悉叶片泵的结构和工作原理。
2. 能装配叶片泵。
3. 能调整叶片泵的压力、流量。

操作准备

1. 数控机床安装、调试、维修的常用工具、量具。
2. 检查叶片泵各零部件有无碰伤或锈蚀的情况,以及滑动、旋转部件是否顺畅,可用油石、汽油和抹布将各零部件的配合面清理干净。
3. 叶片泵(以单作用式叶片泵为例)的结构图(见图1-2-188)。

图1-2-188 单作用式叶片泵结构图
1—压力调整机构 2—泵体 3—转子 4—流量调整机构 5—叶片 6—定子

操作步骤

步骤1 将滑动轴承装入泵体,如图1-2-189所示。

步骤2 装入后泵盖,如图1-2-190所示。

步骤3 在泵体前端依次装入骨架油封(唇边朝内)、内卡簧,如图1-2-191所示。

步骤4 在泵体内装入定位销,如图1-2-192所示。
步骤5 装入前配流盘,如图1-2-193所示。
步骤6 装入定子,如图1-2-194所示。

图1-2-189 将滑动轴承装入泵体

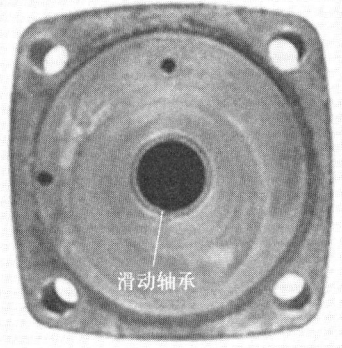

图1-2-190 装入后泵盖

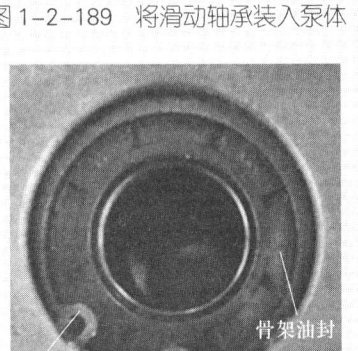

图1-2-191 在泵体前端依次装入骨架油封、内卡簧

图1-2-192 在泵体内装入定位销

图1-2-193 装入前配流盘

图1-2-194 装入定子

步骤7 装入转子,如图1-2-195所示。
步骤8 安装叶片,注意叶片方向,不得装错,如图1-2-196所示。

步骤9　装入后配流盘，如图1-2-197所示。

步骤10　装入O形密封圈和定位销，如图1-2-198所示。

步骤11　安装后泵盖组件，对角拧紧螺栓，如图1-2-199所示，同时用手转动泵轴，保证转动灵活、平稳，无阻滞现象。

图1-2-195　装入转子

图1-2-196　安装叶片

图1-2-197　装入后配流盘

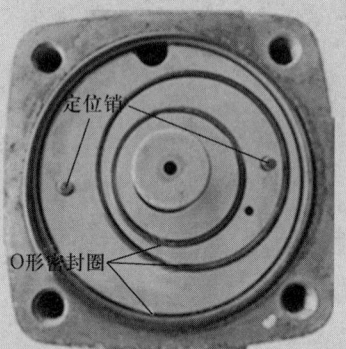

图1-2-198　装入O形密封圈和定位销

图1-2-199　安装后泵盖组件

步骤 12　依次旋入调整螺钉、O 形密封圈、螺母，如图 1-2-200 所示。

步骤 13　安装流量调整机构，先将 O 形密封圈装入推杆，再将二者一起装入推杆座（形成推杆组件），然后依次装入活塞、推杆组件、调整螺钉、螺母，如图 1-2-201 所示。

图 1-2-200　依次旋入调整螺钉、O 形密封圈、螺母

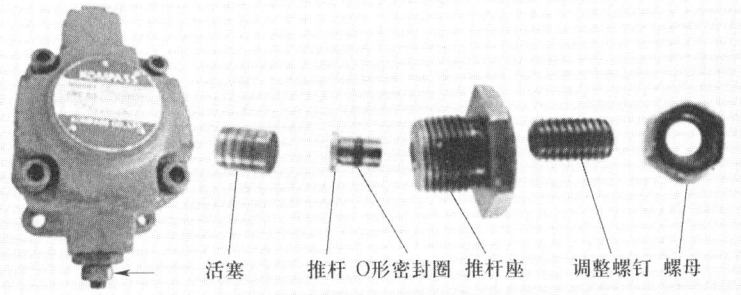

图 1-2-201　流量调整机构的安装

步骤 14　安装压力调整机构，依次装入活塞、弹簧、推杆与 O 形密封圈的组件、压盖，对角拧紧调整螺钉，旋入调整螺钉，旋入防松螺母，如图 1-2-202 所示。

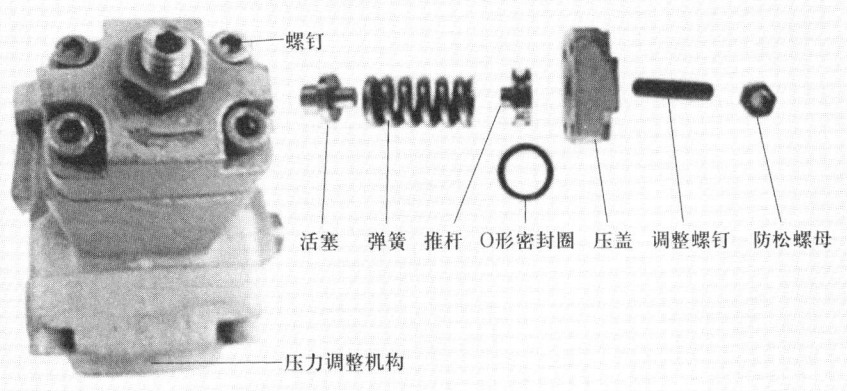

图 1-2-202　压力调整机构的安装

步骤15　调整压力和流量（方法相同）。先松开螺母，然后旋转调整螺钉，调好后一只手用内六角扳手将调整螺钉固定，另一只手用呆扳手将防松螺母拧紧，如图1-2-203所示。

图1-2-203　压力与流量的调整

> **注意事项**

1. 不允许使用汽油清洗O形密封圈。

2. 叶片泵为精密机件，在拆装过程中应轻拿轻放各零部件，切勿敲打、撞击各零部件。

液压缸的装配

> **实训任务**

1. 了解液压缸的结构和工作原理。

2. 能正确地装配液压缸。

> **操作准备**

1. 数控机床安装、调试、维修的常用工具、量具。

2. 检查液压缸各零部件有无碰伤或锈蚀的情况，以及滑动、旋转部件是否顺畅，可用油石、汽油和抹布将各零部件的配合面清理干净。

3. 液压缸装配图（见图1-2-204）。

> **操作步骤**

步骤1　用内径百分表检查缸体内径，用千分尺检查活塞外径，按要求保证活塞与液压缸的配合精度。

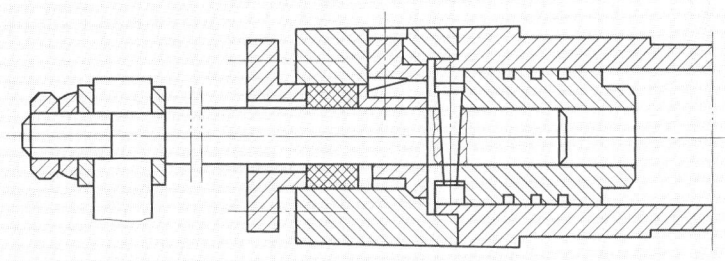

图 1-2-204 液压缸装配图

步骤 2 清除活塞与活塞杆配合面上的污物和毛刺,将活塞杆与活塞进行组装,钻、铰圆锥销孔,并将圆锥销孔清洗干净,在圆锥销上涂润滑油,并将其敲入圆锥销孔。

步骤 3 检查活塞与活塞杆的同轴度及活塞杆的直线度。将活塞与活塞杆装配成一体,用V形架将其支顶在检验平板上,用百分表进行检查。检查活塞杆与活塞的同轴度,如图1-2-205a所示;检查活塞杆的直线度,如图1-2-205b所示。

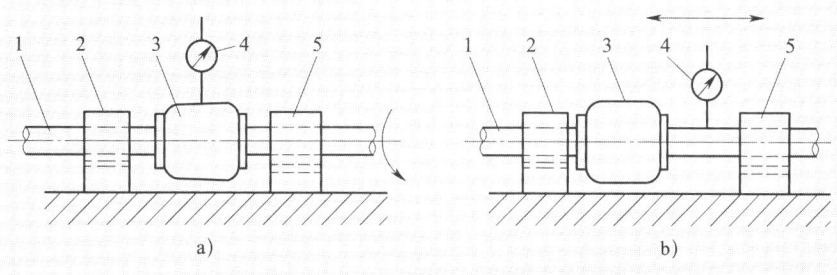

图 1-2-205 同轴度及直线度检查
a)检查活塞杆与活塞的同轴度 b)检验活塞杆的直线度
1—活塞杆 2、5—V形架 3—活塞 4—百分表

步骤 4 用煤油将液压缸、活塞和活塞杆清洗干净,将活塞、活塞杆装入液压缸内。

步骤 5 安装液压缸两端的端盖,按图1-2-206所示的顺序拧紧螺钉。

步骤 6 将液压缸安装在机床上,保证液压缸(或活塞杆)移动的直线度及其对机床导轨的平行度符合要求。液压缸的检查方法如图1-2-207所示。

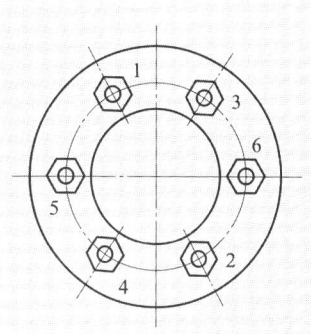

图 1-2-206 液压缸端盖上螺钉的拧紧顺序

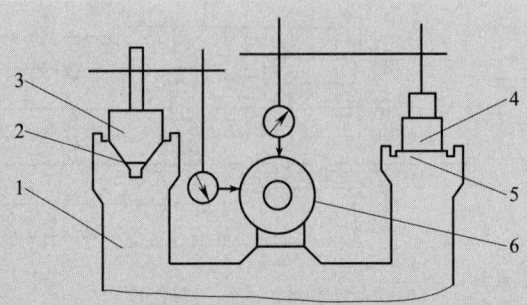

图1-2-207 液压缸的检查方法
1—床身 2—V形导轨 3—V形铁 4—平行铁 5—平导轨 6—液压缸

（1）以机床的平导轨5为基准，将平行铁4放在平导轨上，用百分表测头支顶在液压缸上母线上，移动平行铁4，测量液压缸上母线与机床导轨的平行度，要求平行度在全长上误差不超过0.1 mm。若超差，应修刮液压缸和机床的配合面，或刮削机床的安装面。

（2）以V形导轨2为基准，将V形铁3放在V形导轨2上，把百分表的磁力表座安放在V形铁上，用百分表测头支顶在液压缸侧母线上，移动V形铁3，测量液压缸侧母线对V形导轨的平行度，要求平行度在全长上误差不超过0.1 mm。若超差，可松开液压缸和床身上的连接螺钉，找正侧母线直至平行度符合要求后，将连接螺钉紧固，并用定位销定位。

注意事项

1. 活塞与活塞杆组件的配合精度必须符合要求。
2. 活塞在液压缸内的移动应灵活、无阻滞，也无轻重不一的现象。
3. 必须保证液压缸的安装精度。

培训项目 3

机械功能部件装配检查

培训单元1　按照装配技术要求检查机械功能部件相关精度及功能

一、概述

若干机械零件根据机械原理装配在一起,组成了具有一定功能的机构。这些机构与其他零配件、组件、构件进一步装配,就形成了具有特定功能的部件,然后才进入总装配环节。某些部件(称为分部件)在进行总装配之前,还要先与另外的部件和零件装配成更大的部件。由若干分部件组装而成、具有独立功能的更大部件,在汽车和其他机械行业中称为总成或系统。

机械功能部件、总成或系统自身具有某种特定功能,如机床设备的主轴、十字滑台、直线导轨、联轴器、液压系统、气动系统、润滑系统、冷却系统、排屑器、防护罩等都有其相应的功能。

如果大型机械设备缺少任何一个组成部分,或者任何一个功能部件、零配件、组件、构件精度不够、尺寸超差、性能指标达不到设计要求,那么,这个大型机械设备就无法正常完成作业。单就精度这方面来讲,不仅零配件要达到加工精度要求,在零配件基础上装配而成的组件、构件、部件也需要满足装配精度要求。因此,为了满足使用要求,必须经常对机械功能部件进行精度检测、功能检查。

二、机械功能部件相关精度检测

1. 主轴

（1）主轴的轴向窜动检测

1）检测技术要求。主轴的轴向窜动 ≤ 0.008 mm。

2）检测的实施（见图 1-3-1）

①检验时，使千分表测头（也可以使用其他测量仪器）触及主轴端面，先用铜棒或橡皮锤按 F_0 方向震击主轴，待指针停止晃动后将千分表归零。

②然后按 F 方向震击主轴，待指针停止晃动后进行读数，读数值即为轴向窜动。

（2）主轴端部卡盘定位锥面的径向跳动检测

1）检测技术要求。主轴端部卡盘定位锥面的径向跳动 ≤ 0.008 mm。

2）检测的实施。如图 1-3-2 所示，检测时以千分表最大读数与最小读数的差值为准。

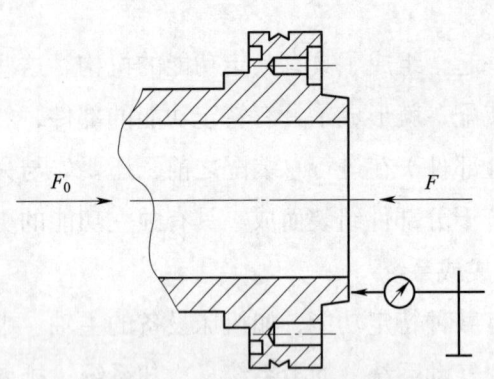
图 1-3-1 主轴的轴向窜动检测

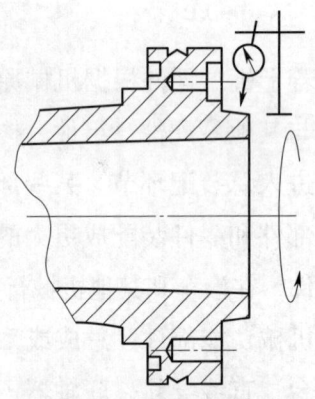
图 1-3-2 主轴端部卡盘定位锥面的径向跳动检测

（3）主轴锥孔的径向跳动检测

1）检测技术要求。主轴锥孔的径向跳动 ≤ 0.008 mm。

2）检测的实施。如图 1-3-3 所示，检测时以千分表最大读数与最小读数的差值为准。

（4）主轴卡盘定位端面的跳动检测

1）检测技术要求。主轴卡盘定位端面的跳动 ≤ 0.016 mm。

2）检测的实施。如图 1-3-4 所示，检测时以千分表最大读数与最小读数的差值为准。

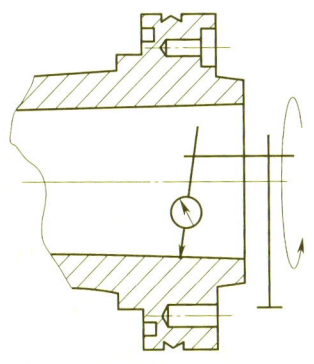

图 1-3-3 主轴锥孔的径向跳动检测

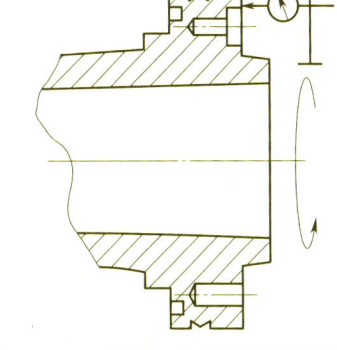

图 1-3-4 主轴卡盘定位端面的跳动检测

（5）主轴顶尖的跳动检测

1）检测技术要求。主轴顶尖的跳动 ≤ 0.012 mm。

2）检测的实施。如图 1-3-5 所示，检测时以千分表最大读数与最小读数的差值为准。

（6）主轴锥孔轴线的径向跳动检测

1）检测技术要求。如图 1-3-6 所示，a（靠近主轴端部）≤ 0.008 mm，b（距主轴端部 300 mm 处）≤ 0.016 mm。

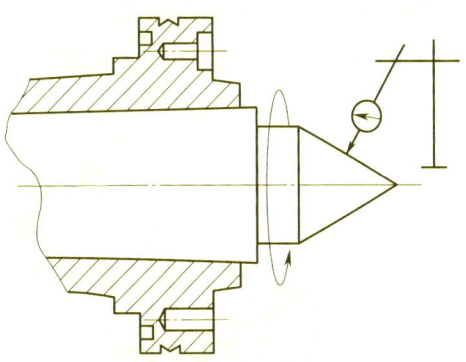

图 1-3-5 主轴顶尖的跳动检测

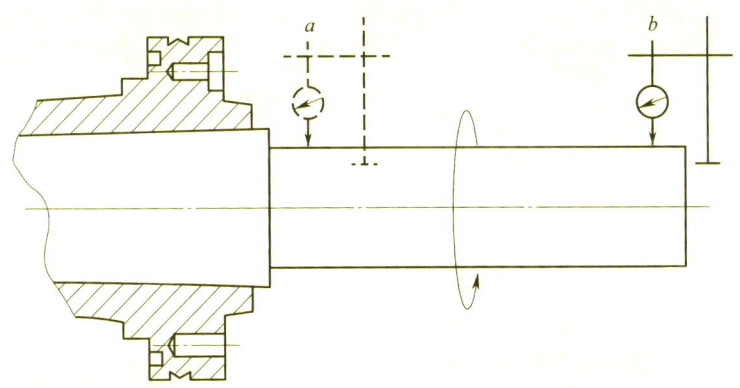

图 1-3-6 主轴锥孔轴线的径向跳动检测

2）检测的实施

①检测时缓慢地旋转主轴，在每个位置（a、b 点）至少转动两圈进行检测，记录检测值。

②拔出检验棒，使检验棒相对主轴沿某一方向旋转90°，插入检验棒重复上述步骤。

③每转90°检测一次，每圈至少重复检测四次，检测结果的平均值即为主轴锥孔轴线的径向跳动。

2. 十字滑台

（1）十字滑台的装配精度要求。在对十字滑台进行装配时，首先要能读懂十字滑台装配图（见图1-3-7，这里以某种数控铣床的十字滑台为例）。装配图能清楚地表达零件之间的装配关系、机构的运动原理及功能。操作人员应读懂相关技术要求，确定安装基准面，熟悉基本零件结构和装配、调整方法。十字滑台的精度要求包括以下几个方面：导轨与基准面的平行度要求、导轨之间的平行度要求、滚珠丝杠副轴线的对称度要求、滚珠丝杠副两端的等高度要求、滚珠丝杠副侧母线与导轨的平行度要求、上下导轨的垂直度要求。

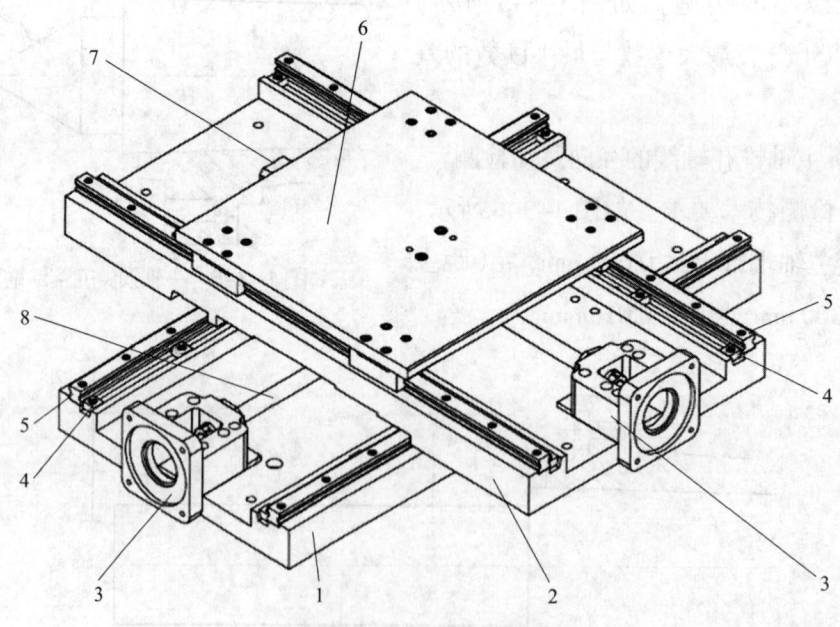

图1-3-7 十字滑台装配图

1—Z向底座 2—X向底座 3—X向电动机座 4—斜压块
5—线性导轨 6—X向滑台 7—X向轴承座 8—Z向丝杠

（2）十字滑台的装配精度测量与调整方法

1）导轨与基准面的平行度测量与调整方法

①导轨侧母线与基准面的平行度测量与调整方法。如图1-3-8所示，先以底板的侧面（磨削面）为基准面，按照导轨到基准面的距离要求，用深度游标

卡尺测量导轨与基准面的距离，使导轨各点到基准面的距离基本一致。然后用百分表进行精调，将百分表的磁力表座吸在直线导轨的滑块上，使百分表的测头接触基准面，沿直线导轨滑动滑块，用橡胶锤敲击导轨进行调整，使导轨与基准面之间的平行度符合要求。调整之后将导轨固定在底板上，并压紧导轨定位装置。

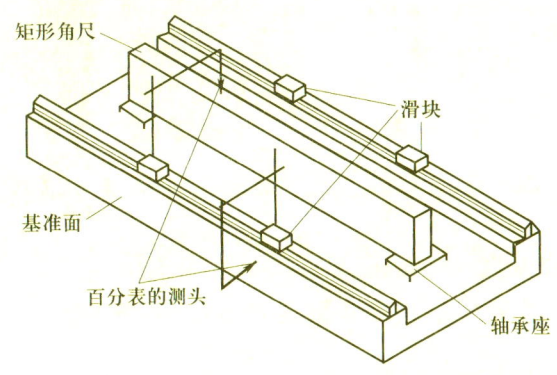

图1-3-8　十字滑台导轨与基准面的平行度测量示意图

②导轨上母线与基准面的平行度测量与调整方法。如图1-3-8所示，将矩形角尺放在两轴承座磨削面上，将百分表的磁力表座吸在直线导轨的滑块上，使百分表的测头接触矩形角尺的上表面，沿直线导轨滑动滑块，通过调整固定螺栓，使导轨上母线与基准面之间的平行度符合要求。

以上两步完成后，后续的装配工作均以该导轨为安装基准，即该导轨为基准导轨。

2）导轨之间的平行度测量与调整方法。安装完基准导轨后安装第二条导轨，先用游标卡尺测量两导轨之间的距离，将两导轨对应各点的距离调整至基本一致；再以基准导轨为基准，将杠杆式百分表基座吸在基准导轨的滑块上，如图1-3-9所示，使百分表的测头接触另一根导轨的侧面，沿基准导轨滑动滑块，通过松、紧导轨固定螺栓和用橡胶锤敲击，对导轨进行调整，使导轨之间的平行度符合要求。调整之后将导轨固定在底板上，并压紧导轨定位装置。

3）滚珠丝杠副轴线的对称度测量与调整方法。如图1-3-10所示，将两个量块分别贴紧滚珠丝杠副的两个侧面，用深度千分尺测量左、右两导轨上沿与量块之间的距离，确定滚珠丝杠副轴线的对称度误差。分析误差值，用橡胶锤敲击轴承座，调整轴承座的安装位置，使滚珠丝杠副轴线的对称度符合要求。

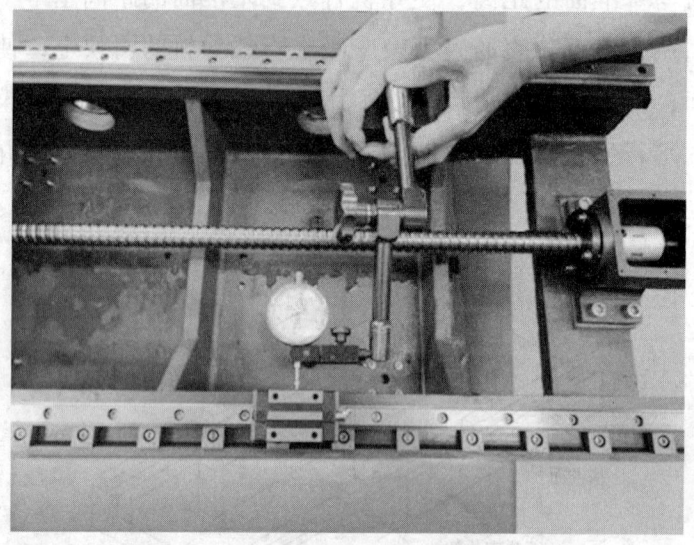

图 1-3-9 十字滑台导轨之间的平行度测量

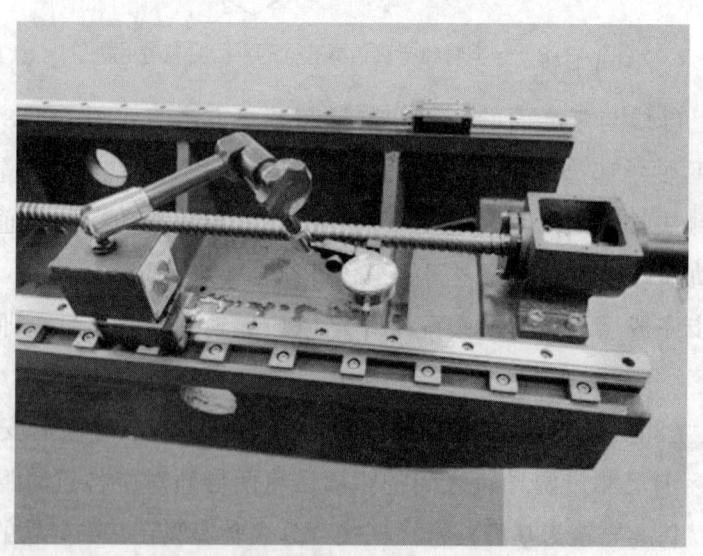

图 1-3-10 十字滑台滚珠丝杠副轴线的对称度测量

4)滚珠丝杠副两端的等高度测量与调整方法。如图 1-3-11 所示,分别将丝杠螺母移动到丝杠两端,将杠杆式百分表的磁力表座吸在直线导轨的滑块上,在百分表上加转接头并使其接触滚珠丝杠副的上母线,测量两轴承座中心高度的差值。分析差值,在轴承座下加入相应的调整垫片,将两轴承座的中心高度调整到要求的范围内。

5)滚珠丝杠副侧母线与导轨的平行度测量与调整方法。分别将丝杠螺母移动到丝杠两端,将杠杆式百分表的磁力表座吸在直线导轨的滑块上,在百分表上加转接头并使其接触滚珠丝杠副的侧母线,测量滚珠丝杠副侧母线与导轨的平行度误差值。分析误差值,用橡胶锤调整轴承座的安装位置,使滚珠丝杠副侧母线与导轨的平行度符合要求。

6)上下导轨的垂直度测量与调整方法。如图 1-3-12 所示,将杠杆式百分表的磁力表座吸在上导轨滑块上,将角尺短边贴紧下导轨底板侧面(磨削面),然后使百分表的测头接触角尺长边,沿直线导轨滑动滑块,通过调整楔铁(用来调整导轨与滑块的间隙),使上下导轨垂直度符合要求。

图 1-3-11　十字滑台滚珠丝杠副等高度和侧母线与导轨平行度的测量

图 1-3-12　十字滑台上下导轨的垂直度测量

7)十字滑台精度检验的标准。在生产中进行数控机床十字滑台部件的精度检验时,一般参考《数控车床和车削中心检验条件　第 1 部分:卧式机床几何精度检验》(GB/T 16462.1—2007)等的相关要求。

3. 直线导轨

直线导轨是数控机床用来确定各主要部件相对位置的基准,数控机床上的运动部件也是通过直线导轨进行导向的。直线导轨的运动轨迹一旦产生误差,将会改变数控机床中各主要部件的相对位置,破坏运动部件相对运动的准确性,最终影响被加工零件的加工精度。因此,直线导轨的几何精度是保证数控机床加工精度的一项重要指标。直线导轨副结构示意图如图 1-3-13 所示。

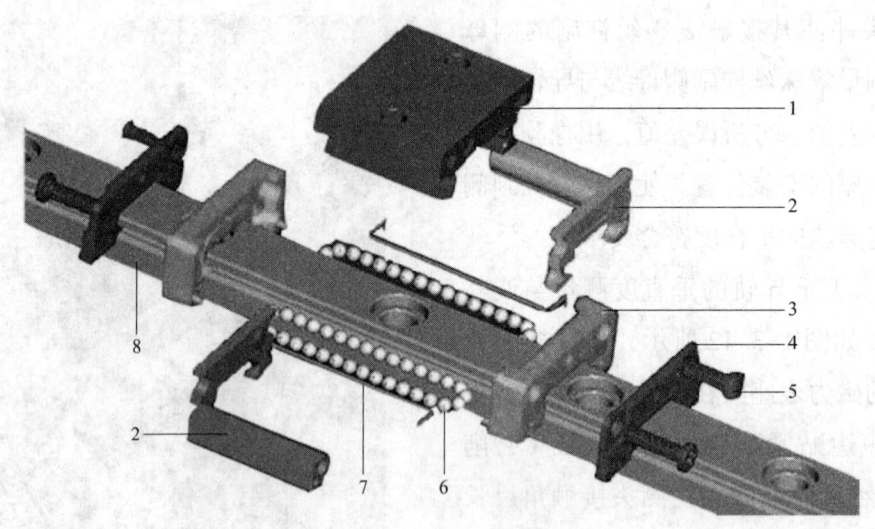

图 1-3-13　直线导轨副结构示意图
1—滑块　2—反向器　3—端盖　4—端面密封板　5—螺钉　6—滚珠　7—滚珠保持器　8—导轨

直线导轨的精度可分为行走平行度、高度的成对相互差（M）和宽度的成对相互差（W_2），如图 1-3-14 所示。行走平行度是指将直线导轨用螺栓固定在基准面上，当滑块在导轨的全长上运动时，滑块与导轨基准面之间的平行度误差。高度的成对相互差是指组合在同一平面上的各滑块高度最大值与最小值的差值。宽度的成对相

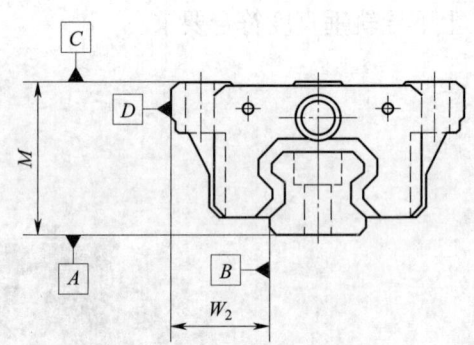

图 1-3-14　直线导轨的精度标准

互差是指装在单支导轨上的各滑块与导轨基准面之间宽度最大值与最小值的差值。

直线导轨的精度是根据几个指标来评价的，包括高度的允许误差和成对相互差、宽度的允许误差和成对相互差、滑块上表面对导轨下表面的行走平行度误差、滑块侧表面对导轨侧表面的行走平行度误差、导轨直线度误差。

直线导轨的精度等级分为普通级（N）、高级（H）、精密级（P）、超精密级（SP）和超超精密级（UP）。如图 1-3-15 所示，根据直线导轨长度与行走平行度的关系可以确定直线导轨的精度等级。

4. 联轴器

（1）不同联轴器的精度检测

1）刚性联轴器（见图 1-3-16）

①清洗并检查每个零件，应无裂纹、变形等情况。

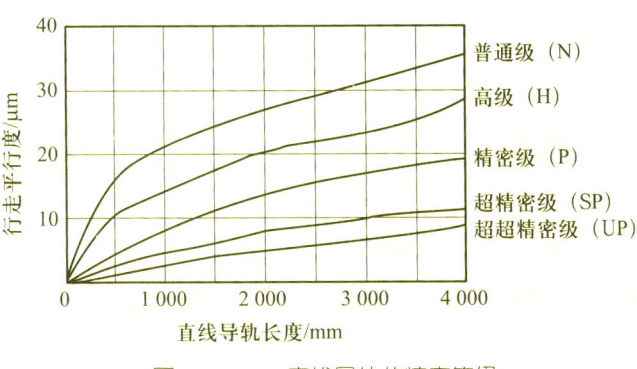

图 1-3-15 直线导轨的精度等级

图 1-3-16 刚性联轴器

②清洗并检查两个半联轴器表面,应无裂纹、磨损等情况,且与中间隔套的配合面应光滑、无毛刺。

③两个半联轴器同轴度偏差应小于 0.003 mm。

2)齿形联轴器(见图 1-3-17)

①WRY 型热油泵上的刚性联轴器一般用在功率较小的离心泵上,检验时首先拆下连接螺栓和橡胶弹性圈,温度不高时两个半联轴器平面间隙宜为 2.2~4.2 mm,温度较高时该间隙应比轴向窜动量大 1.55~2.05 mm。

②联轴器外齿圈的全圆跳动不大于 0.03 mm,端面圆跳动不大于 0.02 mm。

③齿形联轴器挠性较好,有自动对中功能。外齿圈与轴的过盈量一般为 0.01~0.03 mm。在回装时,应将外齿圈加热到 200 ℃左右再装到轴上。

3)膜片式弹性联轴器(见图 1-3-18)

①用扭力扳手均匀地拧紧螺栓。

②回装中间接筒或其他部件时,应按原有标记和数据装配。

图 1-3-17 齿形联轴器

图 1-3-18 膜片式弹性联轴器

③检查联轴器齿面的啮合情况,啮合部分在齿高方向上不小于50%、在齿宽方向上不小于70%,齿面应无点蚀、磨损、裂纹等情况。拆装时一定要用专用工具,保持联轴器齿面光洁,不应将其碰伤、划伤。

④若必须拆下齿圈,必须用专用工具,不可敲打齿圈,以避免轴弯曲或损伤。

⑤找正要求如下:轴向 ±0.03 mm,径向 ±0.05 mm。

⑥清洗并检查螺栓,其表面应无裂纹、磨损、变形等情况。联轴器橡胶弹性圈直径应比穿孔直径小 0.15~0.35 mm。

(2)联轴器检验的依据。参考供应商选型(技术)样本、《梅花形弹性联轴器》(GB/T 5272—2017)、《凸缘联轴器》(GB/T 5843—2003)、《联轴器轴孔和联结型式与尺寸》(GB/T 3852—2017)、《形状和位置公差 未注公差值》(GB/T 1184—1996)、《弹性柱销齿式联轴器》(GB/T 5015—2017)等。

三、机械功能部件相关功能检查

1. 液压系统

液压系统按功能可分为液压传动系统和液压控制系统。液压传动系统的主要功能是传递动力和运动,液压控制系统的主要功能是使液压系统的输出满足特定性能的要求(特别是动态性能)。通常所说的液压系统主要指液压传动系统。

液压系统功能检查在数控机床等工业产品中应用很广,如组装成一个台体的液压系统总成在组装完毕、出厂前应进行总体试验。如果一套液压系统分装成两个及以上台体,那么除了合同或技术协议书特殊许可的情况以外,其余情况都应在各部分台架组装在一起后进行总体调试。对于调试时所用的测试仪表,除原装在被试液压系统原位置的仪表外,其他要连接的测试仪表都应达到ISO(国际标准化组织)的C级精度要求,并有经计量单位鉴定、在使用期限内的证书。调试所用介质的清洁度不应低于被测试液压系统产品应用介质的清洁度。

液压系统的总体试验主要包括静密封试验、耐压试验、液压油检测、功能试验等。

(1)静密封试验。在进行静密封试验之前,应把被试系统可能渗漏的部位擦干净,因为个别部位未擦干净在运转后可能产生"假渗漏现象"。试验时用干净的吸水纸压贴在静密封处,试验结束后取下,若吸水纸有油迹则说明存在渗油的情况。

（2）耐压试验。对于压力油管道来说，耐压试验压力应按工作压力（P_s）确定，参考表 1-3-1。

表 1-3-1　压力油管道耐压试验压力与工作压力的关系

工作压力	$P_s \leq 16$ MPa	16 MPa$<P_s<$25 MPa	25 MPa$\leq P_s<$31.5 MPa
耐压试验压力	$1.5P_s$	$1.25P_s$	$1.15P_s$

对于回油管道、泄漏管道来说，耐压试验压力为 1.5 MPa。如果回油管道、泄漏管道中某个元件的工作压力（或调定压力）小于 1.5 MPa，则在进行耐压试验前应临时拆去或隔离此元件（用通路块代替或用隔离块隔离）。

注意，耐压试验压力应逐级升高，每升高一级应稳压两三分钟，在达到耐压试验压力后保压 10 min，若不发生泄漏及其他异常现象，则说明压力油管道符合要求。

（3）液压油检测

1）液压油清洁度取样检测

①伺服阀系统。按 NAS1638 标准，伺服阀系统液压油清洁度取样检测要求见表 1-3-2。

表 1-3-2　伺服阀系统液压油清洁度取样检测要求

工作压力	$P_s<20$ MPa	20 MPa$\leq P_s<$30 MPa	$P_s \geq 30$ MPa
液压油清洁度	不超过 7 级	不超过 6 级	不超过 5 级

②比例阀系统。按 NAS1638 标准，比例阀系统液压油清洁度取样检测要求见表 1-3-3。

表 1-3-3　比例阀系统液压油清洁度取样检测要求

工作压力	$P_s<25$ MPa	$P_s \geq 25$ MPa
液压油清洁度	不超过 9 级	不超过 8 级

③一般液压系统。按 NAS1638 标准，一般液压系统液压油清洁度取样检测要求见表 1-3-4。

表 1-3-4　一般液压系统液压油清洁度取样检测要求

工作压力	$P_s<10$ MPa	$P_s \geq 10$ MPa
液压油清洁度	不超过 11 级	不超过 10 级

④大中型滑动轴承供油系统。按 NAS1638 标准，大中型滑动轴承供油系统液压油清洁度应不超过 9 级。

2）液压油油质检测。液压油油质检测相关要求见表 1-3-5。

表 1-3-5 液压油油质检测相关要求

项目	运动黏度变化（40℃）	酸值变化	含水率	铜板腐蚀程度（100℃，3 h）
液压油油质要求	在 ±10% 以内（单位为 mm²/s）	在 ±0.5 mgKOH/g 以内	不大于 0.1%	大于 2C 级

（4）功能试验

1）液压缸、液压马达和液压泵的功能试验。总体要求是启动平稳，无异响和发热情况。

①进行液压缸及其配合阀的功能试验，检测液压缸的工作行程、工作速度、活塞动作稳定性、到位精度和输出力是否符合要求。在进行液压系统耐压试验和功能试验的过程中，液压缸的静密封处不应渗漏，动密封处的渗漏应符合出厂要求。

②进行液压马达及其配合阀的功能试验，检测液压马达的启动特性、转速范围、运转稳定性、定位精度和输出转矩是否符合要求。

③每台液压泵应分别达到各自的最高工作压力，且在最大工作排量和额定工作转速下运转累计 1 h。当输出功率超过 30 kW 时，液压泵的跑合试验时间可减少到 0.5 h。

2）变量机构调节功能试验。将装配、冲洗完的阀块装到阀块试验台上或与本液压系统泵站进行连接，对阀块的每个回路、每个液压阀分别进行功能试验。

①试验时，将暂不进行试验的回路用盲板堵住。

②将试验回路的 P、T、A、B、X、Y 口与试验台相连，一般情况下可接溢流阀加载；如果回路中有减压阀，则可用调速阀、节流阀或溢流阀加载；如果回路中有伺服阀、比例阀、调速阀，则可接油缸或其他执行元件。

③依次序将 P 口压力调至试验回路的工作压力，试验各回路的动作功能，要求各回路的动作准确、可靠。对于减压阀来说，在负载变化的情况下，其超调量应符合产品说明书的规定。在额定负载下，调节调速阀、节流阀、比例阀、伺服阀时，输出流量应有明显的变化。

④操作各阀，检查回路功能。应在系统要求的调定值范围内对各阀进行3次试验，其功能应无误。如果发现某阀有一次失误，则必须在修复或更换元件后，对各阀重新进行6次试验，回路功能应无误。

⑤进行比例阀、同步阀、伺服阀的功能试验时，应将液压系统接至工作油缸（或液压马达），且应符合合同或技术协议确定的动静态特性要求。如果进行出厂试验时无工作油缸，可以用其他试验油缸进行模拟试验，但测定的动静态特性数据仅供参考，不能作为评定依据。

⑥功能试验结束后，若暂不与其液压系统连接、装配，阀块上各开口应用塑料防尘盖密封。

3）油箱液位自动控制、报警和显示功能试验。调定各控制点，对各控制点至少进行3次试验，信号的发出和动作的控制应正确无误。如果有一次试验结果不符合要求，则必须在修复或更换元件后，对各控制点重新进行6次试验，各项功能应无误。

4）蓄能器的功能试验

①进行蓄能器的充气功能试验时，蓄能器应能顺利充到额定工作压力，且保持压力稳定。

②进行蓄能器出口安全阀组的功能试验时，手动阀应能顺利开闭，安全阀动作应正确，且无渗漏点。

2. 气动系统

气动系统的检查主要包括气动管路的点检、气动元件的定检和点检。

（1）气动管路的点检。气动管路的点检主要是指对冷凝水和润滑油进行管理。冷凝水的排放一般在气动装置运行之前进行，但当夜间温度低于0 ℃时，为了防止冷凝水冻结，在气动装置运行结束后，应开启放水阀门排放冷凝水。补充润滑油时，要检查油雾器中油的质量和滴油量是否符合要求。此外，点检内容还包括检查供气压力是否正常、检查有无漏气现象等。

（2）气动元件的定检和点检

1）气动元件的定检。定期处理系统的漏气现象，如更换密封元件，处理松动的管接头或连接螺钉等；定期检验测量仪表、安全阀、压力继电器等。

2）气动元件的点检

①汽缸的检查。检查活塞杆与端面之间是否漏气，活塞杆是否划伤、变形，管接头、配管是否划伤、损坏，汽缸动作时有无异响，缓冲效果是否符合要求。

②电磁阀的检查。检查电磁阀外壳温度是否过高；在电磁阀动作时，检查其工作状态是否正常；当汽缸一个行程快结束时，通过检查阀排气口是否漏气来判断电磁阀是否漏气；检查紧固螺栓及管接头是否松动；检查电压是否正常，电线是否损坏；通过检查排气口有无油渍，或排气时是否会在白纸上留下油污斑点来判断润滑是否正常。

③油雾器的检查。检查油杯内油量是否充足，润滑油是否变色、浑浊，油杯底部有无灰尘和水沉积，滴油量是否合适。

④调压阀的检查。检查压力表读数是否在规定范围内，调压阀盖或锁紧螺母是否锁紧，有无漏气情况。

⑤过滤器的检查。检查储水杯中是否积存冷凝水，滤芯是否应该清洗或更换，冷凝水排放阀动作是否可靠。

⑥安全阀及压力继电器的检查。在调定压力下检查动作是否可靠；在校验合格后，检查是否有铅封或锁紧是否可靠；检查电线是否损坏，绝缘是否可靠。

3. 润滑系统

通常采用眼观、耳听、手摸等简单方法对润滑系统进行外观检查，既要检查设备局部也要检查设备整体。当在检查中发现异常情况时，对于妨碍润滑设备继续工作的应做应急处理，对于其他异常情况则应仔细观察并记录，待定期维护时予以解决。通常在启动前后、运行中和停机时对润滑设备进行检查，以便及时发现问题。

（1）启动前的检查

1）根据油位指示计检查油量。从加油口处观察，检查油位指示计的指示是否有误。油位应保持在标准线上限附近。

2）检查油箱油温。如果采用 N150 润滑油或品质相当的其他润滑油，油温应在 10 ℃以下，且润滑设备启动后要空载运转 20 min 以上。注意，0 ℃以下运转是有危险的。

3）检查管路温度。当油箱油温较高时，管路温度仍要接近室温，所以在冬季室温较低时，要密切关注泵的启动情况。

4）检查压力表。停机时，观察压力表的指针是否在 0 MPa 处，检查压力表是否失常。

5）检查溢流阀的调定压力。当溢流阀的调定压力在 0 MPa 时，启动后泵的负载很小，处于卸载状态。因此，对于小型润滑设备来说，在启动前要注意溢流阀的调定压力。

（2）启动后的检查

1）在点动时，从泵的声音变化和压力表的压力变化来判断泵的流量是否正常。注意，泵在无流量状态下运转 1 min 以上就有"咬死"的危险。

2）操作溢流阀，使压力升降几次，证明动作可靠、压力可调，然后调至所需的压力。

同时，检查泵的噪声是否随压力变化而变化。如果高压时噪声较大，则应检查吸入滤网、截止阀等处的阻力。

3）检查吸油滤网在泵启动后有无堵塞情况，可以根据泵的噪声来判断。

4）根据滤油器指示表了解其阻力或堵塞情况，在泵启动通油时检查最有效，同时观察指示表的动作情况。

（3）运行中和停机时的检查

1）目测检查油箱内油液中气泡、变色（白浊、变黑）等情况。如果发现油面上气泡较多或出现白浊的情况，必须分析其原因。

2）用温度计测定油温或用手摸油箱侧面，确定油温是否正常（应在 60 ℃以下）。

3）打开压力表开关，检查高压下压力表指针的摆动情况，摆动幅度大或摆动缓慢皆为异常情况。正常状态的指针摆动幅度应在 0.3 MPa 以内。

4）检查泵的情况，若噪声大、指针摆动幅度大、油温过高，则可能是泵有磨损。

5）检查油箱侧面、油位指示针、侧盖等处是否漏油。

6）检查泵轴、各连接处有无漏油情况。注意，高温、高压时最容易漏油。

7）检查阀的噪声和振动情况。

8）观察管路各处（如法兰、接头、卡套等）及阀有无漏油情况，可用手触摸检查，应保持管路清洁以便于观察。

9）检查管路的振动情况，检查安装螺栓是否松动。

4. 冷却系统

机械设备的冷却系统有不同的含义和形式，如发动机有冷却系统、高档数控机床有恒温功能的空调冷却系统等。这里所说的冷却系统是指切削加工刀具的冷却系统，如图 1-3-19 所示。

数控机床在进行切削作业时，刀具需要冷却，因此数控机床配备了刀具冷却系统。刀具冷却系统由切削液存储箱、冷却泵、过滤器、电磁阀、管路等构成。有些数控机床还配备了压缩空气冷却系统，各种冷却系统适用于不同的刀具、材料和加工需求。从电气控制角度来讲，刀具的冷却控制非常简单，只需要控制冷却泵的启动和停止即可。下面主要说明在完成刀具冷却系统控制功能的基础上如何进行故障诊断。

图 1-3-19　切削加工刀具的冷却系统

数控机床的诊断方案是设计出来的，通过它可以立即确定故障的原因和位置。当操作人员手动或程序自动发出冷却命令后，若发现切削液并没有喷出，则应检查 PLC 的数字输出是否为高电平，冷却继电器是否吸合，接触器是否吸合，切削液存储箱中有无足量的切削液，冷却管路是否堵塞。

5. 排屑器

数控机床排屑器如图 1-3-20 所示，它凭借自身优异的性能和独特的工作方式在许多领域都有着广泛的应用。为了确保安全，在操作排屑器的过程中要注意检查以下内容。

（1）在通电以前应先对减速器润滑油的余量进行检查，检查油位是否低于标准线，按需补充相应的润滑油。

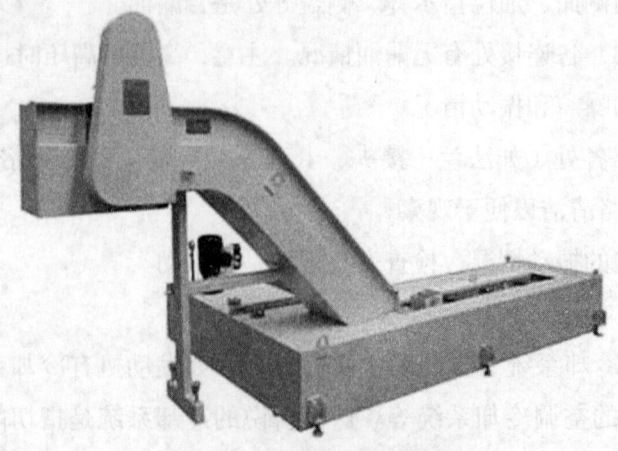

图 1-3-20　数控机床排屑器

（2）在排屑器的发动机启动之后，要检查链轮的旋转方向与排屑机上标出的箭头方向是否一致，若不一致应立即修正。

（3）在排屑器启动后，如果机器内的摩擦片有打滑现象，则应停止排屑器的运行。检查链带中有无异物卡住，若有异物卡住，应在排除异物后才可重新启动排屑器。若排屑器仍不能正常运行，则应检查摩擦片压紧力是否符合要求，以及碟形弹簧的压缩量是否在规定数值范围内。碟形弹簧的自由高度为 8.5 mm，其压缩量应为 2.6~3 mm。如果碟形弹簧的压缩量不足，可以调节 3 颗 M8 压紧螺钉。如果在调节 M8 压紧螺钉后依然存在摩擦片打滑的现象，则应对排屑器进行全面的检查。

 **相关链接**

> 排屑器链轮上装有过载保护离合器，如果在排屑过程中出现过载现象，那么，过载保护离合器就会动作，保护排屑器不会因过载而损坏。排屑器及其过载保护离合器在出厂调试时已经做好了调整。

6. 防护罩

数控机床防护罩的骨架根据材质可分为钢骨架、木骨架、PVC（聚氯乙烯）骨架等，其内部结构有型槽、滚轮、尼龙滑片、滑块、拉筋、拉簧、尼龙轴等。数控机床防护罩的制作工序是裁料、定格、热合（黏合）、定型和测试。

一种盔甲式防护罩（见图 1-3-21）能经受撞击和炽热碎片引起的 900 ℃高温，装配在每个折面上的不锈钢盔甲可以摆动也可以固定不动。当不锈钢盔甲能摆动时，在防护罩处于压缩状态下，不锈钢盔甲可以向外摆动 90°。盔甲式防护罩能可靠地保护设备，遮挡大量的灰尘、切屑等。

防护罩是用来保护数控机床运行的，其工作环境复杂、恶劣，在使用过程中容易出现各种问题，因此需要做好防护罩的检查工作。例如：每天都应检查防护罩的表面，清除切屑及其他杂物，防止杂物积存；每天都应检查防护罩运行轨道是否达到润滑要求，防止因润滑油不充足而受损；定期检查丝杠防护罩，防止灰尘和磨粒（它们会影响丝杠的使用寿命和工作精度，造成产品不合格）粘在丝杠表面，如果在检查过程中发现丝杠防护罩破损了，应及时进行维修，当破损较为严重时应及时更换。

图 1-3-21 盔甲式防护罩

培训单元2 机械功能部件装配记录单的填写

一、部装的检验

将合格的零件按工艺规程装配成组（部）件的工艺过程称为部装。部装检验的依据有各类标准、图样和工艺文件。为了检验方便，便于记录和存档，必须设计部装检验记录单。

1. 零件和装配场地的检验

在进行部装之前，要对零件的外观和装配场地进行检查，零件不合格不能装配，场地不符合要求不能装配。

（1）检查零件加工表面有无损伤、锈蚀、划痕；检查零件非加工表面的油漆膜有无划伤、破损，色泽是否符合要求。

（2）检查零件表面有无污垢，若有污垢应擦拭干净；检查零件是否发生过碰撞，有无划伤。

（3）检查零件的合格证、质量标志或证明文件，在确认其质量合格后才可进入装配线。

（4）将中小件转入装配场地时不得落地，要放在工位器具内；将大件吊进装配场地时要检查放置的地基是否符合要求，同时检查大件的质量问题处理记录。

（5）检查好重要焊接零件的 X 光透视质量记录单。

（6）检查装配场地是否恒温、恒湿，当温度和湿度未达到规定要求时不能装配。

（7）检查装配场地是否清洁，应无多余的工具和杂物，且要对装配场地进行定置管理。

2. 装配过程的检验

检验人员要按检验规定，巡回检查每个装配工位，检查操作人员是否遵守装配工艺规程，检查有无错装和漏装的零件。待装配完毕，还要按有关规定对产品进行全面的检查，并做完整的记录备查。

二、装配记录单的填写方法

1. 由装配人员填写的内容

由装配人员填写的内容有产品信息（如型号、机号等）、装配日期、装配人员、出口内销情况、标准以及装配间隙、检漏情况等。如果装配零件中有特殊零件或非标准件，也应记录下来。如果客户有特殊要求（如轴封、油杯、垫片等方面），在装配时应将特殊之处记录下来。如果有不合格零件或返工零件，应将零件名称、编号、状况（如砂眼、让步使用申请、补漏等）记录下来，以在跟踪和追溯时查看。如果装配零件有临时更换供应商、材质、尺寸等情况，也应记录下来。

2. 由检验人员填写的内容

检验人员应如实填写功能部件的型号、机号、检验日期、检验人员、测试情况、油漆情况、复检情况等内容。

三、装配记录单的填写注意事项

1. 任何异常状况都应完整、及时地记录在装配记录单上，不得有遗漏。

2. 待产品装配、检验完毕，应将装配记录单的装配记录部分撕下，送交质量部归档，而检验部分随功能部件交由使用方。

【综合实训】

直线导轨的检测

实训任务

1. 了解直线导轨的检测项目。
2. 掌握直线导轨行走平行度、组合高度、组合宽度的检测方法。

操作准备

1. 准备数控机床安装、调试、维修的常用工具、量具。
2. 检查各零部件有无碰伤或锈蚀,滑动、旋转部件是否顺畅,可用油石、汽油和抹布将各零部件的配合面清理干净。
3. 准备直线导轨与直线导轨精度标准。

操作步骤

步骤1 选定 A、B、C 基准（见图1-3-14）

（1）高度的成对相互差 M 检测以滑块上部基准面中心位置为准。

（2）宽度的成对相互差 W_2 检测以滑块侧边基准面中心位置为准。

（3）导轨珠道中心宽度的检测以导轨牙型中心宽度为准。

步骤2 检测准备

（1）清洁测量平台,如图1-3-22所示。

（2）将待检测导轨反面朝上摆放,清洁其底部基准面,如图1-3-23所示。

（3）将导轨摆正,先试锁固定螺钉,再依序以规定扭力锁紧固定螺钉,使导轨底部基准面平贴于测量平台上。

步骤3 行走平行度的检测

（1）C 对 A 行走平行度的检测

1）放好测定滑块,将磁力表座吸附在滑块上,再使千分表跨3倍导轨宽度的距离,然后进行测量,如图1-3-24所示。

图1-3-22 清洁测量平台

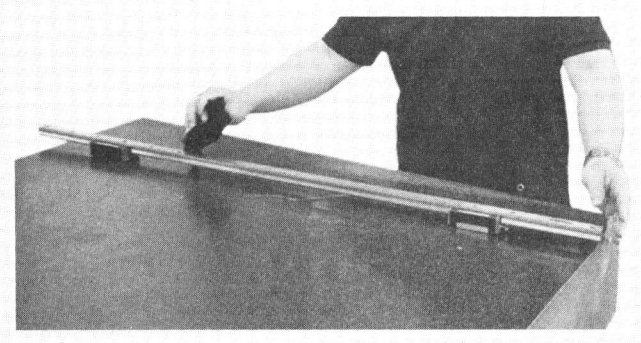

图1-3-23　清洁直线导轨的底部基准面

图1-3-24　C对A行走平行度的检测

2）移动测定滑块，记录千分表在整支导轨上行走时的测定值。

（2）D对B行走平行度的检测。放好测定滑块，将磁力表座吸附在滑块上，再将千分表测头与靠近滑块的导轨侧基准面接触，移动测定滑块，记录千分表在整支导轨上行走时的测定值，如图1-3-25所示。

图1-3-25　D对B行走平行度的检测

步骤4　高度的成对相互差M的测量

（1）将磁力表座吸附在移动座上，移动千分表使测头与标准高度块规接触，将千分表归零，再移出千分表，重复刚才的动作，确认千分表读数依然为零，如图1-3-26所示。

图1-3-26 高度的成对相互差 M 的检测步骤1

(2) 移动千分表使测头与滑块上部基准面中心接触，记录千分表的测定值，如图1-3-27所示。

(3) 检查同一平面上配对的导轨滑块顶面中心高度的 M 变动量。将直线导轨固定在测量平台上，在某导轨中间位置处测量各滑块顶面中心高度，以同样的方法测量配对的其他导轨各滑块顶面中心高度，误差以所有滑块顶面中心高度的 M 最大值计。

步骤5 宽度的成对相互差的检测

(1) 将标准宽度块规紧贴着导轨侧边基准面，移动千分表使测头与标准宽度块规接触，将千分表归零后，移开标准宽度块规，如图1-3-28所示。

图1-3-27 高度的成对相互差 M 的检测步骤2

图1-3-28 宽度的成对相互差 W_2 的检测步骤1

（2）移动测量滑块，使千分表测头与滑块侧边基准面中心接触，记录千分表的测定值，如图 1-3-29 所示。

图 1-3-29　宽度的成对相互差 W_2 的检测步骤 2

步骤 6　直线导轨的外观检查

直线导轨外观检查项目与标准要求见表 1-3-6。

表 1-3-6　直线导轨外观检查项目与标准要求

序号	检查项目	标准要求
1	核对样品	结构、颜色与样品核对一致
2	生锈	表面不能有生锈、发黑、变色的情况
3	毛刺、飞边	无影响装配及运行精度的毛刺、飞边
4	缺角、破损	不能有缺角、破损的现象
5	划伤	宽度在 0.1 mm 以下，长度在 5 mm 以下，且不超过 2 条，为合格；宽度大于 0.1 mm 或长度大于 5 mm，两条以上，为不合格
6	手感	用手推动直线导轨，手感良好，无卡顿等情况
7	弹簧	弹簧不允许与直线导轨本体脱落
8	变形	不允许有变形的现象
9	材质	用磁铁判定材质为不锈钢还是高碳钢，材质应与来料标准要求一致

联轴器的检测

实训任务
1. 了解联轴器的检测项目。
2. 掌握联轴器关键特性的检测方法。

操作准备
1. 准备数控机床安装、调试、维修的常用工具、量具等。
2. 检查各零部件有无碰伤或锈蚀，滑动、旋转部件是否顺畅，可用油石、汽油和抹布将各零部件的配合面清理干净。
3. 准备联轴器。

操作步骤

步骤1　资料审查

（1）检查供应商是否具备供货资质。

（2）检查物料标识是否清晰、准确、可追溯。

（3）查看供应商自带物料检验记录，检查记录内容是否清晰、真实。

（4）查看物料合格证，检查合格证是否可追溯。

步骤2　标准确认

（1）确认标准为最新版且受控。

（2）确认供应商样本（技术资料）由三方（供应商、软控质量方、软控设计方）认同或签字确认。

步骤3　抽样检查

按照国家标准《计数抽样检验程序　第1部分：按接收质量限（AQL）检索的逐批检验抽样计划》（GB/T 2828.1—2012）对来料进行抽样检查，检查联轴器的性能、尺寸和外观。

步骤4　包装箱外观、标识检查

（1）包装箱应结实、牢固，未受外力挤压变形，无破损、开钉现象。

（2）包装箱未淋雨，无进水现象，且具有防潮功能。

（3）包装箱标识上的物料名称、型号、供应商名称、生产日期清晰、准确。

步骤 5　开箱检查

检查物料外观，查看物料有无磕碰、进水等不良现象。

步骤 6　外观检查

以膜片式弹性联轴器为例，外观检查的主要内容如下。

（1）目测或对比原始合格样品，检查联轴器是否按要求进行了表面处理，颜色是否一致；目测检查联轴器是否圆润，有无划伤、变形、裂纹等情况，倒角位和螺钉孔位有无毛刺。

（2）目测或对比原始合格样品，检查膜片是否按要求进行了表面处理，颜色是否一致；目测检查膜片是否圆润，有无划伤、变形、裂纹等情况，倒角位和螺钉孔位有无毛刺。

（3）检查各螺钉是否进行了表面处理。

步骤 7　型式试验

根据计量、理化相关标准对联轴器的力学性能、材质进行检验。以金属弹性联轴器的材质检验为例，应对联轴器材质、膜片材质、内外部紧固螺钉材质进行检验，或对比原始合格样品。

步骤 8　数据类检验

（1）长度类尺寸检验。按照供应商提供的样本进行检验，长度类尺寸公差依据相关国家标准进行检验。例如，应对金属弹性联轴器的长度、外径以及主动轴孔径、从动轴孔径的尺寸进行检验（具体以图样为准）。

（2）同轴度等几何误差检验。在对主、从动轴孔同轴度等几何误差进行检验时，应依据相关国家标准。对于金属弹性联轴器来说，允许径向偏差≤0.04 mm；两节联轴器的允许角度偏差≤1.0°，三节联轴器的允许角度偏差≤1.5°；两节联轴器的允许轴向偏差在±0.2 mm以内，三节联轴器的允许轴向偏差在±0.4 mm以内。

（3）螺栓允许扭矩检验。根据不同的材质、长度与孔径尺寸，依据相关国家标准进行检验。

（4）材料硬度检验

1）对于金属材料，依据技术协议和物料说明中的要求进行检验。

2）对于非金属材料，依据相关国家标准进行检验。

（5）验检记录要求。按照"检验计划"，对每批次产品进行分层、随机抽样检测，同时按供应商的生产批次进行抽检。最终判定结果必须用"Y""N"进行记录。

1）对产品进行定性检验时，合格的记录"Y"，不合格的记录"N"，并对不合格项目的原因进行详细的记录。

2）对产品进行定量检验时，合格的记录"Y"且详细记录检验数据，不合格的记录"N"且对不合格项目的原因或检验数据进行详细的记录。

职业模块 ❷
数控机床机械功能部件调整与整机调整

职业模块 2　数控机床机械功能部件调整与整机调整

内容设置

培训项目	培训单元	培训内容
1. 机械功能部件调整与整机调整准备	机械功能部件装配工艺卡及装配检查记录卡的识读	1）机械功能部件装配工艺
		2）机械总成作业标准的识读
2. 机械功能部件调整与整机调整	（1）机械功能部件装配后的试车调整	1）数控机床功能部件空运转试验
		2）数控机床空运转时噪声和振动的相关知识
		3）液压系统振动、噪声和温升的相关知识
	（2）进行一种型号数控系统的操作	1）数控机床系统面板操作
		2）FANUC 0i-D 数控系统操作方法
		3）SINUMERIK 828D 数控系统操作方法
	（3）应用一种型号数控系统进行加工编程	1）数控机床基本功能
		2）数控机床编程及常用代码
		3）FANUC 0i-D 数控系统编程方法
		4）SINUMERIK 828D 数控系统编程方法
3. 机械功能部件调整与整机调整检查	（1）数控机床的水平检测与调整	1）数控机床水平精度及其标准
		2）数控机床水平检测
		3）数控机床水平调整
	（2）功能部件的几何精度和定位精度检测	1）与功能部件几何精度、定位精度有关的国家标准
		2）功能部件几何精度检测
		3）功能部件定位精度检测
	（3）按照相关标准进行精度检测及填写检测报告单	1）数控机床精度检测相关标准的解读
		2）数控机床精度检测
		3）检测报告单的填写原则

培训项目 1

机械功能部件调整与整机调整准备

培训单元 机械功能部件装配工艺卡及装配检查记录卡的识读

一、机械功能部件装配工艺

1. 装配图识读

表达整台机器或部件的工作原理、装配关系、连接方式及结构的图样称为装配图。装配图的主要内容包括一组视图、必要的尺寸、技术要求、标题栏、零件序号、明细栏等，如图2-1-1所示。

2. 装配工艺规程与装配作业流程

（1）装配工艺规程。装配工艺规程是以文件形式规定下来的，它是指导装配工作的技术文件，是制订装配生产计划、进行技术准备的主要依据，也是设计和改建装配车间的基本文件之一。

制定装配工艺规程应遵循以下原则：提高装配工作效率，缩短装配周期；合理安排装配工序，尽量减少操作人员的装配工作量；尽可能减少车间的作业面积，力争在单位面积上获得最大生产率；力求提高装配质量，以延长产品的使用寿命。

（2）装配作业流程。

1）机床装调人员的作业流程：部装—检测—调整—总装—检测—调整—试车—验收（对于大型精密数控机床来说，由制造方和客户双方共同完成；对于小型数控机床来说，客户不一定到现场）。

2）客户单位的安装与验收流程：开箱检查—安装—试车—验收。

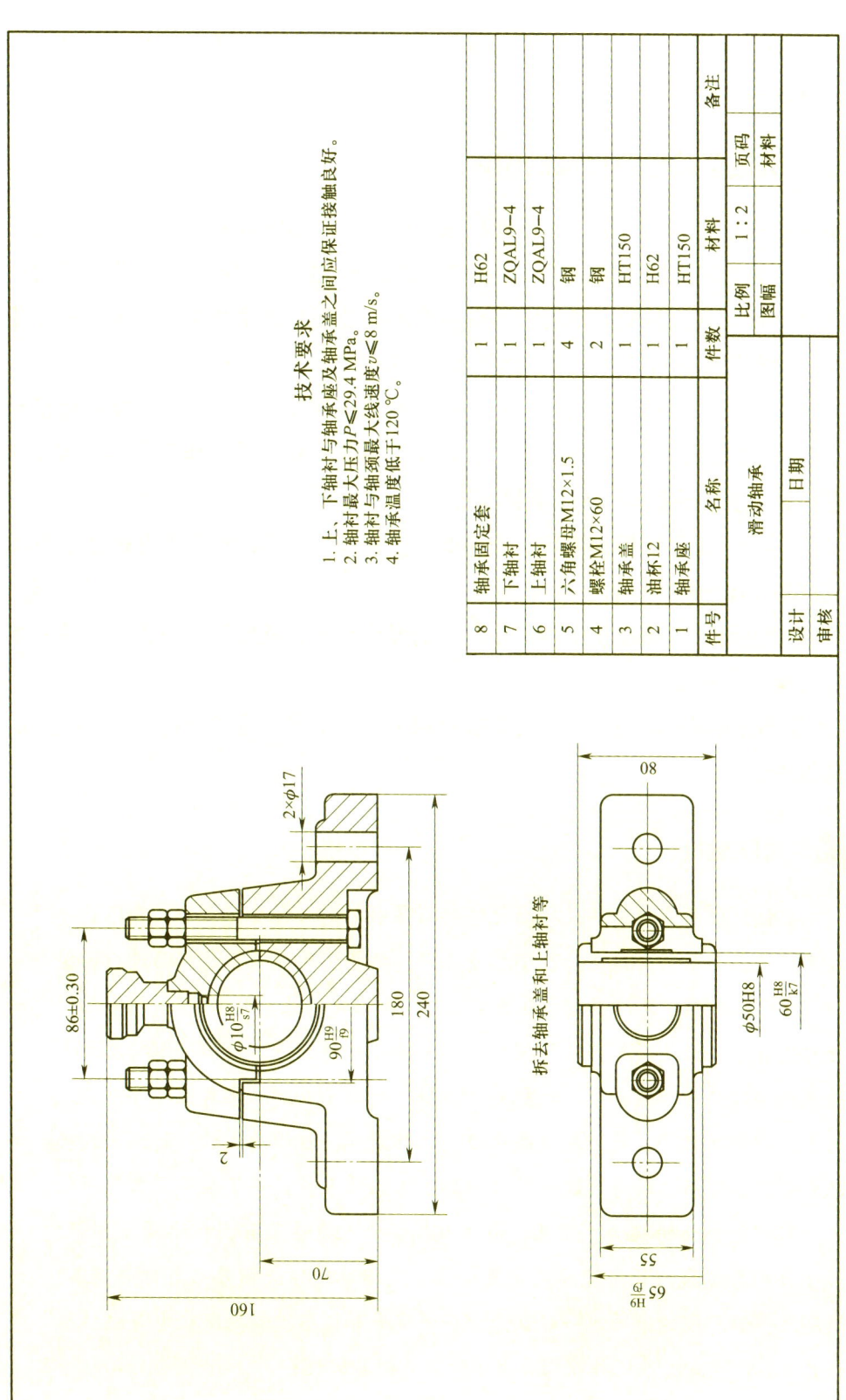

图 2-1-1 滑动轴承装配图

3）机床维修人员的作业流程：故障诊断—拆卸—更换—安装—检测—调整—试车—调整—检验合格。

二、机械总成作业标准的识读

机械总成是集合体，是由一系列机械零件或者产品组成的一个实现某特定功能的整体。要想识读好机械总成作业标准（或标准化作业指导书），首先要懂得如何选取基准件，其次是知道如何画出机械产品的装配总成系统图。机械总成作业标准（或标准化作业指导书）的识读要求具体如下。

1. 装配机械总成时，应选择相对应的机械总成作业标准（或标准化作业指导书）。因为一般装配线是同时适用几种产品的，错误的机械总成作业标准（或标准化作业指导书）会导致操作人员装错零部件。

2. 要熟悉各工序的操作内容、操作要点，保证装配动作规范，并能按照节拍时间完成各工序的操作内容。

3. 要能熟练、正确地使用各工序涉及的操作设备、检验设备或检具，并能填写相应的检验记录。

4. 当产品出现质量问题时，要能按照相关要求采取一定措施将产品进行标示和隔离处理。

 **相关链接**

> 机械总成作业标准（或标准化作业指导书）是一种动态文件，它不是一成不变的，而是随着试生产、小批量生产、批量生产的不同过程而进行调整的。对于批量生产的机械总成作业标准（或标准化作业指导书），虽然它已经相对完善了，但是操作人员的技能在不断地熟练过程中，他们可以将总结出的先进操作经验加入其中，让机械总成作业标准（或标准化作业指导书）成为更好的指导文件，更好地提高岗位的工作效率。机械总成作业标准（或标准化作业指导书）动态的这一特性实际上为操作人员提供了在平凡工作岗位上进行技能创新的机会。因此，应该鼓励操作人员在装配岗位上勇于创新，提出合理化建议，让机械总成作业标准（或标准化作业指导书）日趋完善，提高装配流水线的效率。一般认为，产量提升和设备更新的时机也是机械总成作业标准（或标准化作业指导书）的工艺创新时机。

培训项目 2 机械功能部件调整与整机调整

培训单元 1 机械功能部件装配后的试车调整

一、数控机床功能部件空运转试验

在数控机床及其功能部件完成了就位安装的相关验收工作后，就可以进行功能验收和调试，为后续几何精度和工作精度的验收和调试做准备。一般而言，只有完成了功能验收和空运转后，才能进行几何精度和工作精度的验收和调试工作。空运转试验是指在无负荷状态下运转数控机床或其功能部件，检验各机构的运转状态、温度变化、功率消耗情况，以及操纵机构动作的灵活性、平稳性、可靠性及安全性的试验。以下各项空运转试验彼此之间互相联系，常常需要反复调试。在调试过程中，要着重检查所有的安全保护装置，确保其动作正确、灵敏和可靠。在确认各功能部件在空载条件下运转一切正常后，才能进入负载调试阶段。

1. 主轴空运转试验

（1）将完成装配的主轴单元（已经做完动平衡试验）放到试验台上（可以同时进行多个主轴的检测），用传动带将主轴和电动机连接在一起，如图 2-2-1 所示。

（2）让主轴以中转速运行一段时间（不少于 30 min），待主轴温度稳定时（即热平衡时），进行主轴温升测试。在主轴转速达到 500 r/min 时开始检测，每隔 30 min 主轴转速提高 500~1 000 r/min，直至达到最高转速（在最高转速下，主轴运行时间不少于 60 min）。在不同转速下检测主轴的温升情况（要求主轴温升不超过 25 ℃），并填写温度检测记录单。

2. 卧式四工位刀架空运转试验

（1）将完成装配的卧式四工位刀架放置在试验台上，如图 2-2-2 所示。

图 2-2-1　主轴空运行试验

图 2-2-2　卧式四工位刀架空运转试验

（2）将卧式四工位刀架上的电动机配线与试验台的电源相连接。

（3）启动试验台侧面的电源开关，按下启动按键，开始进行卧式四工位刀架的空运转试验。

（4）让卧式四工位刀架自动运行不少于 20 min，观察其运转是否正常。

3. 卧式车床主轴箱空运转试验

在无负荷状态下启动卧式车床，使其从最低转速逐级运转到最高转速，在到达最高转速之前，每级转速的运转时间不少于 2 min。注意，在最高转速时应运转足够长的时间（不少于 60 min），使主轴轴承温度达到稳定状态（当温度上升幅度不超过每小时 5 ℃时，一般可认为已达到稳定状态）。在空运转试验过程中主要检查以下内容。

（1）检查主运动的正确性。在任何转速条件下，不应有明显的振动，各操纵机构应平稳、可靠地运行。

（2）检查润滑系统和液压系统，润滑系统和液压系统应正常、通畅、可靠，无渗漏现象。

（3）检查供油装置的工作情况和油面位置（即油量），油面位置不得低于油标线。

（4）检查各种变换手柄，各种变换手柄应操纵灵活、固定可靠。

（5）检查各轴承的温升情况。一般要求如下：主轴的滚动轴承温升不超过 40 ℃，主轴的滑动轴承温升不超过 30 ℃，其他机构的轴承温升不超过 20 ℃。注意，在进行空运转试验中，要避免因润滑不良而引起主轴振动及过热现象。

4. 液压系统空运转试验

液压系统的空运转试验是指在空载运转条件下，全面检查液压系统各元件、辅助装置和基本回路的动作是否正常，具体操作步骤如下。

（1）液压泵的启动。先点动控制液压泵电动机，查看液压泵的转向（一般从电动机后端看是顺时针转动），在没有发现异常情况后，才可以启动电动机使其连续运转。若液压系统有多个电动机，应分别单独试验，确定每个电动机都正常后才可以一起启动。

（2）压力阀的调整。从液压泵到执行元件，依次调整各压力阀及压力继电器。调整时运动部件应处于停止或低速运动状态，压力由低到高，边调整边观察压力表读数及油路工作情况。注意检查系统各管道连接处、液压元件接合面处是否漏油。

（3）液压缸的排气。按照数控机床使用要求操作相应的按钮、手柄，控制运动部件低速动作数次，然后将速度由低调到高，将行程由小调到大，使液压缸往复多次运动，以排除液压系统中积存的空气。当排气塞开始排气时，可看到排气塞喷出白浊的油液泡沫或听到"嘘"的排气声，当喷出的油液透明、无泡沫时，则说明空气已排尽。

（4）流量阀的调整。在液压缸排气时，流量阀已从小逐步开到最大，因此在调整运动部件速度时，应先使液压缸的运动速度达到最大，然后逐渐调小流量阀开关，观察液压系统能否平稳运行，再按工作要求的速度来调节流量阀。对于起缓冲作用或调节换向时间的节流阀，应先将其节流口调小，然后逐渐调大，直到满足要求为止，最后将锁紧螺母拧紧。

（5）行程控制元件位置的调整。一般液压系统中行程开关、行程阀的动作都是通过行程挡块来控制的，以使运动部件获得预定的运动要求。因此，行程挡块的位置应按要求事先调好，特别注意保证安全的限位行程挡块的位置。在液压系统空运转一段时间后，液压油会进入液压缸和管道内部，使油箱的油位下降，此时要及时检查油箱油位是否过低。

二、数控机床空运转时噪声和振动的相关知识

数控机床及其功能部件由许多零部件组成，有多个固定结合面和相对移动的

滑动面。数控机床零部件加工精度不良、回转体不平衡、运动部件运动、液压系统油液波动等都会引起噪声和振动。

1. 主轴的噪声测试

在无负荷状态下启动数控机床进行主轴的噪声测试，也应从最低转速逐级运转到最高转速，每级转速的运转时间应不少于 2 min。对于采用交换齿轮变速、带传动变速和无级变速的数控机床，可按序做低、中、高速运转。在最高转速时应运转足够的时间（不得少于 60 min）。

（1）测试前，数控机床应处于正常的工作状态，并根据配置情况装上随机夹持附件。

（2）在测试过程中，立式铣床的滑座、工作台等位于各行程的中间位置，且工作台上不放置任何物品；卧式车床床鞍、刀架等位于各行程的中间位置，且不做进给运动。

（3）测试时应有足够的空间，使测量面可以包围被测数控机床，并应减小数控机床噪声被周围物体反射的影响。注意，数控机床与墙壁、周围其他可反射噪声的障碍物之间的距离一般应大于 2 000 mm，测试现场环境背景噪声应不高于 60 dB（A）。

（4）测试仪器通常选用《电声学　声级计　第 1 部分：规范》（GB/T 3785.1—2010）规定的 2 型声级计，当然也可以选用与其准确度相当的其他仪器。

（5）声级计距地面高度一般为 1 550 mm，平面测试点（共 4 点）的位置如图 2-2-3 所示，每个测试点的观察时间不少于 30 s。

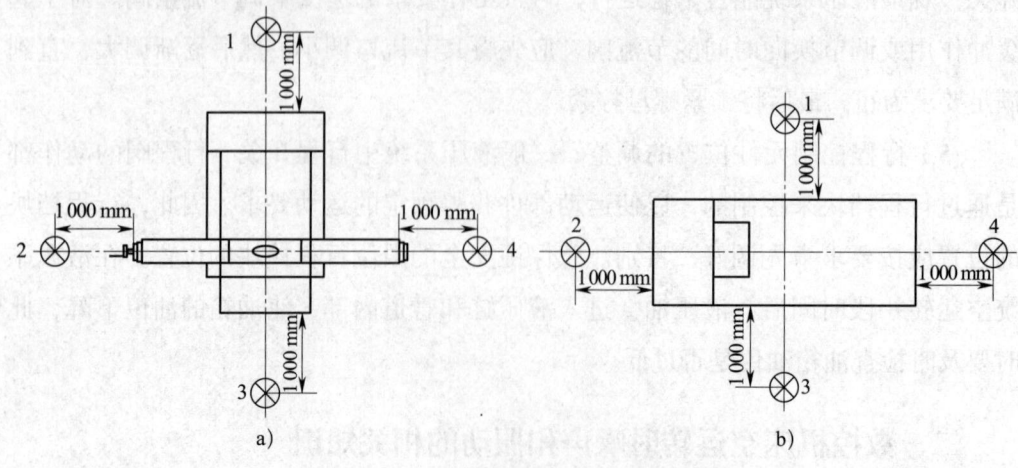

图 2-2-3　噪声平面测试点的位置示意图
a）立式升降台铣床　b）卧式车床

（6）测试时，主轴从低速到高速进行正、反转空运转。所测噪声应包括电动机、变压器、控制系统、液压系统、冷却系统等噪声源产生的噪声。

（7）数控机床运转时不应有异常声响。在空运转条件下，对于精度等级为Ⅲ级及以上的数控机床，噪声声压级应不超过 75 dB（A）；对于其他精度等级的数控机床，噪声声压级应不超过 85 dB（A）。

2. 主轴箱噪声及振动的控制

数控机床主轴箱的空运转噪声主要是传动系统产生的，包括齿轮精度超差引起的噪声、齿轮磕碰受损引起的噪声、传动结构不良引起的噪声、轴承选择不当引起的噪声等。数控机床主轴箱的振动主要是传动系统和箱体产生的振动。通过改善齿轮、轴承、箱体等零件的特性以及合理应用阻尼材料，可以控制主轴箱噪声及振动。

（1）齿轮的改善。齿轮是数控机床噪声的主要声源。齿轮长期运转会产生齿面磨损、咬伤、变形，啮合时出现齿侧间隙过大、啮合不良等现象，进而引发振动、冲击和噪声。

1）提高齿轮加工精度。提高齿轮加工精度主要是指减小齿形误差、齿向误差、基节误差。例如，减小齿形误差可以通过提高齿轮加工精度的方法来实现，但往往受工艺水平和成本限制，实际工作中常通过齿轮修缘来降低噪声。

2）合理选择齿轮的参数。在结构条件允许且满足强度、刚度、传动比要求的前提下，可以改进某些齿轮的参数，以达到有效降低噪声的目的。

3）合理确定齿轮的齿数。为了避免齿轮制造误差周期性影响齿轮传动而加剧振动，同时为了明显降低噪声，相互啮合的两个齿轮的齿数应互为质数（得到非整数传动比）。

4）合理选择齿轮的模数。当所传递功率较大时，宜选用较大模数的齿轮，以减小齿根的变形程度，降低噪声。当载荷不大时，应尽可能地选用较小模数的齿轮。

（2）轴承的改善。轴承噪声主要是由轴承的固有结构形式和制造缺陷引起的，可以采取以下措施降低噪声。

1）选用合适的轴承类型。在支承刚度允许的条件下，可以用球轴承代替圆锥滚子轴承。另外，由于滑动轴承摩擦面之间有承压油膜，运动更平稳且无噪声，因此应尽可能地用滑动轴承代替滚动轴承。

2）避免轴承超载。轴承负载过大会增大噪声，为了降低轴承噪声，必须避免轴承超载。

3）合理调整轴承的预紧力。对轴承施加预紧力时要严格按照相关要求操作。预紧力过大会使轴承磨损加剧,增大噪声;预紧力过小,则轴承承载时易产生振动,同样会增大噪声。

(3)箱体的改善。箱体是噪声的最主要辐射源,因为传动系统的噪声通常是通过箱体对外辐射的。箱体具有减振作用,并可阻断部分噪声的辐射。因此,提高箱体的抗振性是降低噪声的重要途径。可以通过适当增大箱体壁厚以及布置加强筋和肋板的方法来提高箱体的刚度和固有频率,以降低振动。另外,必须严格保证箱体孔系的尺寸精度,尺寸过大或过小都会在齿轮啮合时产生过大的齿侧间隙或异常干涉,进而使箱体产生巨大的噪声。

(4)阻尼材料的应用。阻尼材料是指能将固体机械振动能转变为热能且使其耗散的材料。它是一种新型高分子材料,具有高阻尼特性,在变形时能消耗能量,可以将部分机械振动能转变为热能,从而降低噪声。在机械工业中,采用阻尼材料可以最大限度地降低机械噪声和减轻机械振动,使主轴箱平稳、安静地运转,提高工作效率、延长设备的使用寿命。

三、液压系统振动、噪声和温升的相关知识

随着工作时间的延长和环境的不断影响,数控机床液压系统会出现一些异常现象,导致不能继续正常工作。准确地判断数控机床液压系统所出现的故障并进行及时的检修有助于延长其使用寿命。数控机床液压系统常见的故障现象包括振动、噪声、温升等。

1. 液压系统的振动和噪声

(1)液压系统振动和噪声的产生

1)液压泵的工作频率与数控机床固有频率产生了系统共振。

2)液压系统中的液压泵和液压马达因密封性能降低和零部件磨损而引起振动和噪声。

3)液压泵吸空并由此产生气蚀现象,引起振动和噪声。

4)液压油中混杂的气泡使吸油管路内的油液出现不连续的气穴现象,导致执行元件的动作不连续,当气泡在高压作用下瞬间释放时会产生高频冲击,使液压泵产生很大的压力脉动,进而激发出高频噪声。

5)泵体、阀门及管路产生的振动和噪声。一部分噪声是由于液压系统中泵体、阀门等元件共振产生的,另一部分噪声是由于管路死弯过多、太细、截面积

变化以及固定部件松动产生的。

6）液压系统启停时也会产生噪声。当液压系统中高速流动的液压油突然受阻停止或减速流动时，就会产生并传递液压冲击波，由此产生噪声。

（2）液压系统振动和噪声的处理

1）排除液压泵的吸空问题。在油箱中增设隔板，延长气泡在油液中的分离时间，使油箱的回油速度不会过快；保证液压泵及吸油管路之间各连接件密封可靠、无渗漏；油箱中应有足量的液压油，保证吸油管浸入油箱的长度在 2/3 以上，有效防止过量的空气侵入。

2）排除吸油管路的气穴问题。通过增大吸油管路直径，减少吸油管路的弯曲段，来降低吸油速度、减小管道阻力；紧固各连接处的液压元件，修复密封圈，保证回油管口浸入油池；重新安装吸油管与回油管，使二者距离远一点儿；选用适当的滤油器，注意检查、清洗，避免滤芯堵塞；液压泵的吸油口吸入高度应尽量控制在 500 mm 以内。

3）缓解控制阀噪声及管路振动和噪声问题。在液压元件中设置缓冲装置，或采用软管增加管道的弹性；限制管道中液压油的流速和运动部件的运动速度；按需更换密封件、液压元件；通过改变管路长度来改变管路固有的振动频率，合理设计管路，控制流体速度，避免存在死弯。

2. 液压系统的温升

液压油温度过高是液压系统的常见现象，但油温过高会导致液压系统无法正常工作，因此在实际生产中应尽量改善这种情况。引起油温过高的原因主要有以下几个方面：液压系统设计不合理，节流方式不当，液压系统在非工作过程中无有效的卸荷措施，损耗了大量的液压油而发热；液压元件的加工精度和装配精度不符合要求或密封不严，造成液压油泄漏；安全阀开关工作不良，不能有效卸荷；液压油黏度过高，加剧摩擦而发热；环境温度过高及散热状况不良；经溢流阀溢流的油液较多。

通常可以采取优化系统结构、选用合理的液压元件、提高液压元件的装配精度、选择合适的液压油并定期更换、经常检查和清理散热装置等措施，防止液压油温度升高太多而影响系统元件的正常工作和系统性能。

培训单元2 进行一种型号数控系统的操作

一、数控机床系统面板操作

1. FANUC 0i-D 数控系统操作面板介绍

FANUC（发那科）数控系统很早就进入中国市场，使用较为广泛有 FANUC 0、FANUC 16、FANUC 18、FANUC 21 等系列，其中使用最为广泛的是 FANUC 0 系列。FANUC 0i-Mate-MD 数控系统操作面板如图 2-2-4 所示，FANUC 0i-Mate-TD 数控系统操作面板如图 2-2-5 所示。

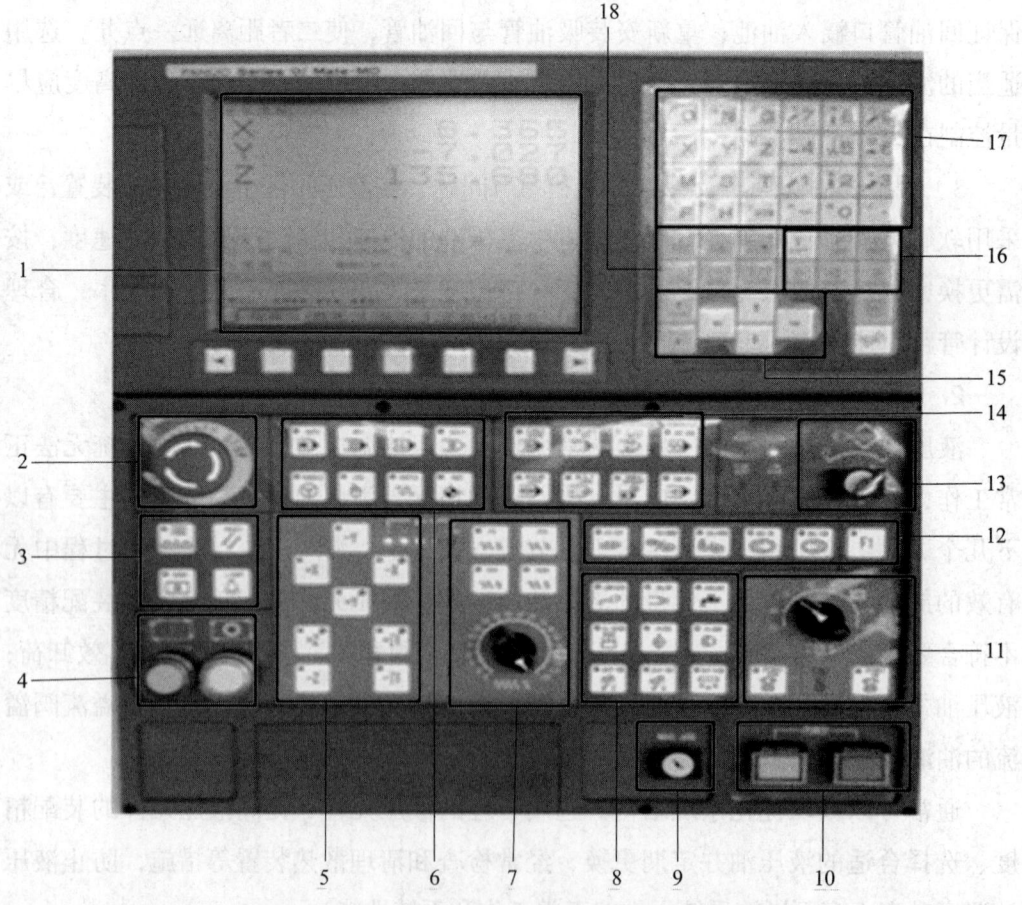

图 2-2-4 FANUC 0i-Mate-MD 数控系统操作面板

1—显示屏 2—急停开关 3—辅助控制键区 4—循环启动、进给保持键 5—轴选控制键区
6—操作方式键区 7—进给倍率开关 8—辅助功能键区 9—刀库钥匙开关 10—系统启动、停止键
11—主轴控制键区 12—刀库控制键区 13—程序保护钥匙开关 14—程序控制键区 15—光标移动键区
16—编辑键区 17—地址/数字键区 18—功能键区

职业模块 2　数控机床机械功能部件调整与整机调整

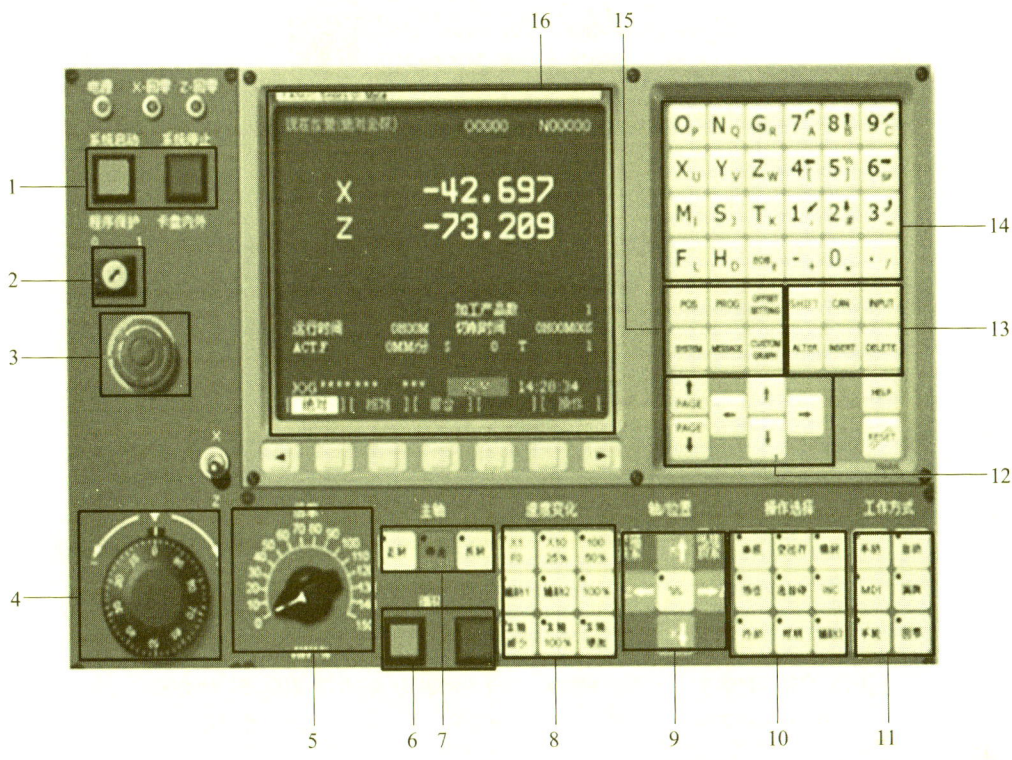

图 2-2-5　FANUC 0i-Mate-TD 数控系统操作面板

1—系统启动、停止键　2—程序保护钥匙开关　3—急停开关　4—手摇轮　5—进给倍率开关
6—循环启动、进给保持键　7—主轴控制键区　8—速度变化键区　9—轴选控制键区
10—操作选择键区　11—工作方式选择键区　12—光标移动键区　13—编辑键区
14—地址/数字键区　15—功能键区　16—显示屏

2. SINUMERIK 828D 数控系统操作面板介绍

目前，广泛使用的西门子数控系统主要有 SINUMERIK 840D、SINUMERIK 828D、SINUMERIK 810D 和 SINUMERIK 802D。其中，SINUMERIK 828D 是一款专门针对紧凑型机床设计的、具有强大功能的数控系统。该系统结合 SINUMERIK Operate 图形化人机界面，可以充分地满足各种复杂机床（车床、铣床）的应用要求。SINUMERIK 828D 数控系统操作面板如图 2-2-6 所示。

SINUMERIK 828D 数控系统的屏幕界面采用区域划分的方式，将程序指令、运行参数、报警信息等内容呈现给操作人员，如图 2-2-7 所示。

二、FANUC 0i-D 数控系统操作方法

下面以 VMC850E 立式加工中心为例，介绍 FANUC 0i Mate-MD 数控系统的操作方法。

193

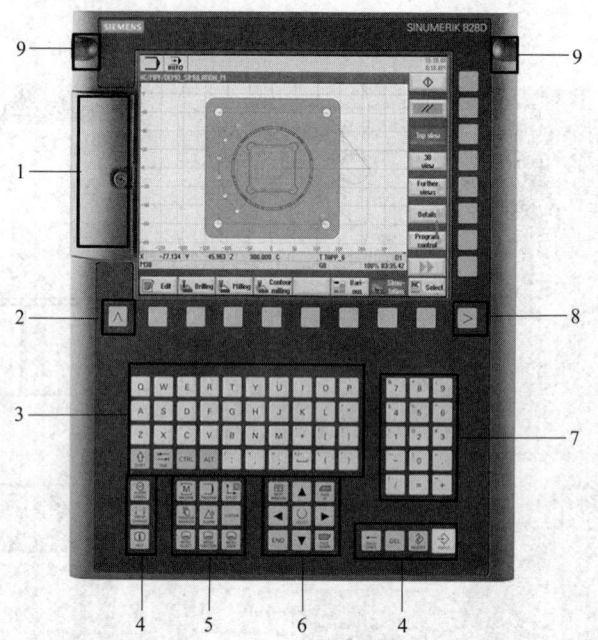

图 2-2-6 SINUMERIK 828D 数控系统操作面板

1—用户接口保护盖 2—菜单回调键 3—字母键区 4—控制键区 5—热键区
6—光标移动键区 7—数字键区 8—菜单扩展键区 9—3/8 英寸螺孔

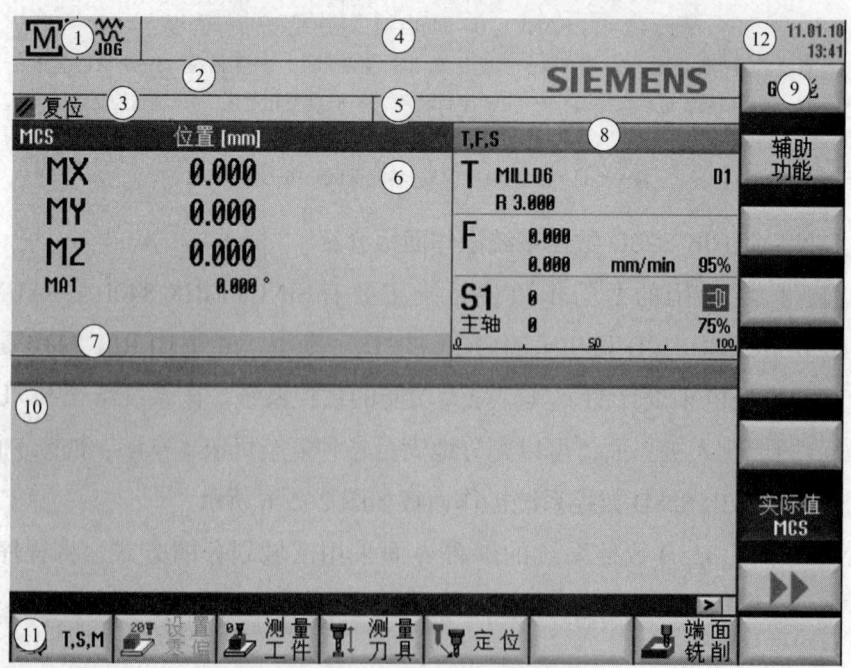

图 2-2-7 屏幕界面的区域划分

1—操作方式显示区域 2—程序路径和名称 3—状态、程序作用和程序名称 4—报警信息显示行
5—通道操作信息 6—轴的位置读数 7—激活的工件坐标系和旋转的显示 8—显示（T, F, S）
9—垂直软键栏（VSK） 10—工作窗口 11—水平软键栏（HSK） 12—日期和时间

1. **开机回零操作**

(1) 打开初始电源强电柜,接通与数控机床连接的电源开关。

(2) 合上电器柜总电源断路器,则整机电源接通。

(3) 按下上电按钮,数控系统进入工作状态。

(4) 松开急停开关,按下辅助控制键区中的复位键,液压系统开始工作,数控机床完成启动。注意报警提示,了解润滑、气压是否正常。

(5) 选择返回参考点方式(如果数控机床采用了绝对编码器,则上电后不用回零)。

(6) 选择轴选控制键区中进行参考点返回的轴和方向键,持续按住方向键直到伺服轴返回到参考点位置。为了保证安全,一般先返回 Z 轴,再返回 X、Y 轴。

(7) 查看各轴返回参考点的指示灯是否点亮。

2. **轴位移方式选择**

(1) JOG(手动)方式

1) 选择操作面板上程序控制键区中的 JOG 工作方式,使数控系统处于 JOG 运行状态。

2) 选择轴移动时的速度。

3) 选择要移动的轴及轴方向。

(2) 手轮方式

1) 选择操作面板上程序控制键区中的手轮工作方式,使数控系统处于手轮运行状态。

2) 转动手摇脉冲发生器上的开关,选择要移动的轴名称(X/Y/Z/4)。

3) 转动进给倍率开关,选择进给倍率(X1/X10/X100)。

4) 正、反方向旋转手摇脉冲发生器上的手轮,控制所选轴的移动。

(3) MDI(手动输入程序控制模式)方式

1) 选择操作面板上程序控制键区中的 MDI 工作方式,使数控系统处于 MDI 运行状态。

2) 在 MDI 屏幕界面的工作窗口输入相应的位移指令,如输入指令"G91 G0 X100"。

3) 按循环启动键运行输入的程序,实现轴位移。

3. **主轴旋转**

(1) JOG 方式

1) 选择操作面板上程序控制键区中的 JOG 工作方式,使数控系统处于 JOG

运行状态。

2）按主轴控制键区中的正转键或反转键旋转主轴，按停止键使主轴停止。

（2）MDI 方式

1）选择操作面板上的 MDI 工作方式，使数控系统处于 MDI 运行状态。

2）在 MDI 屏幕界面的工作窗口输入相应的主轴旋转指令。

3）按循环启动键运行输入的程序，实现主轴旋转。

4. 创建刀补

（1）选择操作面板上功能键区中的“OFS/SET”键。

（2）在“刀偏”界面（见图 2-2-8）中选择刀偏号，并输入刀具数据。

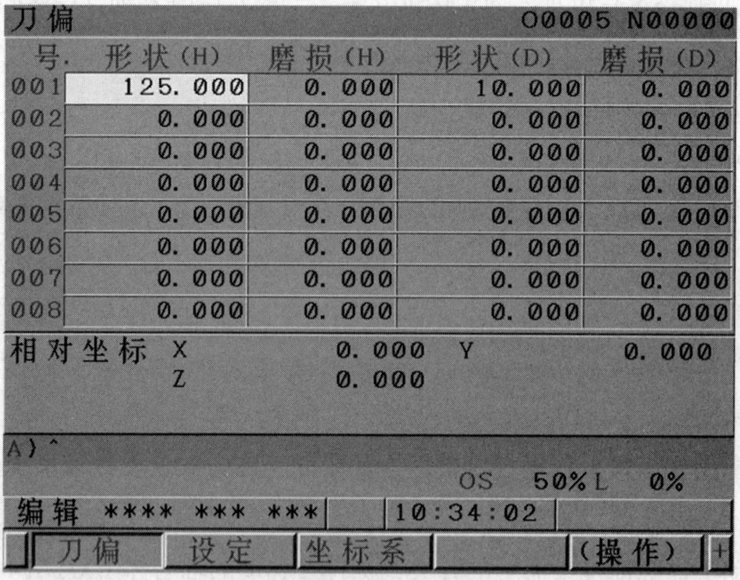
刀偏
O0005 N00000
号. 形状(H) 磨损(H) 形状(D) 磨损(D)
001 125.000 0.000 10.000 0.000
002 0.000 0.000 0.000 0.000
003 0.000 0.000 0.000 0.000
004 0.000 0.000 0.000 0.000
005 0.000 0.000 0.000 0.000
006 0.000 0.000 0.000 0.000
007 0.000 0.000 0.000 0.000
008 0.000 0.000 0.000 0.000
相对坐标 X 0.000 Y 0.000
Z 0.000
A)^
OS 50% L 0%
编辑 **** *** *** 10:34:02
刀偏
设定
坐标系
(操作)
+

图 2-2-8 “刀偏”界面

5. 新建工件坐标系

（1）选择操作面板上功能键区中的“OFS/SET”键。

（2）选择【坐标系】软键，通过光标移动键区的“↑”键和“↓”键移动光标，根据需要选择“EXT/G54/G55/G56”并输入机械坐标数据，如图 2-2-9 所示。

6. 创建程序

（1）选择操作面板上程序控制键区中的 EDIT（编辑）工作方式。

（2）选择操作面板上功能键区中的“PROG”键，进入程序查看界面。

（3）按下地址键“O”并输入程序号（如 O0521），按下编辑键区中的“INSERT”（插入）键。

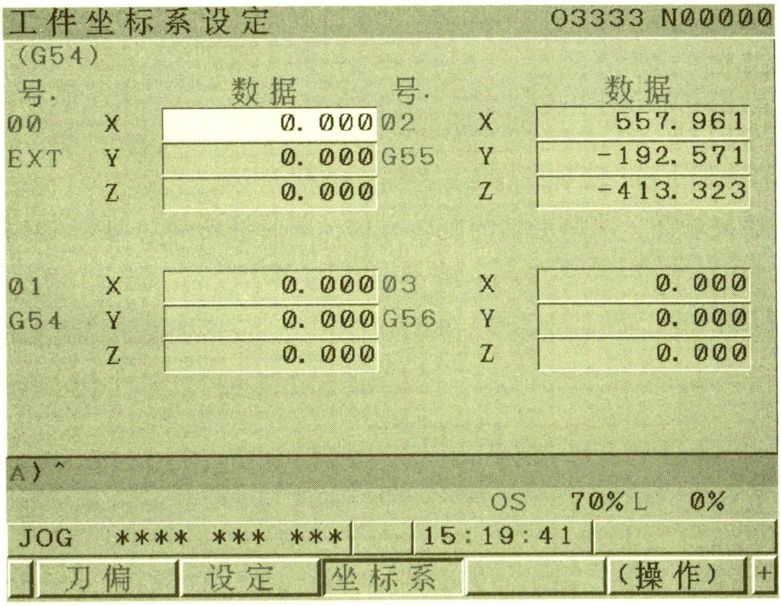

图 2-2-9 "坐标系"界面

（4）程序创建完毕。

7. 程序执行

（1）选择 EDIT 工作方式，选择所要执行的程序（如先输入 OXXXX，再选择【O 检索】软键；或通过光标移动键区的"↑"键和"↓"键选定程序）。

（2）选择 AUTO（自动）方式，屏幕界面会出现选定的程序。

（3）可以按循环启动键自动连续运行程序，也可以选择单段方式分步执行程序。

三、SINUMERIK 828D 数控系统操作方法

1. 机床设置

（1）手动方式功能。在手动方式下，借助【水平】软键提供的各种功能，可以完成数控机床加工前的辅助工艺准备工作。例如，主轴旋转、设置零偏、更换刀具、工件找正、对刀、毛坯正式加工前端面预铣削等。只需要设定简单的数据，按控制键区中的循环启动键即可快速、便捷地完成各项功能，能有效地缩短辅助工艺准备时间。

（2）"T, S, M"窗口。在手动方式下，选择【T, S, M】软键，弹出"T, S, M"窗口，通过输入内容或选择参数即可完成加工准备工作。例如，主轴旋转、更换刀具、激活工件坐标系、设置加工平面等。下面对"T, S, M"窗口中输入或选择的项目进行说明。

1）T：用于输入刀位号或刀具名称（也可以通过【选择刀具】软键从刀具表中选择刀具）。

2）D：用于输入所选刀具的刀沿号。

3）主轴：用于输入主轴的转速，如 1 000.00 r/min。

4）主轴 M 功能：选择主轴的旋转方向，顺时针转动为 M3，逆时针转动为 M4。

5）其他 M 功能：用于输入其他数控机床控制功能，如控制切削液的开、关。

6）零偏：零点偏移基准（G54～C59）的选择（也可以通过【选择零偏】软键从可调零点偏移列表中选择零点偏移编号）。

7）计量单位：选择尺寸单位 in 或 mm。

8）加工平面：选择加工平面 G17（XY）、G18（ZX）或 G19（YZ）。

（3）设置零点偏移。在当前有效的零点偏移中（如 G54），可以通过【设置零偏】软键在各轴当前实际值中输入一个新的位置值，则偏置值被输入当前坐标系中。例如，当前已经激活 G54 坐标系并选择显示 WCS（工件坐标系），将 X、Y、Z 轴分别移动到工件零点处，先按【设置零偏】软键，再按【X=Y=Z=0】软键，数控系统便会自动将当前位置设置为 G54 坐标系的零点。

（4）测量工件。依次选择【加工操作】软键、【加工操作】软键、【测量工件】软键，进入工件测量界面。数控系统中含有设置边以及测量直角、测量圆形腔、测量圆形凸台、测量方形凸台等常用的测量位置方式。可以选择手动方式或自动方式测量工件原点。例如，选择手动方式，采用"设置边"方式建立工件原点，具体操作步骤如下。

1）在主轴上更换参考刀具或寻边器。

2）依次选择【加工操作】软键、【加工操作】软键、【测量工件】软键、【设置边】软键。

3）选择测量轴，即 X、Y、Z 轴中的一条轴。

4）选择测量值的处理方式，选择【仅测量】或【零偏】软键保存到指定零偏。

5）输入工件平面位置在当前坐标系的设定值，如 X0 = 0.000。

6）手动移动刀具到工件上的平面位置，选择【设置零偏】软键，数控系统自动计算，将当前 Z 轴位置的偏置值输入当前坐标系中，并显示工件测量轴的边沿测量值，同时当前激活的坐标系 Z 轴位置显示为 0.000，如图 2-2-10 所示。

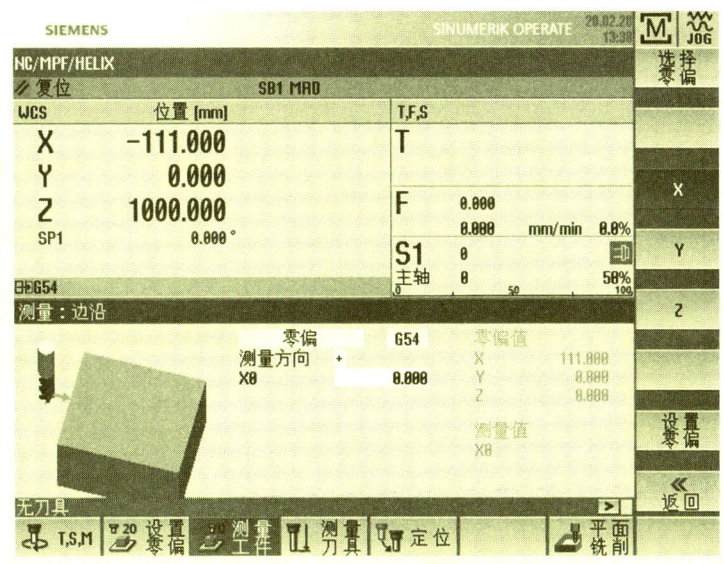

图 2-2-10 设置工件零点

（5）测量刀具

1）手动测量刀具的长度

①在主轴上更换需要测量的刀具。

②依次选择【加工操作】软键、【加工操作】软键、【测量刀具】软键、【手动长度】软键。

③选择刀沿号 D 和备用刀具编号 ST。

④选择参考点类型（工件/固定点），并输入参考点的坐标值 Z0。

⑤移动刀具使其逼近已知的数控机床参考点。

⑥选择【设置长度】软键，刀具长度将自动计算并输入刀具列表对应的刀具补偿值中，如图 2-2-11 所示。

2）手动测量刀具的半径或直径

①在主轴上更换需要测量的刀具。

②依次选择【加工操作】软键、【加工操作】软键、【测量刀具】软键、【手动直径】软键。

③选择刀沿号 D 和备用刀具编号 ST。

④选择参考工件测量轴，并输入参考工件测量轴的坐标值。

⑤移动刀具使其逼近已知的数控机床参考点，如工件的上沿。

⑥选择【设置直径】软键，刀具半径或直径将自动计算并输入刀具列表对应的刀具补偿值中，如图 2-2-12 所示。

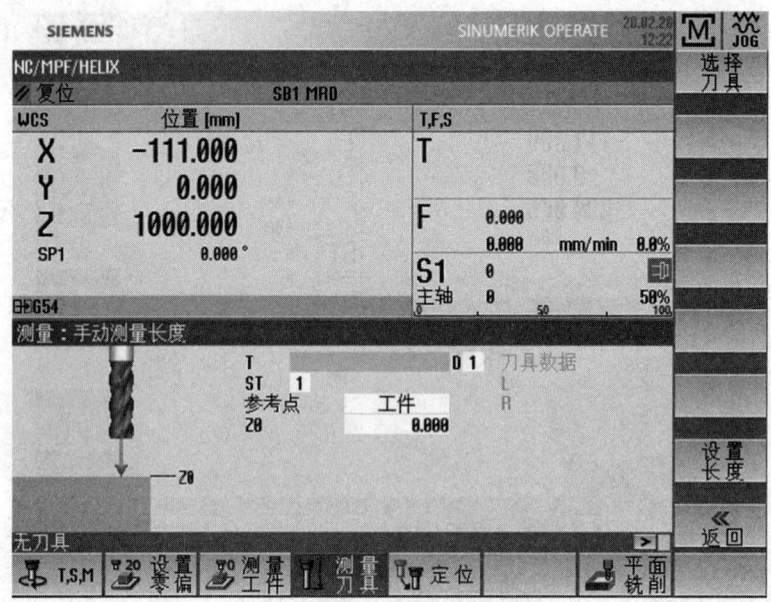

图2-2-11 测量刀具长度

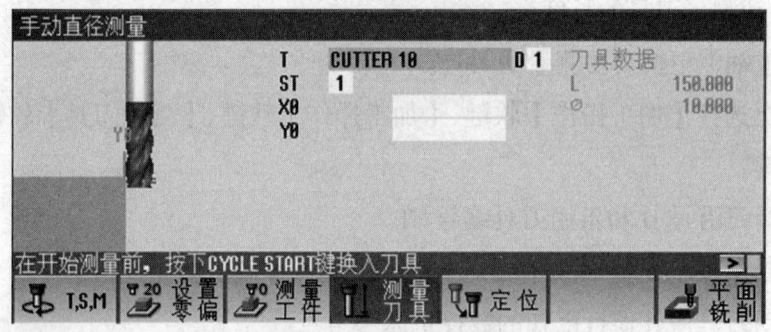

图2-2-12 测量刀具直径

2. 刀具管理

（1）刀具创建

1）选择【MENU SELECT】软键，打开刀具列表，依次选择【OFS / SET】软键、【刀具清单】软键。

2）将光标移动到空刀位处。

3）选择【新建刀具】软键，自动进入刀具类型列表。如果列表中没有要创建的刀具类型，可以根据需要选择【铣刀100-199】软键、【钻头200-299】软键或【特种刀具700-900】软键，显示更多的刀具类型。

4）通过光标移动键区的"↑"键或"↓"键选择对应的刀具类型，如120类型表示立铣刀。

5)选择【确认】软键,所选刀具自动生成预定名称,按控制键区中的"IN-PUT"键,将刀具保存到刀具列表中。

(2)刀具磨损。刀具在长期使用过程中会出现磨损现象,通过测量可以计算出刀具长度和半径的磨损量,并将磨损量输入刀具磨损列表(见图 2-2-13)中。在加工过程中,数控系统会自动将刀具长度或半径的补偿值计算到刀具轨迹中。同时,可以通过工件数量或磨损量自动监控刀具的使用寿命。

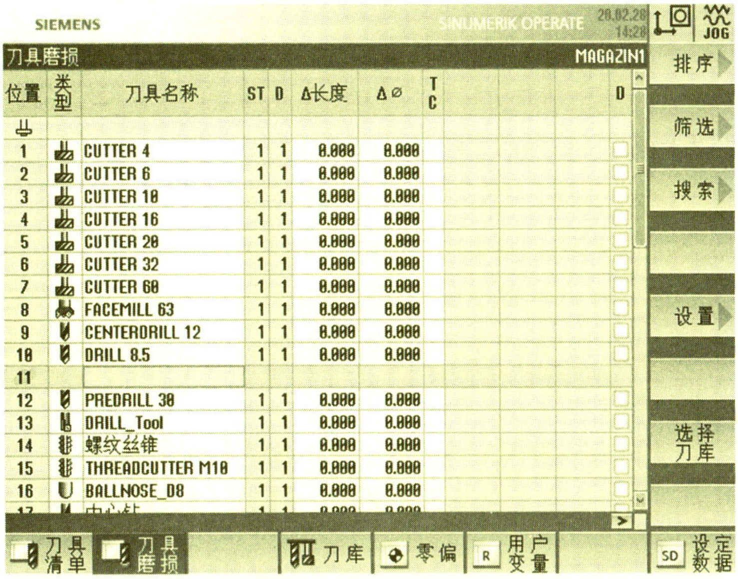

图 2-2-13 刀具磨损列表

(3)刀库。刀库中会显示刀具的相关信息,各个刀位可以为刀具进行位置编码,或者设置禁用。下面对刀库中的输入项目进行说明。

1)D:禁用刀位。

2)Z:刀具标记为"超大"。普通刀具占据了刀库中的一个左半刀位、一个右半刀位,假设刀库相邻刀位的距离为 100 mm,如果是 ϕ120 mm 面铣刀,就需要将此刀具设置为超大刀具。

3)L:固定位置编码,用于将刀具固定分配到一个刀位上。

3. 程序管理

(1)创建新目录或程序。SINUMERIK 828D 数控系统的目录名称必须使用扩展名 ".DIR" 或者 ".WPD",包括扩展名在内的目录名称长度最多为 49 个字符。目录名称可以使用所有的英文字母、数字和下划线。创建新目录或程序的步骤具体如下。

1)打开相应的程序存储空间,按热键区的 "PROGRAM MANAGER" 键,选择【NC】软键。

2）移动光标，在名称目录中选择零件程序、子程序或工件。

3）选择【新建】软键，选择【目录】软键或【Program GUIDE G 代码】软键，新建一个目录或程序。例如，在工件目录下，选择新建 MPF 主程序或 SPF 子程序，输入程序名称，并选择【确认】软键，完成程序的建立。

4）进入程序编辑界面，开始编辑程序。

（2）打开和关闭程序

1）可以按"PROGRAM MANAGER"键，选择【NC】软键，打开 NC 程序目录；也可以选择【本地驱动器】软键或【USB】软键打开相应的外部程序存储空间。

2）通过光标移动键选择需要的目录或文件。

3）选择【打开】软键，则打开需要的目录或文件。

4）选择【关闭】软键，则关闭当前打开的目录或文件。

（3）执行程序。将光标置于所需程序或工件上，选择工件（WPD）、主程序（MPF）或子程序（SPF），然后选择需要执行的程序，数控系统将自动切换到"加工"操作区。执行程序的操作步骤如下。

1）可以按"PROGRAM MANAGER"键，选择【NC】软键，打开相应的程序存储空间；也可以选择【本地驱动器】软键或【USB】软键打开相应的外部程序存储空间。

2）通过光标移动键打开目标目录或目标文件，选择需要执行的程序文件。

3）选择【执行】软键，开始执行程序。

4）数控系统自动切换到加工操作界面，开始在自动运行方式下运行。

5）按循环启动键开始执行程序加工工件。如果需要执行程序编辑器中正在编辑的程序，可以通过【执行】软键直接执行程序。

培训单元 3　应用一种型号数控系统进行加工编程

一、数控机床基本功能

数控机床所配置的数控系统虽然各有不同，但其主要功能基本相同。

1. **插补功能**

一个零件的轮廓往往具有多样性，可能是直线、圆弧线，也可能是任意曲线等。数控机床的刀具往往不能以曲线的实际轮廓去走刀，而应近似地以若干条直线去走刀，走刀的方向一般是 X 和 Y 方向。目前，数控机床的插补方式主要有直线插补、圆弧插补、抛物线插补、样条线插补等。

2. **刀具补偿功能**

数控机床的刀具补偿功能分为刀具位置补偿、刀具长度补偿和刀具半径补偿三个方面。当刀具磨损或重新安装刀具引起刀具位置发生变化时，建立、执行刀具补偿后，其加工程序不需要重新编制。

3. **固定循环功能**

在数控机床的加工过程中，有些加工工序如钻孔、攻螺纹、镗孔、深孔钻削、切螺纹等，完成的动作循环十分典型。数控系统事先将这些动作循环用 G 代码进行定义，在加工时使用这类 G 代码，便可大大简化编程工作量。

4. **子程序功能**

子程序功能使加工程序模块化，通常将加工过程按工序分成若干个模块并分别编写子程序，子程序由主程序调用，最终完成工件的加工。模块化加工程序便于加工、调试，能优化加工工艺。

5. **宏程序功能**

宏程序功能可用一个总指令代表实现某一功能的一系列指令，并能对变量进行运算，使程序的灵活性和方便性更强。

二、数控机床编程及常用代码

1. **数控机床坐标系**

为了确定数控机床的运动方向和移动距离，需要在数控机床上建立坐标系。数控机床坐标系是数控机床上固有的坐标系，是数控机床制造和调整的标准，也是工件坐标系设定的标准。数控机床上的标准坐标系是右手笛卡儿直角坐标系。

（1）数控机床坐标轴的规定。在确定数控机床坐标轴时，一般先确定 Z 轴，然后确定 X 轴和 Y 轴，最后确定其他轴。注意，数控机床某一零件运动的正方向是指增大工件和刀具之间距离的方向。

1）Z 轴。Z 轴的方向是由传递切削力的主轴确定的，与主轴轴线平行的坐标轴即为 Z 轴，Z 轴的正方向为刀具离开工件的方向。

2) X 轴。X 轴是水平轴，平行于工件的装夹面，且垂直于 Z 轴。对于工件旋转的数控机床来说，X 轴的正方向在工件的径向上，且平行于横向滑座。对于刀具旋转的数控机床来说，若主轴是竖直的，当从主轴向立柱看时，X 轴的正方向指向右方；若主轴是水平的，当从主轴向机床看时，X 轴的正方向指向右方。

3) Y 轴。Y 轴垂直于 X、Z 轴。Y 轴的正方向根据 X、Z 轴的正方向，按照右手笛卡儿直角坐标系来判断。

（2）数控机床原点与参考点。数控机床坐标系是在出厂时，通过在数控机床上设定一个固定点来建立的，这个固定点称为数控机床原点或零点。

数控机床参考点的位置是由制造厂家在每个进给轴上用限位开关精确调整好的，坐标值已输入数控系统中，因此参考点相对于原点的坐标是一个已知数。数控机床在工作时，移动部件必须首先返回参考点，在数控机床回零后，以参考点作为基准随时测量运动部件的位置，这样刀具（或工作台）移动才有基准。

（3）工件坐标系。工件坐标系是指用于确定工件几何图形上各几何要素（点、直线和圆弧）的位置而建立的坐标系。工件坐标系的原点就是工件零点。选择工件零点时，最好将其定在工件图中能够方便地转换成坐标值的位置。

2. 数控程序的格式与结构

各个数控机床制造厂家所用的标准尚未完全统一，所用的代码、指令及其含义不完全相同，因此，在编程之前，程序员应了解该数控机床编程手册中的各项规则，严格按照规则进行编程。

（1）程序的格式。一个完整的数控程序应由程序号、程序内容和程序结束三部分组成。

如图 2-2-14 所示，程序号是程序的开始符，它一般由英文字母 O、P 或符号 % 等作为编号地址，后接数字；程序内容表达了加工过程指令，是程序的主要部分，它由若干程序段组成，每个程序段由一个或多个指令构成；程序结束由程序结束指令构成，它必须写在程序的最后。

（2）程序段的格式。数控程序是若干个程序段的集合。每个程序段独占一行。每个程序段由若干个地址字构成，而地址字又由表示地址的英文字母、特殊文字和数字构成，如 X20、G98 等。程序段中各指令的含义见表 2-2-1。

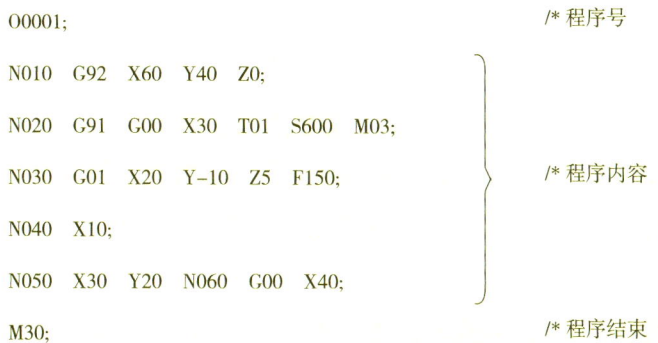

图 2-2-14 数控程序示例

表 2-2-1 程序段中各指令的含义

N	G	X	Y	Z	F	S	T	M	LF
行号	准备功能	位置代码			进给速度	主轴转速	刀具功能	辅助功能	行结束

注：在一个程序段中如果有多个相同地址的字出现，取最后一个有效。

3. 数控系统基本功能代码

（1）准备功能代码。准备功能又称 G 功能，是指数控机床完成某些准备动作的指令。G 代码由地址符 G 和两位数字（00~99）组成，从 G00 到 G99 共 100 种，对应数控机床的不同动作。

G 代码有模态 G 代码和非模态 G 代码之分，非模态 G 代码只限于在本程序段中有效，而模态 G 代码在同组 G 代码出现之前一直有效。

（2）辅助功能代码。辅助功能又称 M 功能，是对应数控机床辅助装置开关动作（如切削液的开、关）或状态（如主轴的正转、反转和停止）的指令。M 代码由地址符 M 和两位数字（00~99）组成，从 M00 到 M99 共 100 种。

（3）进给功能代码。在切削零件时，用来控制刀具运动和切削的速度称为进给速度，决定进给速度的功能称为进给功能（又称 F 功能）。F 代码由地址符 F 和数字组成。根据加工需要，进给功能分为每分钟进给和每转进给两种，并通过对应的功能字进行转换。每分钟进给是指刀具每分钟进给的距离，单位为 mm/min。每转进给是指数控机床主轴每转一圈，刀具沿进给方向移动的距离，单位为 mm/r。

在编程时，不允许用负值来表示进给速度，一般也不允许用 F0 来控制进给停止。除螺纹加工外，其他加工均可通过数控机床操作面板上的进给倍率开关来对进给速度进行实时修正（也可以控制进给速度的值为 0）。

（4）刀具功能代码。刀具功能又称 T 功能，对应加工中的刀具号及自动补偿编组号的地址字。一般情况下，自动补偿内容主要是指刀具的刀位偏差及刀具半径补偿。常用的刀具功能指定方法有 T 二位数法和 T 四位数法。

1）T 二位数法。这种方法仅指定了刀具号，刀具补偿值则由其他指令（如 D、H 指令）进行选择。例如，T02 D01 表示选 2 号刀具及刀具中的 1 号补偿存储器中的补偿值。

2）T 四位数法。四位数的前两位数用于指定刀具号，后两位数为自动补偿编组号。例如，T0202 表示选 2 号刀具及 2 号补偿存储器中的补偿值。

（5）主轴功能代码。主轴功能又称 S 功能，用来控制主轴转速。S 代码由地址符 S 及一组数字组成。根据加工需要，主轴的回转速度分为转速和恒线速度两种。

1）转速。转速的单位是 r/min，用准备功能 G97 来指定，其值为大于零的常数。

2）恒线速度。在加工某些非圆柱体的表面或端面时，为了保证工件表面的加工质量，主轴需要满足线速度恒定不变的条件，这种功能就称为恒线速度功能。恒线速度的单位是 m/min，用准备功能 G96 来指定。

三、FANUC 0i-D 数控系统编程方法

1. FANUC 0i-D 数控系统常用功能指令

（1）绝对坐标和增量（相对）坐标（G90/G91）。绝对坐标是指以预先设定的编程原点作为参考点进行编程，这种编程方法一般不考虑刀具的当前位置，程序中的终点坐标是相对于原点坐标而言的。增量坐标是以前一个位置的坐标值作为参考点进行编程，即程序中的终点坐标是相对于起点坐标而言的。

G90、G91 是同组模态代码，数控系统的默认指令是 G90。在实际编程过程中，可以根据具体的零件及零件的标注形式来选择合适的编程方式。

（2）英制尺寸与公制尺寸（G20/G21）。英制尺寸的单位是 in（1 in=25.4 mm），公制尺寸的单位是 mm。英制尺寸用 G20 来指定，公制尺寸用 G21 来指定。

注意，公制尺寸、英制尺寸均对旋转轴无效，因为旋转轴的单位是度（°）。

（3）每分钟进给与每转进给（G94/G95）。G94 指定每分钟进给，单位为 mm/min；G95 指定每转进给，单位为 mm/r。

（4）坐标平面选择指令（G17/G18/G19）。G17 表示在 XY 平面，G18 表示在 ZX 平面，G19 表示在 YZ 平面。

G17、G18、G19 属于同组模态指令，一旦某一平面被选择，一直到选择另一平面后该指令才失效。平面选择指令一般用在圆弧插补、刀具半径补偿、图形回转、程序坐标回转、固定循环等功能中。

（5）快速定位点指令（G00）。G00 表示以点位方式控制刀具，从刀具所在的位置快速移动到下一个目标位置，无须用进给功能指定进给速度。

G00 格式如下：

G00　X__Y__Z__；（__处添加数值，下同）

其中，X__Y__Z__为直角坐标系中的终点坐标。

（6）直线插补指令（G01）。G01 表示数控机床在某个平面内切削任意斜率的直线或用直线逼近的曲线，需要指定进给速度，G01 和 F 都是模态指令。

G01 格式如下：

G01　X__Y__Z__F__；

其中，X__Y__Z__为直角坐标系中的终点坐标，F__为进给速度。

（7）圆弧插补指令（G02/G03）。G02 表示顺时针圆弧插补指令，G03 表示逆时针圆弧插补指令。从垂直坐标轴的正方向看工作面时，顺时针方向为顺时针圆弧，逆时针方向为逆时针圆弧。

G02 和 G03 都是模态指令，其格式有以下两种：

G02/G03　X__Y__Z__I__J__K__F__；

G02/G03　X__Y__Z__R__F__；

其中，X__Y__Z__在绝对坐标程序中表示圆弧终点坐标，在相对坐标程序中表示圆弧终点相对于圆弧起点的坐标；R__为圆弧半径，当圆弧的夹角小于或等于 180°时其值为正，当圆弧的夹角大于 180°、小于或等于 360°时其值为负，注意 R__不能表示整圆；I__J__K__为圆心在 X、Y、Z 轴相对于圆弧起点的坐标；F__为进给速度。

（8）刀具半径补偿（G40/G41/G42）。刀具半径补偿指令格式如下：

G41/G42　G01/G00　X__Y__F__D__；（刀具半径左补偿/右补偿）

G40　G01/G00　X__Y__；（刀具半径补偿取消）

G41 与 G42 的判断方法具体如下：根据 ISO 标准，在沿刀具前进的方向，当刀具中心轨迹位于零件轮廓右边时，称为刀具半径右补偿，反之称为刀具半径左补偿。当不需要进行刀具半径补偿时，则用 G40 取消刀具半径补偿。

D 用于指定刀具偏置存储器号。

（9）刀具长度补偿（G49/G43/G44）。刀具长度补偿是指用来补偿实际刀具长度与假定刀具长度之间差值的指令。系统规定刀具长度补偿只能加在一个轴上，不同轴之间可以进行切换，但必须先取消前面轴的刀具长度补偿。刀具长度补偿指令格式如下：

G43/G44　G01/G00　H＿；（刀具长度正补偿/负补偿）

G49/H00；（刀具长度补偿取消）

H用于指定存放刀具长度补偿值的偏置存储器号。注意，刀具号与刀具偏置存储器号可以相同，也可以不同。

2. FANUC 0i-D 数控系统固定循环指令

数控铣床配备的固定循环功能主要用于孔加工，包括钻孔、镗孔、攻螺纹等。通过使用这些固定循环指令，可以用一个程序段完成一个孔加工的全部动作，从而大大简化程序，减少编程工作量。

（1）基础知识

1）孔加工循环。孔加工循环一般由以下6个动作组成，如图2-2-15所示：$A \rightarrow B$，刀具快速定位到初始平面；$B \rightarrow R$，刀具沿Z方向快速移动到参考面R；$R \rightarrow Z$，以进给速度完成钻孔、镗孔等孔加工，到达Z点孔底部；$Z \rightarrow R$，刀具沿Z方向快速回退到参考面R；$R \rightarrow B$，刀具沿Z方向快速回退到初始点。

2）固定循环编程格式。孔加工循环的通用编程格式具体如下：

G73～G89　X＿Y＿Z＿R＿Q＿P＿F＿K＿；

其中，X＿Y＿表示孔位数据，即指定孔在XY平面内的位置；Z＿表示孔底平面相对于R点所在平面的Z向增量值或孔底坐标；R＿表示R点所在平面相对于初始平面的Z向增量值或孔底坐标；Q＿在G73指令和G83指令中表示刀具每次的加工深度，在G76指令和G87指令中表示主轴准停后刀具沿准停反方向的让刀量；P＿指定刀具在孔底的暂停时间，用整数表示，单位为ms；F＿表示进行孔加工时的进给速度；K＿表示孔加工循环的次数，该参数仅在增量编程中使用。

在实际编程时，并不是每一种孔加工循环

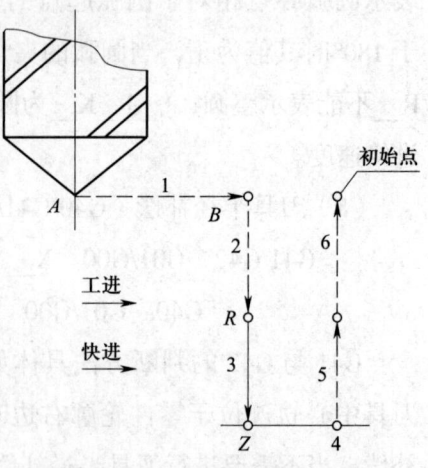

图2-2-15 孔加工循环组成动作
（便于阅读画出两条线表示路径）

都要用到以上编程格式的所有代码。上述编程格式中，除 K 代码外，其他代码都是模态代码，只有在循环取消时才被清除，因此，这些指令一经指定，在后面的重复加工中不必重新指定。

注意，取消孔加工循环采用代码 G80。另外，在孔加工循环中出现 G00、G01、G02、G03 代码时，孔加工方式也会被自动取消。

（2）固定循环指令介绍

1）钻孔循环（G81）与锪孔循环（G82）。G81、G82 指令格式分别如下：

G81　X__Y__Z__R__F__；

G82　X__Y__Z__R__P__F__；

G81 指令用于普通钻孔，切削进给执行到孔底，然后刀具从孔底快速移动退回。该指令一般用于孔深小于 5 倍直径的孔加工。

G82 在孔底加进给暂停动作。该指令常用于锪孔或台阶孔的加工。

2）高速深孔钻循环（G73）与深孔钻循环（G83）。G73、G83 指令一般用于较深孔的加工，又称啄式孔加工指令。对于孔深大于 5 倍直径的孔加工，由于不利于排屑，故采用间歇进给（即多次进给）的方式，Q__ 表示每次进给深度，最后一次进给深度不大于该值，退刀量（d）由系统内部设定，直到加工至孔底为止。G73、G83 指令格式如下：

G73　X__Y__Z__R__Q__K__；

G83　X__Y__Z__R__Q__K__；

G73 指令通过刀具在 Z 轴方向的间歇进给可以较容易地实现断屑与排屑。

G83 指令与 G73 指令有所不同，刀具在间歇进给后快速回退到 R 点，再快速进给到 Z 向距上次切削孔底平面的 d 处，并从该点处快进变成工进，工进距离为 Q+d。

3）左旋螺纹攻制（G74）与右旋螺纹攻制（G84）。G74、G84 指令格式具体如下：

G74　X__Y__Z__R__P__F__；

G84　X__Y__Z__R__P__F__；

注意，G74、G84 指令中的 F 是指螺纹的导程。

G74 为左旋螺纹攻制循环，用于加工左旋螺纹。执行该循环指令时，主轴反转，在 G17 平面快速定位后快速移动到 R 点，攻螺纹至孔底后，主轴正转退回到 R 点，完成攻螺纹动作。

G84 动作与 G74 基本类似，只是 G84 用于加工右旋螺纹。

4）铰孔循环（G85）。G85 指令格式具体如下：

$$G85 \quad X\_Y\_Z\_R\_F\_;$$

执行 G85 固定循环时，刀具以切削进给方式加工到孔底，然后以切削进给方式返回到 R 点所在平面。该指令常用于铰孔和扩孔加工，也可用于镗孔加工。

5）粗镗孔循环（G86/G88/G89）。指令格式具体如下：

$$G86/G88/G89 \quad X\_Y\_Z\_R\_P\_F\_;$$

执行 G86 循环时，刀具以切削进给方式加工到孔底，然后主轴停转，刀具快速退到 R 点所在平面后，主轴正转。由于刀具在退回过程中容易在工件表面划出条痕，因此，该指令常用于对精度及表面粗糙度要求不高的镗孔加工。执行 G88 循环时，刀具以切削进给方式加工到孔底，刀具在孔底暂停后主轴停转，这时可通过手动方式从孔中安全退出刀具，如图 2-2-16 所示。G89 动作与 G85 类似，不同的是在到达孔底位置后增加了暂停时间，因此该指令常用于阶梯孔的加工。

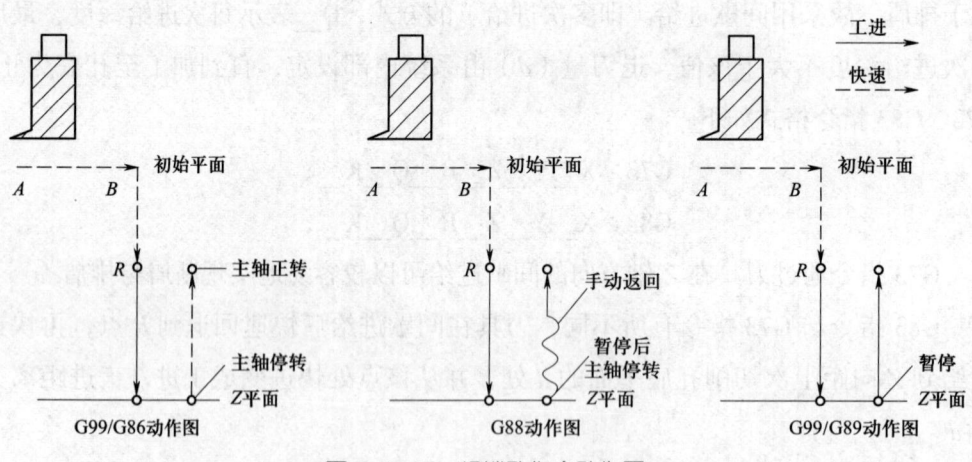

图 2-2-16 粗镗孔指令动作图

6）精镗孔循环（G76）与反镗孔循环（G87）。G76、G87 指令格式如下：

$$G76 \quad X\_Y\_Z\_R\_Q\_P\_F\_;$$
$$G87 \quad X\_Y\_Z\_R\_Q\_F\_;$$

G76 指令主要用于精镗孔加工。G76 在孔底有三个动作，即进给暂停、主轴准停（定向停止）、刀具沿刀尖反向偏移 Q 值后快速退出，这样保证刀具不划伤孔的表面，然后快速退刀至 R 点所在平面或初始平面，如图 2-2-17 所示。

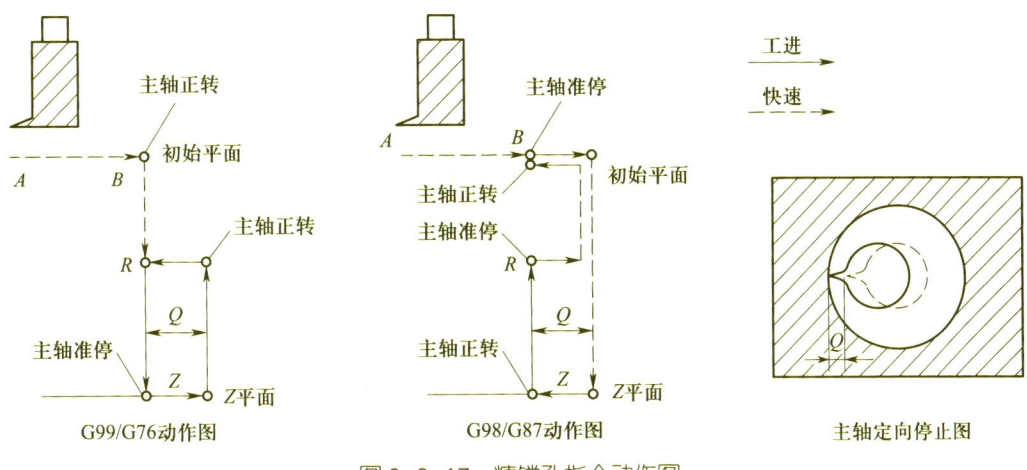

图 2-2-17 精镗孔指令动作图

执行 G87 循环时，刀具快速定位后，主轴准停，刀具向刀尖相反方向偏移 Q 值，然后快速移动到孔底（到达 Z 平面），刀具向刀尖正方向移动 Q 值，主轴正转，切削进给到 R 点，主轴再次准停，并沿刀尖相反方向偏移 Q 值，快速提刀至初始平面，主轴开始正转，循环结束。该循环不能用 G99 进行编程。

四、SINUMERIK 828D 数控系统编程方法

1. SINUMERIK 828D 数控系统常用功能指令

（1）快速运行（G00）。快速运行用于将刀具以最快的方式重新定位到轮廓元素，或者将刀具移动到换刀位置。此时数控机床可以达到最快的直线速度，但不可以进行加工，因而该控制单元不需要在地址符 F 下输入值。G00 指令格式如下：

G00　X__Y__Z__
G00　AP=__
G00　RP=__

其中，X__Y__Z__ 表示以直角坐标给定的终点；AP=__ 表示以极坐标给定的终点，这里指极角；RP=__ 表示以极坐标给定的终点，这里指极半径。

（2）直线插补（G01）。直线插补用于将刀具以精确规定的速度沿一条直线从当前位置移动到编程目标点。所有轴均可同时移动，在此情况下，运动轨迹能以一定角度位于工作区内的任何地方。G01 指令格式如下：

G01　X__Y__Z__F__
G01　AP=__RP=__F__

其中，X__Y__Z__ 表示以直角坐标给定的终点；AP=__ 表示以极坐标给定的终

点,这里指极角;RP=__表示以极坐标给定的终点,这里指极半径。

(3)圆弧插补(顺时针 G02、逆时针 G03)。圆弧插补允许刀具在定义的速度下,从当前起点到编程终点沿着圆弧路径运动。SINUMERIK 828D 提供多种圆弧插补指令,详见编程手册。G02、G03 指令格式如下:

G02/G03　X__Y__Z__I__J__K__F__
G02/G03　X__Y__Z__CR=__F__
G02/G03　X__Y__Z__AR=__F__

其中,X__Y__Z__表示以直角坐标给定的终点,I__J__K__表示在 X、Y、Z 方向上相对圆心的投影矢量坐标,AP=__表示给定张角。

(4)零点偏移(G54~G59,G507~G599,C53,C500)。通过可设定的零点偏移指令 G54~G59 和 G507~C599,可以在所有轴上依据基准坐标系的零点设置工件零点。G54~G59 指令调用第 1~6 个可设定的零点偏移。G507~G599 指令调用第 7~99 个可设定的零点偏移(注意,SINUMERIK 828D BASIC 系统只支持到 G549)。C53 用于取消逐段生效的可设定零点偏移和可编程零点偏移。G500 用于关闭当前可设定的零点偏移直至下一次调用。

(5)英制尺寸和米制尺寸(G70/G71)。SINUMERIK 828D 数控系统可以采用英制、米制两种尺寸系统并进行切换,相关尺寸数值可以直接输入程序中。

G70 用于激活英制尺寸系统,但是进给率、刀具补偿等工艺参数依然保持米制单位,即在英制尺寸系统中读取和写入与长度相关的几何参数。

G71 用于激活米制尺寸系统(开机默认值),相关的进给率、刀具补偿等工艺参数采用米制单位。

2. SINUMERIK 828D 数控系统固定循环指令

SINUMERIK 828D 数控系统在提供基本指令的同时,还为用户提供了一些针对标准坐标的标准工艺循环指令。标准工艺循环是指具有典型图素如孔、凸台、凹槽等的加工过程。SINUMERIK 828D 数控系统的固定循环指令采用对话框的方式输入参数,同时提供生动的"动画支持",更便于程序员理解参数含义。

(1)固定循环指令中四个重要位置平面。SINUMERIK 828D 数控系统的固定循环指令中涉及四个特定的位置平面,下面以钻孔加工循环为例说明其定义,如图 2-2-18 所示。

1)参考平面。参考平面是指在 Z 轴(刀轴)方向上对孔进行起始测量的位置平面。

2）加工开始平面。加工开始平面是指循环中在 Z 轴方向上，刀具进刀时由快进转为工进的位置平面。

3）加工完成平面。加工完成平面是指最终孔深的位置平面，又称加工底平面。加工完成平面必须低于加工开始平面。

4）加工返回平面。加工返回平面是指循环中沿 Z 轴（刀轴）加工至加工完成平面后返回的位置平面，又称初始平面。加工返回平面必须等于或高于加工开始平面。

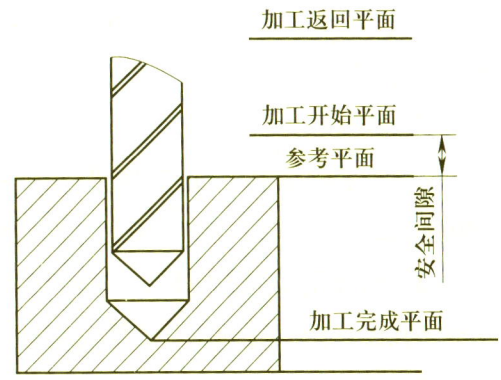

图 2-2-18　固定循环指令四个重要位置平面

（2）创建工件毛坯。目前，SINUMERIK 828D 数控系统能够创建的毛坯类型有五种，依据毛坯类型和尺寸采用固定化的格式，只能修改毛坯的外形尺寸数据。本书只对六面体中心毛坯的参数进行说明，其他毛坯类型的创建知识详见编程手册。

1）创建毛坯外形（RECTANGLE）。六面体中心毛坯是六面体毛坯的一种特殊形式。按照这种毛坯外形的特点，其表面尺寸通过 W（毛坯宽度）和 L（毛坯长度）确定，毛坯高度 H1 可以通过切换键在绝对尺寸（abs）和相对尺寸（inc）之间进行选择，如图 2-2-19 所示。

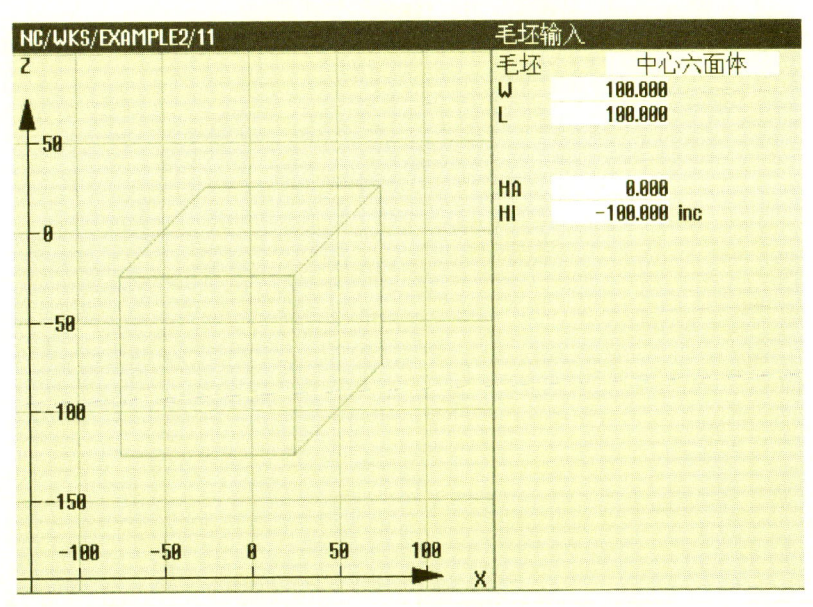

图 2-2-19　创建六面体中心毛坯时的尺寸标注及参数输入

2）设定编程原点。编程原点（X0，Y0）通常设定在毛坯上表面的对称中心处，初始尺寸 Z0 可以通过在 HA（毛坯上表面的位置）处输入尺寸数据（默认 abs）来设定。

3）确定六面体中心毛坯外形尺寸。毛坯宽度为 100.000 mm，毛坯长度为 100.000 mm，初始尺寸（Z 向原点）为 0.000 mm，最终尺寸为 -100.000 mm。

（3）钻孔循环指令编程。本书只对中心孔指令（CYCLE81）的参数进行说明，其他钻孔循环指令的创建方法详见编程手册。

中心孔指令（CYCLE81）实现了钻中心孔循环，刀具以 G00 速度运行到加工开始平面，以程序中编辑的主轴转速和进给速度对单个孔或多个孔进行钻削加工，在到达指定深度后停留一段时间（由 DT 表示）后，刀具退回至加工返回平面。

创建钻孔加工程序，在"程序编辑器"中完成准备部分的零件加工程序的编写。然后，选择【钻削】软键，进入钻削循环指令调用界面，选择屏幕右方的【钻中心孔】软键，打开钻中心孔编辑界面。钻中心孔循环的参数输入界面如图 2-2-20 所示，钻中心孔循环编程操作界面说明见表 2-2-2。

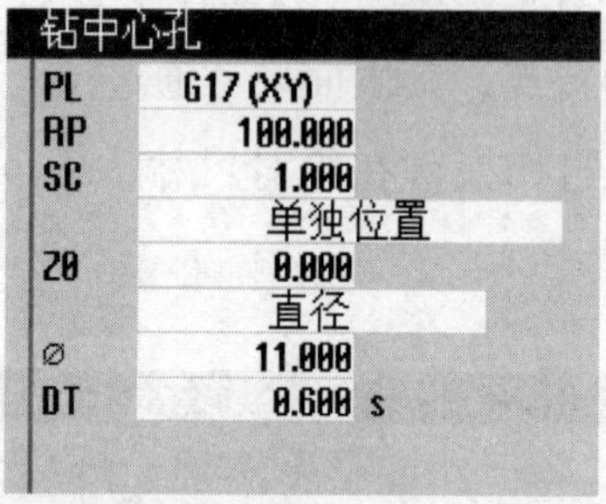

图 2-2-20 钻中心孔循环的参数输入界面

表 2-2-2 钻中心孔循环编程操作界面说明

序号	参数	编程操作	说明
1	PL	选择 G17（XY）	选择加工平面
2	RP	输入加工返回平面	—
3	SC	输入安全距离	—
4	加工位置	选择单独位置	在指定的位置上钻一个定心孔
		选择位置模式	使用 MCAL 指令钻多个定心孔
5	Z0	输入参考平面	指 Z 向编程原点

续表

序号	参数	编程操作	说明
6	深度位置	选择直径	以直径为参照
		选择刀尖	以加工深度为参照
7	φ（定心直径）	输入要求的直径	达到编程直径为止，仅在直径定心时
	Z1（尺寸模式）	输入钻削深度（abs）	达到编程深度为止，仅在刀尖定心时
		输入钻削深度（inc）	
8	DT	输入停留时间	选择最终深度的停留时间

（4）铣削循环指令编程。本书只对端面铣削循环指令（CYCLE61）的参数进行说明，其他铣削循环指令的创建方法详见编程手册。

端面铣削循环指令（CYCLE61）一般用于对矩形工件表面进行粗、精铣削加工。端面铣削循环的参数输入界面如图 2-2-21 所示，端面铣削循环编程操作界面说明见表 2-2-3。

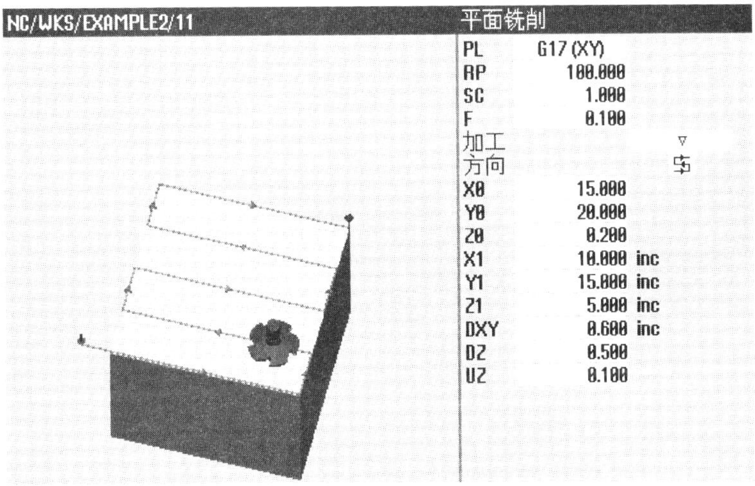

图 2-2-21 端面铣削循环的参数输入界面

表 2-2-3 端面铣削循环编程操作界面说明

序号	参数	编程操作	说明
1	PL	选择 G17（XY）	选择加工平面
2	RP	输入加工返回平面	距工件坐标系 Z 向原点数值（abs）
3	SC	输入安全距离	—

续表

序号	参数	编程操作	说明
4	F	进给率	单位是 mm/min
5	加工	选择粗加工▽	加工性质选择（精加工时无最大吃刀量）
		选择精加工▽▽▽	
6	方向	选择往复加工（水平方向）	选择刀具轨迹方向
		选择相同的加工方向（X轴正方向）	
		选择往复加工（垂直方向）	
		选择相同的加工方向（Y轴正方向）	
7	X0	输入角点1X	X轴距编程原点的X向尺寸（位置数据）
8	Y0	输入角点1Y	Y轴距编程原点的Y向尺寸（位置数据）
9	Z0	输入待铣削毛坯高度	上表面距编程原点的Z向尺寸（位置数据）
10	X1	输入角点2X	选择工件坐标系的工件尺寸（abs）
		参照X0输入角点2X	选择相对于X0的增量尺寸（inc）
11	Y1	输入角点2Y	选择工件坐标系的工件尺寸（abs）
		参照Y0输入角点2Y	选择相对于Y0的增量尺寸（inc）
12	Z1	输入成品高度	选择工件坐标系的工件尺寸（abs）
		参照Z0输入成品高度	选择相对于Z0的增量尺寸（inc）
13	DXY	输入铣刀直径的百分比	选择切入值，按刀具直径计算（abs）
		输入最大平面横向进给值	选择的切入值为相邻两刀轨间距（inc）
14	DZ	输入最大吃刀量（仅粗加工）	每次均为最大层深
15	UZ	输入精加工余量深度	为精加工留下加工余量

（5）轮廓铣削循环指令编程。轮廓铣削加工循环不仅能对零件上的单一轮廓进行处理，而且能对零件上的多个轮廓进行综合处理。零件轮廓可以是封闭的曲线，也可以是开放的曲线。本书只对路径铣削循环指令（CYCLE72）的参数进行说明，其他轮廓铣削循环指令的创建方法详见编程手册。

轮廓轨迹是轮廓铣削编程中最关键的要素，不同的轮廓铣削循环都需要一个或多个轮廓轨迹。沿着轮廓轨迹进行粗加工或精加工的最简单方法是使用轮廓铣削程序。路径铣削循环的参数输入界面如图 2-2-22 所示，路径铣削循环编程操作界面说明见表 2-2-4。

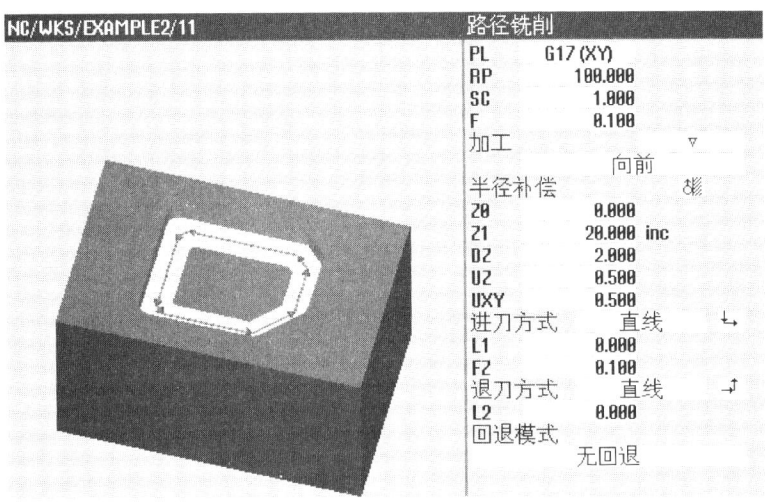

图 2-2-22　路径铣削循环的参数输入界面

表 2-2-4　路径铣削循环编程操作界面说明

序号	参数	编程操作	说明
1	PL	选择 G17（或 G18、G19）	选择加工平面
2	RP	输入加工返回平面	—
3	SC	输入安全距离	—
4	F	进给率	单位是 mm/min
5	加工位置	选择粗加工▽	加工性质选择（精加工时无最大吃刀量）
		选择精加工▽▽▽	
		选择倒角	
6	方向	选择向前	按照编程的轮廓方向加工
		选择回退	按照编程的轮廓方向加工
7	半径补偿	刀具在轮廓左侧	半径补偿在轮廓左侧
		刀具在轮廓右侧	半径补偿在轮廓右侧
		半径补偿关闭	—
8	Z0	输入参考点	—
9	FS（图 2-2-22 中未显示）	输入倒角时的斜边宽度	—

续表

序号	参数	编程操作	说明
10	ZFS（图2-2-22中未显示）	输入刀尖插入深度	必须选择倒角
11	Z1	输入最终深度	—
12	DZ	输入最大吃刀量	必须选择粗加工或精加工
13	UZ	输入精加工余量深度	必须选择粗加工
14	UXY	输入平面精加工余量	必须选择粗加工，不能选择半径补偿关闭
15	进刀方式	选择直线	选择平面逼近模式
		选择1/4圆	
		选择半圆	
		选择垂直	
		选择↳	选择空间逼近模式
		选择↘	
16	L1	输入逼近长度	必须选择直线的进刀方式
17	R1（图2-2-22中未显示）	输入逼近半径	必须选择1/4圆或半圆的进刀方式
18	FZ	输入深度进给率	必须选择平面逼近模式为直线、空间逼近模式为↳
19	退刀方式	选择直线	选择平面回退模式
		选择1/4圆	
		选择半圆	
		选择↱	选择空间回退模式
		选择↘	
20	L2	输入返回长度	不能选择垂直的进刀方式，必须选择直线的退刀方式
21	R2（图2-2-22中未显示）	输入回退半径	不能选择直线的退刀方式
22	回退模式	选择到加工返回平面	不能选择重新进给前的退刀方式，不能选择倒角
		选择Z0+安全距离	
		选择无回退	
		选择移动安全距离	

培训项目 3 机械功能部件调整与整机调整检查

数控机床及其部件的精度调整是机床装调维修工的一项基本技能。金属切削机床的几何精度检验是指最终影响机床工作精度的那些零部件的精度检验，包括尺寸精度、形状精度、位置精度、运动精度等的检验。

整机及部件的精度检验一般按照制造厂提供的技术文件进行，这类技术文件通常是符合一定标准的。目前，国内制造厂遵循的基础性标准是《机床检验通则 第 1 部分：在无负荷或精加工条件下机床的几何精度》（GB/T 17421.1—1998）（以下简称《检验通则》），《检验通则》为推荐性国家标准，它在内容上等效于国际标准《机床检验通则 第 1 部分：在无负荷或精加工条件下机床的几何精度》（*Test code for machine tools—Part 1: Geometric accuracy of machines operating under no-load or quasi-static conditions*）（ISO 230—1：2012）。对于新制、安装、使用和修理后的各种数控机床，均应按《检验通则》的规定检验几何精度。

培训单元 1 数控机床的水平检测与调整

一、数控机床水平精度及其标准

1. 数控机床的水平精度

数控机床的水平精度是几何精度和工作精度的基础。通常把数控机床安装在适当的基础上，调平不是为了使床身或立柱处于理想的水平或垂直状态，而是为了获得静态稳定性，以便于进行精度检验。在对数控机床进行调平时，不得通过强制变形来使床身达到水平状态，因为床身变形后会产生局部应力，所以无法获得静态稳定性。

金属切削机床的水平精度可以影响其他精度。例如，在对一台 CK6142 数控车床进行大修时，通常先对床身导轨进行加工和安装，待各项精度合格后再对各部件进行修理与装配。大修时常将床身直接置于水泥地面上，床身的水平精度未经调整是随机的。当大修结束后，在客户处进行安装时，通常先把水平精度调整好，然后测量各项精度，而有些精度经常达不到标准要求，如溜板移动时对主轴中心线的平行度可能超差。经过反复调平，虽然可使这些精度达到标准要求，但是水平精度可能又不符合标准要求了。由此可见，水平精度符合要求是大修工作的基础。因此，在所有大修工作中，在将床身导轨加工至合格和安装后，必须进行一次水平精度的调整，待其符合标准要求后再进行其他部件的修理与装配，这样就杜绝了上述问题的发生。当然，新数控机床的各项精度调整也是建立在床身水平精度合格的基础上的。

因为数控机床的水平精度往往直接影响其他精度，所以可以通过调整机床的水平精度（简称调平），使某些超差精度得到恢复。表 2-3-1 列出了可以通过调平恢复精度要求的精度项目，仅供参考。

表 2-3-1 可以通过调平恢复精度要求的精度项目

数控机床类型	精度项目
车床	溜板移动对主轴中心线的平行度 溜板移动对尾座顶尖套伸出方向的平行度 溜板移动对尾座顶尖套锥孔中心线的平行度 主轴中心线和尾座顶尖套中心线对床身导轨的不等高度 精车外圆锥度
铣床	主轴回转中心线对工作台面的平行度 升降台移动时对工作台面的垂直度
牛头刨床	工作台水平移动时对侧工作台面的垂直度 滑枕移动时对工作台面的平行度
龙门刨床	工作台移动时在垂直平面内的直线度 工作台移动时在水平面内的直线度 工作台移动时对工作台面的平行度 上刀架水平移动时对工作台面的平行度 侧刀架垂直移动时对工作台面的垂直度
摇臂钻床	立柱对底座工作面的垂直度（立柱只允许向底座工作面方向偏） 主轴中心线对底座工作面的垂直度（主轴下端只允许向立柱方向偏） 主轴套筒移动时对底座工作面的垂直度（主轴套筒下端只允许向立柱方向偏）

续表

数控机床类型	精度项目
立式钻床	立柱导轨对底座工作面的垂直度 立柱导轨对工作台面的垂直度
磨床	工作台移动时在垂直平面内的直线度 工作台移动时与尾架套筒中心线的平行度 工作台移动时与砂轮主轴中心线的平行度
冲床	滑块底面与工作台面的平行度 滑块移动时对工作台面的垂直度

2. 数控机床水平精度的标准

一般来讲，数控机床的水平检测和调整都应严格按照制造厂提供的技术文件要求执行。这里所说的技术文件一般是指"数控机床使用说明书"。不同类型数控机床的调平标准是由制造厂根据其静态稳定性来确定的。例如：对于 CAK 系列经济型数控卧式车床，在其导轨两端放置水平仪，水平仪在纵、横向的读数均应不超过 0.06 mm/1 000 mm[参见《简式数控卧式车床 第 1 部分：精度检验》（GB/T 25659.1—2010）]；对于 TK6913B 数控落地铣镗床，在精调水平过程中，用水平仪和校形工具在床身导轨的两个方向上进行校正，安装水平精度应调整在 0.02 mm/1 000 mm 以下；对于 VMC 系列立式加工中心，要将其安装水平精度调整到 0.03 mm/1 000 mm 以下。

二、数控机床水平检测

1. 水平检测前的安装

进行水平检测前，必须将数控机床安装在适当的地基上，并按照制造厂提供的使用说明书将其调平。首先选择一块平整的场地，然后根据规定的环境要求和地基图确定安装空间并做好地基。注意，除了要考虑操作空间，还要考虑维修空间。

对于数控机床来说，安装方法对其功能影响极大。即使一台数控机床的导轨是精密加工的，若安装不规范，它也不会达到最初的工作精度。而且，数控机床很多故障都是由安装不当引起的。因此，在安装数控机床之前必须仔细阅读使用说明书中的安装步骤，并按照规定的安装要求进行安装，否则将影响各项精度及使用寿命。

2. 床身的调平

当地脚孔中的水泥固化后，通常用调平螺栓重新对数控机床进行调平，并按照相关规定放置水平仪进行检测。所用水平仪的最小刻度宜为0.02 mm。调平步骤和允差可以查看数控机床附带的"精度检验单"。完成调平后，应把地脚螺栓和调平螺母牢牢地拧紧，确保水平精度不变。

从完成数控机床安装之日算起，通常每6个月检查一次床身的水平情况，每个月至少进行一次地基检查。如果发现有任何异常现象，应及时校正，以保证床身的水平精度。

3. 水平检测前的运转试验和性能检验

在对数控机床进行安装、调平后，在进行水平检测前，应先进行运转试验和性能检验。也就是说，在确认数控机床运转正常、性能合格后，要按使用说明书的规定使数控机床空运转一定时间，让影响数控机床水平精度的主要零部件（如主轴等）达到适当的温度并保持稳定，然后才可以进行水平检测。一般规定，数控机床在最高转速运转时，滑动轴承应不超过60 ℃，滚动轴承应不超过70 ℃。

4. 典型数控机床的水平检测实例

进行水平检测前，准备精度为0.02 mm/1 000 mm的水平仪、0级精度平尺、等高块等。

（1）普通卧式车床的水平检测（见图2-3-1）

1）将导轨擦拭干净，将水平仪直接放在导轨上，然后观察水平仪的读数并进行调整。进行横向检测时，首先在导轨上放置两个等高块，然后将平尺放在等高块上，再将水平仪放在平尺上，然后横向移动水平仪，观察水平仪的读数并进行调整。

图2-3-1 普通卧式车床的水平检测

2）将水平仪平稳地固定在滑板上，然后纵向移动溜板，观察水平仪的读数；将水平仪平稳地固定在滑板上，然后横向移动滑板，观察水平仪读数。

检验技术要求：在纵向上，当 500 mm＜最大工件长度≤1 000 mm 时，导轨在垂直平面内的直线度允差值为 0.020 mm（凸）；在横向上，导轨应在同一平面内，水平允差值为 0.04 mm/1 000 mm。

（2）经济型立式加工中心的水平检测

1）在拆完主轴头、滑座以及工作台的固定配件后，进行水平调整。

2）接通电源，将工作台移到 X 轴、Y 轴行程的中间位置。

3）松开固定螺母，将调平螺栓调节到适当的长度。

4）交替调节所有的调平螺栓，用水平仪检测，误差应在 0.03 mm/1 000 mm 以下，然后用固定螺母来固定调平螺栓和地脚螺栓。

5）将工作台移动至 Y 轴两向行程最远端，再次检测水平情况，误差应在 0.03 mm/1 000 mm 以下。

（3）TK6913B 数控落地铣镗床的水平检测

1）按地基尺寸将垫铁和地脚螺栓放在地脚孔中，并将地脚螺栓按规定要求埋入一定深度；然后将床身放在地基上，用水平仪和垫铁对床身导轨进行粗调平；再向地基预留坑内灌注水泥，待水泥固化且固定地脚螺栓和垫铁后，用水平仪和校形工具在床身导轨的两个方向上进行校正，安装水平误差应调整在 0.016 mm/1 000 mm 以下。

将 TK6913B 数控落地铣镗床的水平初步调好后，安装滑座、立柱、主轴箱、重锤等。当可开机时再进行精调平，一般在铣镗床处于自由状态下时进行调整，不要通过拧紧地脚螺栓或局部加压等方法使其变形来满足精度要求。在紧固地脚螺栓时必须注意水平仪读数的变化，避免因紧固方法不当而使铣镗床产生变形。

2）清洗铣镗床加工面及各导轨面上的防锈油，之后涂润滑油。检查、清洗卸下的管接头，将电缆插头擦干净。

3）在铣镗床安装就位、各部件清洗干净后，按照相关要求进行接管和接线。一般按照拆卸时的编号顺序进行接管，按照插头编号或线缆编号（查看电气说明书）顺序进行接线。

4）在开机前应按使用说明书要求在各润滑部位注油，并手动检查各移动部件，待一切正常后进行空运转试车，使铣镗床由低速逐渐向高速运转，待运转正常后检查铣镗床的各项精度。

三、数控机床水平调整

数控机床水平调整是非常重要的，如果安装时水平误差较大，在使用过程中数控机床会产生变形，各部件原来正确的几何精度将发生变化，从而导致数控机床工作精度降低、使用寿命缩短。注意，数控机床安装后的水平调整是进行几何精度检验和工作精度检验的前提条件，但是不作为交工验收的正式项目。下面介绍如何对数控机床进行水平调整。

1. 水平调整的一般方法

在数控机床地基固化后，通常利用地脚螺栓和调整垫铁对床身进行精调平，必要时可以稍微改变导轨上的镶条、预紧滚轮等。对于普通机床，水平仪读数应不超过 0.04 mm/1 000 mm；对于高精度机床，水平仪读数应不超过 0.02 mm/1 000 mm。在找正水平后，移动床身上各移动部件（如立柱、床鞍、工作台等），在各坐标全行程内观察、记录数控机床水平变化情况，并调整数控机床的几何精度，使之符合允差值要求。常用的检测工具有精密水平仪、标准方尺、平尺、平行光管等。

小型数控机床为一体式结构，刚度好，水平调整比较容易。大中型数控机床床身大多是由多个垫铁支承的，为了不使床身发生不必要的扭曲变形，通常要求在床身自由状态下进行水平调整，这样可以保证床身精调平后工作的长期稳定性，提高几何精度的持久性。对于床身长度大于 8 m 的数控机床，若使其达到"自然调平"要求有困难，可先经过"自然调平"，然后采用数控机床技术要求允许的方法强制使其达到相关的精度要求。所谓的"自然调平"是指床身或整机依靠自重放置在调整垫铁上，不紧固地脚螺栓或其他调平螺栓，不增加任何能使之产生额外内应力的约束，使之完全处于自然状态而达到水平精度要求的情形。

数控机床安装后的水平调整应符合以下要求：（1）通常以床身、导轨作为检验基础，并用水平仪、专用检具等在导轨两端、接缝处和立柱连接处按导轨的纵、横向分别进行检验；（2）将水平仪分别按床身的纵、横向放置在工作台或溜板上，移动工作台或溜板，在技术文件规定的位置进行测量；（3）如果以数控机床的工作台或溜板作为检验基础，并将水平仪按床身的纵、横向放置在工作台或溜板上进行测量，那么不应移动工作台或溜板；（4）将水平仪在导轨纵向上等距离地移动测量，记录水平仪读数，并在坐标纸上依次标出各读数值，画出垂直平面内直线度的偏差曲线，以偏差曲线两端点连线的斜率数值作为该数控机床的纵向安装水平偏差（横向安装水平偏差以横向上水平仪的读数值得出）。

2. 典型数控机床的水平调整实例

(1) 普通卧式车床的水平调整

1) 粗调平。选用与地脚螺栓相配的多组楔形垫铁支承,每组包括两块楔形垫铁,将楔形垫铁放在地脚螺栓附近。楔形垫铁的规格通常是宽 40~60 mm、长 140 mm、斜度 5°。在一组楔形垫铁中,下面的一块大头向内,上面的一块大头向外,这样便于调整。用水平仪在导轨两端检查水平精度,在纵、横向上,误差均不得超过 0.02 mm/1 000 mm。如果安装水平达不到要求,则应调整楔形垫铁。粗调平完毕,在地脚孔内灌入水泥,待水泥干透再进行精调平。

2) 精调平。既要调整楔形垫铁,又要调整地脚螺栓,直至普通卧式车床的水平精度达到要求为止。所有地脚螺栓应均匀拧紧,不得影响水平精度。在水平精度合格后,用水泥固定楔形垫铁并修好地基表面。注意,床脚周围的水泥必须抹平,以免润滑油渗入。

(2) 经济型数控车床的水平调整

1) 临时水平调整。吊起经济型数控车床,将地脚螺栓放入床脚对应的螺孔中,将垫铁放在地基图规定的位置上;然后将经济型数控车床慢慢地放下,使地脚螺栓进入地脚孔中。将楔形垫铁打入床身下方,先进行临时性水平调整,做到粗调平。在完成粗调平后,用水泥将地脚螺栓固定。

2) 最终水平调整。在地脚孔中的水泥固化后,用调水平螺栓重新调好水平,按照临时水平调整的规定放置水平仪进行检测。对于调平步骤和允差,详见每台机床附带的"精度检验单"。完成最终水平调整后,应把地脚螺栓和调平螺栓牢牢地拧紧,确保水平精度不变。

(3) 经济型立式加工中心的水平调整。经济型立式加工中心的水平调整简图如图 2-3-2 所示。安装调平螺栓和垫块,预先按尺寸装好地脚螺栓,垫上随附的测平块,将机床放于其上。将用来固定地脚螺栓和调平螺栓的螺母放置在床身的上方,按地基图布置垫铁。在检验经济型立式加工中心的水平精度之前,先调整安装水平,将工作台、滑座、主轴箱等移动部件分别置于行程的中间位置,在工作台中央放置水平仪,水平仪在纵、横向的读数变化应不超过 0.03 mm/1 000 mm。等拆完主轴头、滑座以及工作台的固定配件后,再进行水平调整。接通电源,将工作台移动到 X 轴、Y 轴行程的中间位置。松开固定螺母,将调平螺栓调节到适当的位置。交替调节所有的调平螺栓,借助水平仪将水平误差调整到 0.03 mm/1 000 mm 以下。最后,用固定螺母来固定调平螺栓和地脚螺栓。

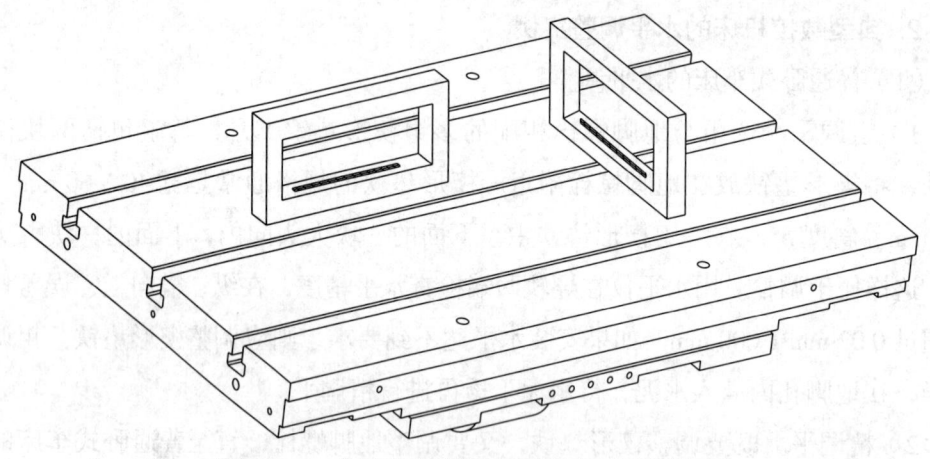

图 2-3-2　经济型立式加工中心的水平调整简图

培训单元 2　功能部件的几何精度和定位精度检测

一、与功能部件几何精度、定位精度有关的国家标准

功能部件的精度检测一般伴随着整个装配过程，可以安排专人负责，也可以与供应商或第三方检测机构合作。虽然不同厂家、不同检测人员、不同类型功能部件所采取的检测方法不尽相同，但都必须遵循与功能部件几何精度、定位精度有关的国家标准，如《产品几何技术规范（GPS） 线性尺寸公差 ISO 代号体系 第 1 部分：公差、偏差和配合的基础》（GB/T 1800.1—2020）、《数控车床和车削中心检验条件　第 2 部分：立式机床几何精度检验》（GB/T 16462.2—2017）、《机床检验通则　第 2 部分：数控轴线的定位精度和重复定位精度的确定》（GB/T 17421.2—2016）、《加工中心检验条件　第 4 部分：线性和回转轴线的定位精度和重复定位精度检验》（GB/T 18400.4—2010）。

二、功能部件几何精度检测

1. 卧式车床功能部件几何精度检测

（1）溜板在水平面内移动的直线度检测

1）检测准备。准备主轴顶尖、尾座顶尖、检验棒、百分表、磁力表座等。

2）操作要求。将主轴锥孔、尾座锥孔擦拭干净，安装好各自的顶尖，将检验棒固定在两顶尖之间，将尾座紧固在床身导轨上，将套筒退入尾座锥孔内并锁紧，将磁力表座固定在方刀台上，使测头触及检验棒，在水平方向将百分表顶在检验棒上（在两顶尖轴线和刀尖所确定的平面内进行检验），调整尾座，当百分表在检验棒两端的读数相等时，纵向移动溜板，观察百分表读数的变化，如图 2-3-3 所示。

图 2-3-3　溜板在水平面内移动的直线度检验

3）检测要求。当 500 mm ＜行程≤ 1 000 mm 时，溜板在水平面内移动的直线度允差值为 0.02 mm。

（2）尾座移动对溜板移动的平行度检测

1）检测准备。准备百分表、磁力表座等。

2）操作要求。将磁力表座固定在小滑板上，手动摇出套筒并锁紧，使测头触及检验棒（在垂直平面内使测头触及检验棒外圆最高点），将尾座与床鞍连接牢固，然后纵向移动溜板，使床鞍与尾座同时移动，观察百分表读数的变化，如图 2-3-4 所示。

图 2-3-4　尾座移动对溜板移动的平行度检测
a）在水平平面内　b）在垂直平面内

3）检测要求。当行程不大于 1 500 mm 时，在水平、垂直平面内的平行度允差值均为 0.03 mm，局部公差在任意 500 mm 测量长度上为 0.02 mm；当行程大于 1 500 mm 时，在水平、垂直平面内的平行度允差值均为 0.04 mm，局部公差在任意 500 mm 测量长度上为 0.03 mm。

（3）主轴轴向窜动和轴肩支承面跳动检测

1）检测准备。准备检验棒、百分表、磁力表座、滚珠等。

2）操作要求。在主轴安装好检验棒，在检验棒顶尖孔内放置滚珠，将磁力表座固定在方刀台上，使百分表测头垂直触及滚珠，然后旋转主轴，观察百分表读数的变化，如图 2-3-5a 所示。将磁力表座固定在小滑板上，使百分表测头垂直触及主轴端面，然后旋转主轴，观察百分表读数的变化，如图 2-3-5b 所示。

图 2-3-5　主轴轴向窜动和轴肩支承面跳动检测
a）主轴轴向窜动检测　b）轴肩支承面跳动检测

3）检测要求。主轴轴向窜动应不大于 0.01 mm，轴肩支承面跳动应不大于 0.02 mm。

（4）主轴定心轴颈的径向跳动检测

1）检测准备。准备百分表、磁力表座等。

2）操作要求。将磁力表座固定在方刀台上，使百分表测头触及主轴短锥面，然后旋转主轴，观察百分表读数的变化，如图 2-3-6 所示。

图 2-3-6　主轴定心轴颈的径向跳动检测

3)检测要求。主轴定心轴颈的径向跳动应不大于 0.01 mm。

(5)主轴轴线的径向跳动检测

1)检测准备。准备检验棒、百分表、磁力表座等。

2)操作要求。将检验棒插入主轴锥孔中,将磁力表座固定在方刀台上,使百分表测头触及检验棒,然后旋转主轴,观察百分表读数的变化,如图 2-3-7 所示。注意,D_a 为床身上最大回转直径,下同。

图 2-3-7 主轴轴线的径向跳动检测

a)靠近主轴端面 b)距主轴端面 $D_a/2$ 处或 300 mm 以内

3)检测要求。靠近主轴端面的径向跳动应不大于 0.01 mm,在 300 mm 测量长度上径向跳动应不大于 0.02 mm。

(6)主轴轴线对溜板纵向移动的平行度检测(检测长度为 $D_a/2$ 或不超过 300 mm)

1)检测准备。准备检验棒、百分表、磁力表座等。

2)操作要求。将检验棒插入主轴锥孔中,将磁力表座固定在方刀台上,使百分表测头触及检验棒(在垂直平面内使测头触及检验棒外圆最高点),然后纵向移动溜板,观察百分表读数的变化,如图 2-3-8 所示。将主轴旋转 180°,重复一次上述操作,两次读数之和的 1/2 即为平行度偏差。

3)检测要求。在水平平面内 300 mm 测量长度上,平行度允差值不大于 0.015 mm,只允许前偏;在垂直平面内 300 mm 测量长度上,平行度允差值不大于 0.02 mm,只允许上偏。

(7)主轴顶尖的径向跳动检测

1)检测准备。准备主轴顶尖(顶尖套)、百分表、磁力表座等。

2)操作要求。将磁力表座固定在方刀台上,使百分表测头触及顶尖锥面,然后旋转主轴,观察百分表读数的变化,如图 2-3-9 所示。

图 2-3-8 主轴轴线对溜板纵向移动的平行度检测
a）在水平平面内检测 b）在垂直平面内检测

图 2-3-9 主轴顶尖的径向跳动检测

3）检测要求。主轴顶尖的径向跳动应不大于 0.015 mm。

（8）尾座套筒轴线对溜板移动的平行度检测

1）检测准备。准备百分表、磁力表座等。

2）操作要求。将磁力表座固定在小滑板上，将尾座紧固在床身导轨上，手动将套筒摇出 100 mm 并锁紧，使百分表测头触及检验棒（在垂直平面内使测头触及检验棒外圆最高点），然后纵向移动溜板，观察百分表读数的变化，如图 2-3-10 所示。

图 2-3-10 尾座套筒轴线对溜板移动的平行度检测
a）在水平平面内 b）在垂直平面内

3）检测要求。在水平平面内 100 mm 测量长度上，平行度允差值应不大于 0.015 mm，只允许前偏；在垂直平面内 100 mm 测量长度上，平行度允差值不大于 0.02 mm，只允许上偏。

（9）尾座套筒锥孔轴线对溜板移动的平行度检测（检测长度为 $D_a/4$ 或不超过 300 mm）

1）检测准备。准备检验棒、百分表、磁力表座等。

2）操作要求。将尾座紧固在床身导轨上，将套筒退入尾座锥孔内并锁紧，将磁力表座固定在方刀台上，使百分表测头触及检验棒（在垂直平面内测头触及检验棒外圆最高点），然后纵向移动溜板，观察百分表读数的变化，如图 2-3-11 所示。拔出检验棒，将检验棒旋转 180° 后重新插入套筒孔中，重复一次上述操作，两次读数之和的 1/2 即为平行度偏差。

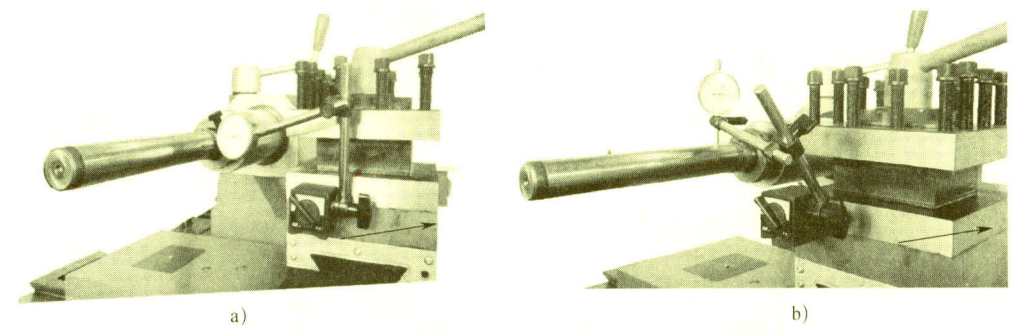

图 2-3-11　尾座套筒锥孔轴线对溜板移动的平行度检测
a）在水平平面内检测　b）在垂直平面内检测

3）检测要求。在水平平面内 300 mm 测量长度上，平行度允差值不大于 0.03 mm，只允许前偏；在垂直平面内 300 mm 测量长度上，平行度允差值不大于 0.03 mm，只允许上偏。

（10）主轴和尾座两顶尖的等高度检测

1）检测准备。准备主轴和尾座顶尖、检验棒、百分表、磁力表座等。

2）操作要求。将主轴锥孔、尾座锥孔擦拭干净后，安装好顶尖，将检验棒固定在两顶尖之间，将尾座紧固在床身导轨上，将套筒退入尾座锥孔内并锁紧，将磁力表座固定在方刀台上，使百分表测头触及检验棒外圆最高点，再纵向移动溜板，观察百分表读数的变化，如图 2-3-12 所示。将检验棒旋转 180°，重复一次上述操作，两次读数之和的 1/2 即为等高度偏差。

3）检测要求。主轴和尾座两顶尖的等高度允差值不大于 0.04 mm，且尾座顶尖高于主轴顶尖。

图 2-3-12　主轴和尾座两顶尖的等高度检测

（11）小滑板纵向移动对主轴轴线的平行度检测

1）检测准备。准备检验棒、百分表、磁力表座等。

2）操作要求。将检验棒插入主轴锥孔中，将磁力表座固定在方刀台上，使测头触及检验棒（在垂直平面内使测头触及检验棒外圆最高点），然后纵向移动小滑板，观察百分表读数的变化，如图 2-3-13 所示。使主轴旋转 180°，重复一次上述操作，两次读数之和的 1/2 即为平行度偏差。

图 2-3-13　小滑板纵向移动对主轴轴线的平行度检测

3）检测要求。在 300 mm 测量长度上，小滑板纵向移动对主轴轴线的平行度允差值不大于 0.04 mm。

（12）中滑板横向移动对主轴轴线的垂直度检测

1）检测准备。准备检具、百分表、磁力表座等。

2）操作要求。将磁力表座固定在方刀台上，使百分表测头触及检具端面（靠近主轴中心位置），然后横向移动中滑板，观察百分表读数的变化，如图 2-3-14 所示。

图 2-3-14 中滑板横向移动对主轴轴线的垂直度检测

3）检测要求。在 300 mm 测量长度上，中滑板横向移动对主轴轴线的垂直度允差值不大于 0.02 mm，偏差方向不小于 90°。

（13）丝杠的轴向窜动检测

1）检测准备。准备百分表、磁力表座等。

2）操作要求。将磁力表座固定在床身端面，使百分表测头触及丝杠端面，然后转动丝杠，观察百分表读数的变化，如图 2-3-15 所示。

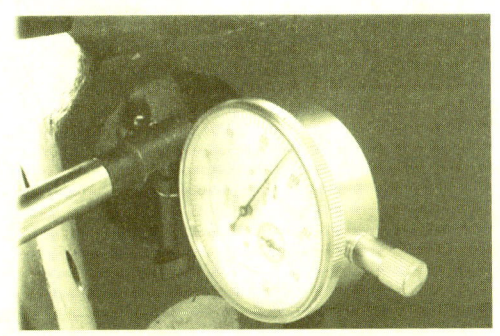

图 2-3-15 丝杠的轴向窜动检测

3）检测要求。丝杠的轴向窜动不大于 0.015 mm。

2. 数控车床功能部件几何精度检测

（1）刀架检测

1）刀架垫片厚度调整

①检查刀塔安装方向。如图 2-3-16 所示，将磁力表座吸附在主轴箱上，使千分表测头压在刀夹安装基面上，移动床鞍，检测安装基面的精度，要求安装基面对溜板移动的平行度允差值不大于 0.01 mm；擦净刀架外圆刀压刀面，将磁力表座吸附在主轴箱上，使千分表测头压在刀架外圆刀压刀面上，移动床鞍，检测 X 轴移动对刀架外圆刀压刀面的平行度是否合格，要求平行度允差值不大于 0.01 mm。

图 2-3-16 检查刀塔安装方向

②复检主轴精度。如图 2-3-17 所示,将检验棒插入主轴锥孔内,将磁力表座吸附在刀架上,使千分表指针分别指向检验棒的侧母线和上母线,检测回转刀架移动对主轴轴线的平行度,要求主平面内平行度允差值为 0.012 mm,次平面内平行度允差值为 0.014 mm。

图 2-3-17 复检主轴精度

③测量中心高。如图 2-3-18 所示,将等高检具安装在刀架上,用深度千分尺测量等高检具上表面距离主轴检验棒表面的数值 A。注意,一定要在与刀具垂直的平面内进行测量。测量前用千分表找到检验棒最高点,并用色笔记录。

④计算等高检具上表面距离主轴检验棒表面的理论数值 B(B= 等高检具高度 − 刀柄尺寸 − 主轴检验棒半径)。计算时,使用各工装的实际测量尺寸。

⑤计算刀架垫磨量 C($C=A-B-0.05$ mm),磨后测量刀架垫的实际尺寸,如图 2-3-19 所示,保证配磨后刀尖高于主轴轴线 0.05~0.1 mm。

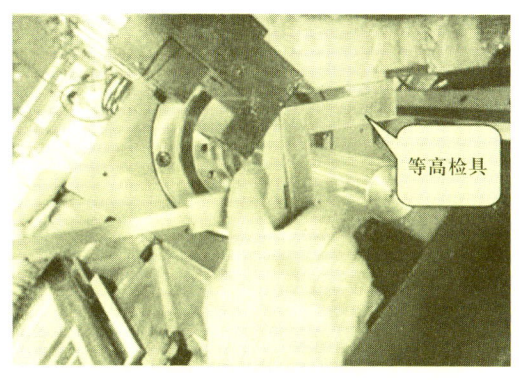
图 2-3-18 测量中心高

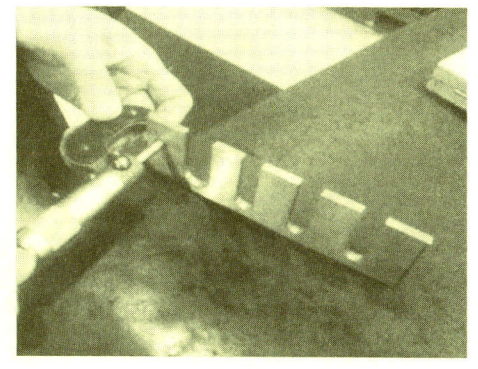
图 2-3-19 磨后测量刀架垫的实际尺寸

⑥用螺钉紧固刀架及配磨的刀架垫，如图 2-3-20 所示。紧固后的刀架结合面用 0.04 mm 塞尺应塞不入。

2）刀架精度复检（见图 2-3-21）

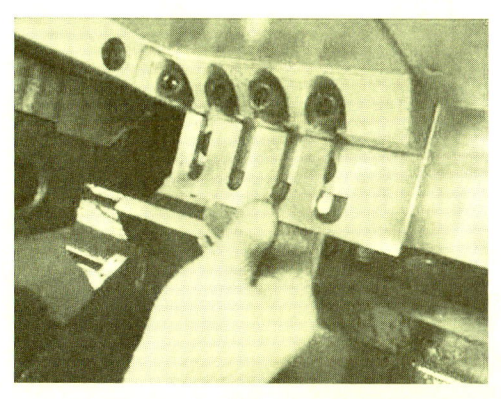
图 2-3-20 用螺钉紧固刀架及配磨的刀架垫

图 2-3-21 刀架精度复检

①将磁力表座吸附在主轴箱上，使千分表测头压在刀塔安装基面上，分别移动床鞍及转动刀架，检测转塔附具安装基面的精度。要求安装基面对溜板移动的平行度允差值不大于 0.01 mm。

②将磁力表座吸附在主轴箱上，使千分表测头压在刀塔定位面上，分别移动床鞍及转动刀架，检测转塔附具定位面的精度。要求定位面对溜板移动的平行度允差值不大于 0.01 mm。

（2）重切、抗振检验。安装手动卡盘，如图 2-3-22 所示。

1）重切检验（见图 2-3-23）。即进行数控机床主轴 2/3 扭矩试验，观察切削过程有无振颤现象，试料有无振纹。试料规格为 ϕ110 mm×90 mm，所用刀具为 45° 机夹刀具。数控机床主轴 2/3 扭矩试验的试验参数见表 2-3-2。

图 2-3-22　安装手动卡盘　　　　　图 2-3-23　重切检验

表 2-3-2　数控机床主轴 2/3 扭矩试验的试验参数

项目	主轴转速	背吃刀量	进给量	主轴扭矩	切削长度
数据	400 r/min	4 mm	0.32 mm/r	143 N·m	50 mm

2）抗振检验（见图 2-3-24）。检验前先中速启动数控机床使其升温，空运转转速为 2 000 r/min，时间为 20 min。试料规格为 $\phi 72 \times 108$ mm，所用刀具为 5 mm 宽切刀。进行切削时，要观察切削过程有无振颤现象。切削参数见表 2-3-3。

图 2-3-24　抗振检验

（3）空运转、中速升温时的精度检测

1）床身导轨直线度检测。如图 2-3-25 所示，将床身水平检具（整机）置于刀架上，移动床鞍，观察水平仪读数的变化，调整地脚螺栓使床身水平。

表 2-3-3　切削参数

项目	切削位置	主轴转速	背吃刀量	进给量	切削速度
数据	距卡盘端面 100 mm	500 r/min	5 mm	0.1 mm/r	113 m/min

检测要求如下：在纵向上，当全行程的直线度不大于 0.015 mm 且中间凸起时，任意 250 mm 测量长度上的直线度允差值不大于 0.004 mm；在横向 1 000 mm 测量长度上，直线度允差值不大于 0.03 mm。

2）尾座锥孔轴线对溜板移动的平行度检测。如图 2-3-26 所示，将磁力表座吸附在滑板上，使千分表测头压在检验棒上，移动床鞍，观察千分表读数的变化。

检测要求如下：在主平面内 300 mm 测量长度上，平行度允差值不大于 0.02 mm；在次平面内 300 mm 测量长度上，平行度允差值不大于 0.02 mm。

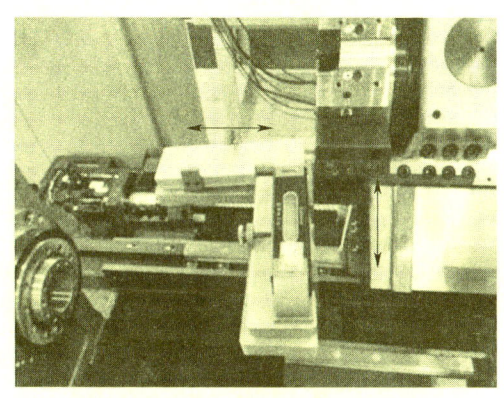

图 2-3-25　床身导轨直线度检测　　图 2-3-26　尾座锥孔轴线对溜板移动的平行度检测

3）主轴的轴向窜动检测。如图 2-3-27 所示，将检验棒插入主轴锥孔内，将磁力表座吸附在床鞍滑板上，将千分表测头压在检验棒前端的钢球上，转动检验棒，观察千分表读数的变化。

检测要求如下：主轴的轴向窜动不大于 0.005 mm。

4）主轴顶尖的跳动检测。如图 2-3-28 所示，将主轴顶尖插入主轴锥孔内，将磁力表座吸附在滑板上，将千分表测头压在主轴顶尖上，转动主轴，观察千分表读数的变化。

检测要求如下：主轴顶尖的跳动不大于 0.005 mm。

图 2-3-27　主轴的轴向窜动检测　　　　图 2-3-28　主轴顶尖的跳动检测

5）主轴卡盘定位锥面的径向跳动检测。如图 2-3-29 所示，将磁力表座吸附在床鞍滑板上，使千分表测头压在主轴卡盘定位锥面上且垂直于圆锥表面，转动主轴，观察千分表读数的变化。

检测要求如下：主轴卡盘定位锥面的径向跳动不大于 0.005 mm。

6）主轴卡盘定位端面的跳动检测。如图 2-3-30 所示，将磁力表座吸附在床鞍滑板上，使千分表测头压在卡盘定位端面上，转动主轴，观察千分表读数的变化。

检测要求如下：主轴卡盘定位端面的跳动不大于 0.008 mm。

图 2-3-29　主轴卡盘定位锥面的径向跳动检测　　　　图 2-3-30　主轴卡盘定位端面的跳动检测

7）回转刀架横向移动对主轴轴线的垂直度检测。如图 2-3-31 所示，将磁力表座吸附在床鞍滑板上，移动滑板，将千分表测头压在检具边缘处（靠近床鞍一侧），180°转动检具，将检具对角线上两角点差值调零，移动滑板使千分表沿直径方向移动，观察千分表读数的变化并记录最大差值。将主轴 180°转动后重复一次上述操作，将两次检测结果的平均值作为垂直度偏差。

检测要求如下：在 100 mm 测量长度上，垂直度允差值不大于 0.008 mm，偏差方向不大于 90°。

8）丝杠径向跳动检测。如图 2-3-32 所示，将磁力表座吸附在床身或导轨上，使千分表测头压在丝杠电动机端轴头外圆的表面上。

检测要求如下：丝杠径向跳动不超过 0.01 mm。

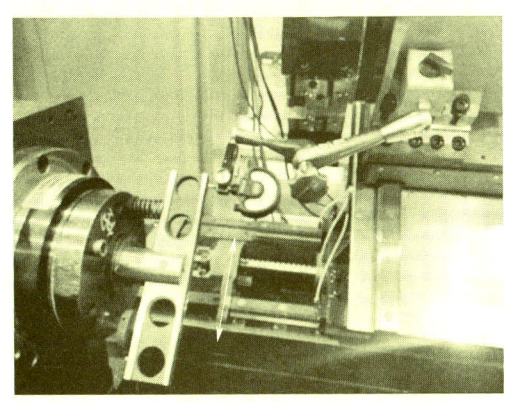

图 2-3-31　回转刀架横向移动对主轴轴线的垂直度检测

图 2-3-32　丝杠径向跳动检测

（4）热平衡后的精度检测。启动数控机床使其空运转，当数控机床以 2 000 r/min 转速空运转 0.5 h 后开始进行精度检测。

1）热平衡后主轴锥孔轴线的径向跳动检测。如图 2-3-33 所示，将检验棒插入主轴锥孔内，将磁力表座吸附在床鞍滑板上，分别将千分表测头压在检验棒靠近主轴端面处的 a 点及距主轴端面 300 mm 处的 b 点，转动检验棒，观察千分表读数的变化。

检测要求如下：a 点的径向跳动允差值不大于 0.006 mm，b 点的径向跳动允差值不大于 0.01 mm。

2）热平衡后回转刀架移动对主轴轴线的平行度检测。如图 2-3-34 所示，将检验棒插入主轴锥孔内，将磁力表座吸附在床鞍滑板上，分别将千分表测头压在检验棒侧母线和上母线上，移动床鞍，观察千分表读数的变化。

检测要求如下：在主平面内，平行度允差值不大于 0.012 mm（检验棒伸出端只允许偏向刀具）；在次平面内，平行度允差值不大于 0.014 mm（检验棒伸出端只允许偏向上方）。

图 2-3-33　热平衡后主轴锥孔轴线的径向跳动检测　　图 2-3-34　热平衡后回转刀架移动对主轴轴线的平行度检测

3) 热平衡后顶尖轴线对刀架溜板移动的平行度检测。如图 2-3-35 所示，将主轴顶尖和尾座顶尖分别插入主轴锥孔和尾座锥孔内，将磁力表座吸附在床鞍滑板上，使千分表测头压在检验棒上，移动床鞍，观察千分表读数的变化。

检验要求如下：在主平面内，平行度允差值不大于 0.012 mm（只允许检验棒尾座端偏向刀具）；在次平面内，平行度允差值不大于 0.02 mm（只允许尾座高）。

图 2-3-35　热平衡后顶尖轴线对刀架溜板移动的平行度检测

三、功能部件定位精度检测

数控机床定位精度是指零件、刀具等的实际位置与标准位置之间的差距，差距越小说明定位精度越高。数控机床定位精度是零件加工精度得以保证的前提。重复定位精度是指在相同条件下，同一台数控机床应用同一零件程序加工同一批零件所得到的连续结果的一致程度。因此，根据实测的定位精度数值可以判断这台数控机床在以后自动加工中所能达到的最好加工精度。与定位精度有关的国家标准有 GB/T 18400.4—2010、GB/T 17421.2—2016 等。

1. 普通车床工作精度检测

（1）精车外圆。精车外圆试件示意图如图 2-3-36 所示。试件材料为钢件，主轴转速为 500 ~ 710 r/min，背吃刀量为 0.1 mm，进给量为 0.1 mm/r。在同一纵截面内测得试件各端环带处加工后直径的变化，应该是大直径靠近主轴端。

检测要求如下：圆度允差值不大于 0.01 mm；在纵截面内，直径的一致性允差值不大于 0.04 mm/300 mm。

（2）精车端面的平面度（只允许凹）。精车端面试件的平面度示意图如图 2-3-37 所示。试件材料为铸铁，主轴转速为 160 ~ 180 r/min，背吃刀量为 0.1 mm，进给量为 0.1 mm/r。

检测要求如下：精车端面的平面度允差值不大于 0.025 mm/300 mm，只允许凹。

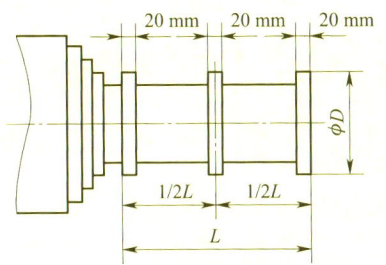

图 2-3-36　精车外圆试件示意图
（D=75 mm，L=300 mm）

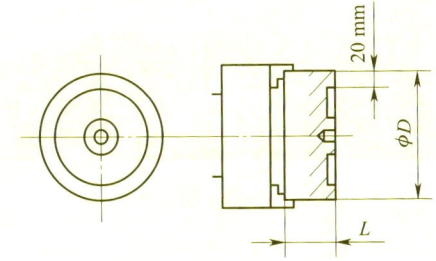

图 2-3-37　精车端面试件的平面度示意图
（D=300 mm，L=75 mm）

2. 数控车床工作精度检测

（1）精车外圆（见图 2-3-38）。试件规格为 φ65 mm×230 mm，刀具为 93°偏刀，主轴转速为 597 ~ 955 r/min，背吃刀量为 0.1 mm，切削速度为 150 m/min，进给量为 0.1 mm/r。

检测要求如下：表面粗糙度值不大于 1.6 μm，圆度允差值不大于 0.003 mm。

（2）镗孔（见图 2-3-39）。编制镗孔程序，分别粗镗和精镗两个 φ32 mm 孔和一个 φ40 mm 孔。在镗孔过程中应注意刀具的冷却。用塞规对孔的大小进行检测，如图 2-3-40 所示。要求 φ40 mm 孔使用两头相差 0.02 mm 的塞规，φ32 mm 孔使用两头相差 0.015 mm 的塞规。

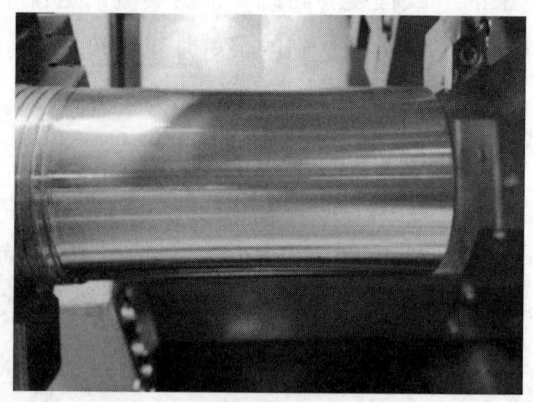

图 2-3-38　精车外圆的工作精度检测

图 2-3-39　镗孔

图 2-3-40　用塞规对孔的大小进行检测

培训单元 3　按照相关标准进行精度检测及填写检测报告单

一、数控机床精度检测相关标准的解读

1. 相关标准的类型

数控机床精度检测相关标准大致可以分为以下几类：JB/T 机械行业标准（JB 表示中国机械行业标准，T 表示推荐）；GB 强制性国家标准，GB/T 推荐性国家标准（T 表示推荐），GB/Z 指导性国家标准（Z 表示指导）。

与数控机床相关的强制性国家标准一般都是涉及安全、机械制图、螺纹、防护等级等方面的标准；而与数控机床精度相关的国家标准大多是 GB/T 推荐性国家标准，也有一部分 JB/T 机械行业标准［如《多用车床　第 1 部分：精度检验》（JB/T 8483.1—2011）、《数控多面切削车床　第 1 部分：型式与参数》（JB/T 11576.1—2013）等］。

2. 基础标准

GB/T 17421《机床检验通则》（以下简称《通则》）是所有机床精度检验的基础标准，是制定和执行各类机床精度标准的依据。各机床相关单位以前制定的通用部件、机床、自动线等方面的精度标准，若与《通则》矛盾，必须按《通则》修订或重新制定。

《通则》包括 8 个部分：在无负荷或精加工条件下机床的几何精度，数控轴线的定位精度和重复定位精度的确定，热效应的确定，数控机床的圆检验，噪声发射的确定，体和面对角线位置精度的测定（对角线位移检验），回转轴线的几何精度，数控机床探测系统测量性能的确定。

3. 不同种类数控机床的国家标准

根据《通则》和不同种类数控机床的特点，相关部门制定了有针对性的国家标准。

（1）机床通用技术条件。《金属切削机床　通用技术条件》（GB/T 9061—2006）规定了金属切削机床基本的共性技术要求。本标准适用于机床的设计、制造、检验与验收。

（2）车床精度检验标准。车床精度检验标准主要涉及几何精度、位置精度和工作精度的要求及检验方法。相关标准有《简式数控卧式车床　第 1 部分：精度检验》（GB/T 25659.1—2010）、《数控车床和车削中心检验条件　第 1 部分：卧式机床几何精度检验》（GB/T 16462.1—2007）、《卧式车床　精度检验》（GB/T 4020—1997）等。

（3）加工中心检验条件。GB/T 18400《加工中心检验条件》包括 9 个部分：卧式和带附加主轴头机床几何精度检验（水平 Z 轴），立式或带垂直主回转轴的万能主轴头机床几何精度检验（垂直 Z 轴），线性和回转轴线的定位精度和重复定位精度检验，工件夹持托板的定位精度和重复定位精度检验，进给率、速度和插补精度检验，精加工试件精度检验，三个坐标平面上轮廓特性的评定，刀具交换和托板交换操作时间的评定。

4. 企业技术文件与国家标准的关系

数控机床企业往往会针对某一系列产品制定相应的技术文件，如精度技术文件《制造验收技术要求》《合格证明书》等。一般而言，企业技术文件的要求会严于国家标准。例如，某企业《CAK80系列数控车床合格证明书》中的精度标准就高于国家标准GB/T 25659.1—2010。

二、数控机床精度检测

1. 进行精度检测前的数控机床状态

将数控机床安装、调平后，在进行精度检测前，应先对其进行各种运动的运转试验和性能检验。在确认各种运动的运转正常和各项性能合格后，应按数控机床使用说明书的规定，将数控机床空运转一定时间，使影响精度的主要零部件（如主轴部件）达到适当的温度并保持稳定，然后进行精度检测。当数控机床在最高转速条件下运转时，主轴轴承的温度要求具体如下：滑动轴承应不超过60 ℃，滚动轴承应不超过70 ℃。

2. 按国家标准对数控机床部件的精度进行检测

执行国家标准GB/T 25659.1—2010的数控机床产品，经检验合格后才准予出厂，部分检验项目见表2-3-4。

以经济型立式加工中心为例，对这类数控机床进行精度检测时，执行《加工中心检验条件 第2部分：立式或带垂直主回转轴的万能主轴头机床几何精度检验（垂直Z轴）》（GB/T 18400.2—2010）、《加工中心检验条件 第4部分：线性和回转轴线的定位精度和重复定位精度检验》（GB/T 18400.4—2010）等。

注意，几何精度检测一般是在静态或空载状态下进行的，重型数控机床如果要求加静载检测几何精度，应按照使用说明书的规定执行。对于按规定必须进行负荷试验的数控机床，在进行负荷试验前后均应检测几何精度，以最后一次的实测数值为结果，记入《合格证》。对于无须进行负荷试验的数控机床，在空运转检测后进行几何精度检测即可。

表 2-3-4 执行国家标准 GB/T 25659.1—2010 的数控机床产品的部分检验项目

序号	简图	检验项目	公差/mm $D_a \leq 800$ mm	公差/mm $D_a > 800$ mm	检验工具	检验方法
G1	a)	a) 纵向导轨在垂直平面内的直线度	$D_c \leq 500$ mm: 0.010（凸） 500 mm $< D_c \leq 1\,000$ mm: 0.020（凸） 局部公差: 在任意 250 mm 测量长度上为 0.007 5 $D_c > 1\,000$ mm, 每增加 1 000 mm 公差增加: 0.010	0.015（凸） 0.025（凸） 在任意 250 mm 测量长度上为: 0.010 0.015	精密水平仪、自准直仪或其他光学仪器	在溜板（或专用桥板）上靠近前导轨处，纵向放置一水平仪（近似测量长度），等距离（近似测量长度）规定的溜板（或专用桥板）检验，移动溜板局部公差（或专用桥板）检验。将水平仪读数依次排列，画出导轨偏差曲线，由曲线对其两端点连线的最大坐标值就是导轨全长的直线度偏差，由曲线上任意两端点相对其两端连线的坐标差值就是导轨的局部偏差
	b)	b) 横向导轨在垂直平面内的平行度	在任意 500 mm 测量长度上为: 0.015	0.020 0.04/1 000	精密水平仪	在溜板（或专用桥板）上横向放置一水平仪，等距离（移动专用桥板）检验，水平仪在全部测量长度上读数的最大代数差就是导轨在垂直平面内的平行度偏差

注 1: 对于斜床身机床，直线度偏差方向不要求凸。
注 2: D_a 表示床身上最大回转直径，D_c 表示最大工件长度。
注 3: 在导轨两端 $D_c/4$ 测量长度上，局部公差可以加倍。

续表

序号	简 图	检验项目	公差/mm		检验工具	检验方法
			$D_a \leq 800$ mm	$D_a > 800$ mm		
G2	a) b) 钢丝 偏差	溜板移动在水平面(ZX平面)内的直线度(尽可能在两顶尖轴线和刀尖所确定的平面内检验)	$D_c \leq 500$ mm 0.015 500 mm $< D_c \leq$ 1 000 mm 0.020 $D_c >$ 1 000 mm,最大工件长度每增加1 000 mm,公差增加: 0.005 最大公差为: 0.030	0.020 0.025 0.050	a)指示器和检验棒,或指示器和平尺(仅适用于$D_c \leq$ 1 500 mm) b)钢丝和显微镜或光学仪器	a)用指示器和检验棒检验,使其测头触及主轴面,调整尾座,使检验棒在检验棒两端的全部行程上进行检验。指示器读数的最大代数差就是直线度偏差 b)用钢丝和显微镜检验。在机床中心高的位置上绷紧一根钢丝,将显微镜固定在溜板上,调整钢丝,使显微镜在钢丝两端的读数同G1)移动溜板,在全部行程上检验,显微镜读数的最大代数值就是直线度偏差

续表

职业模块2　数控机床机械功能部件调整与整机调整

序号	简图	检验项目	公差/mm $D_a \leq 800$ mm	公差/mm $D_a > 800$ mm	检验工具	检验方法
G3	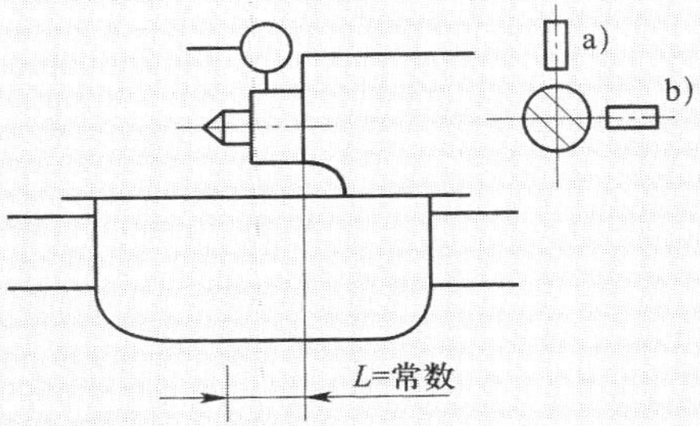 （图：L=常数，a）、b）示意图）	尾座移动对溜板移动的平行度 a) 在垂直平面（YZ平面）内 b) 在水平面（ZX平面）内	a）和b）0.030 局部公差 在任意500 mm测量长度上为：0.020 $D_c \leq 1500$ mm a）和b）0.030 $D_c > 1500$ mm a）和b）0.040 局部公差 在任意500 mm测量长度上为：0.030	a）和b）0.040	指示器	将指示器固定在溜板上，使其测头触及近尾座体端面的顶尖套上：a) 在水平平面内，b) 在垂直平面内锁紧顶尖套，使尾座与溜板一起移动，在溜板全部行程上进行检验 a)、b) 偏差分别计算，指示器在任意500 mm行程上和全部行程上的最大差值就是局部长度和全长上的平行度偏差

247

三、检测报告单的填写原则

填写检测报告单应遵循以下原则:一是准确真实,这是填写检测报告单的基本要求,要实事求是;二是简洁易辨,填写的内容应简明扼要,字体端正,凡加盖图章处要求字字清晰;三是科学规范,如使用正确的计量单位、检测结果保留正确的小数位数等。

职业模块 ③ 数控机床机械功能部件维修

职业模块3　数控机床机械功能部件维修

培训项目	培训单元	培训内容
1. 机械功能部件维修标准	按照维修内容合理选择工具、量具、工装等	1）维修常用工具
		2）维修常用量具
		3）维修常用工装
2. 机械功能部件维修	（1）功能部件的拆卸和再装配	1）主轴箱的拆卸和再装配
		2）进给传动部件的拆卸和再装配
		3）自动换刀装置的拆卸和再装配
		4）辅助设备的拆卸和再装配
	（2）齿轮、花键轴、轴承、密封圈、弹簧、紧固件等的检修	1）机床装调检修时的零件测量原则
		2）齿轮的检修方法
		3）花键轴的检修方法
		4）轴承的检修方法
		5）密封件的检修方法
		6）弹簧的检验方法
		7）紧固件的检修方法
	（3）各种零部件配合间隙的检查与调整	1）齿轮啮合间隙的检查与调整
		2）滚动轴承间隙的检查与调整
	（4）轴、套、盘类零件图的绘制	1）轴类零件图的绘制
		2）套类零件图的绘制
		3）盘类零件图的绘制
3. 机械功能部件维修检查	（1）维修部件的功能检查	1）主轴箱的功能检查
		2）进给传动部件的功能检查
		3）换刀装置的功能检查
		4）辅助设备的功能检查
	（2）利用仪器、仪表、检具等检查维修部件的几何精度	1）立式加工中心主轴维修后的精度检验
		2）卧式车床主轴精度检验
		3）卧式车床刀架精度检验
	（3）根据加工精度评估功能部件维修质量及填写维修记录单	1）根据加工精度评估一般功能部件的维修质量
		2）维修记录单的填写

培训项目 1

机械功能部件维修准备

培训单元 按照维修内容合理选择工具、量具、工装等

一、维修常用工具

1. 常用工具的种类

（1）电动工具

1）手电钻。手电钻（见图3-1-1）是一种携带方便的小型钻孔工具，主要对金属、木材、塑料等材料进行钻孔。手电钻主要由电动机、减速箱、手柄、钻夹头或圆锥套筒、电源连接装置等组成。当手电钻配有充电电池时，可在无外接电源的情况下正常工作一定时间。特殊型号如直角手电钻可以在狭窄的工作空间中使用。

 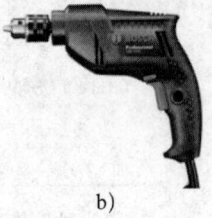

a)　　　　　　　　　　　b)

图3-1-1　手电钻

a）充电手电钻　b）220 V手电钻

2）打磨机、手提砂轮机和角向磨光机。打磨机、手提砂轮机和角向磨光机（见图3-1-2）的主体结构大同小异，主要由砂轮、手柄、外壳等组成，使用时要根据打磨、抛光等不同的用途选择不同的砂轮片。打磨机、手提砂轮机和角向磨

光机利用高速旋转的砂轮片以及橡胶砂轮、钢丝轮等对金属构件进行磨削、切削、除锈、抛光加工。一般而言,打磨机主要用来加工物品的表面使其变光滑,手提砂轮机主要是用来磨削或切割物件,角向磨光机主要用来切割、研磨及刷磨金属与石材。

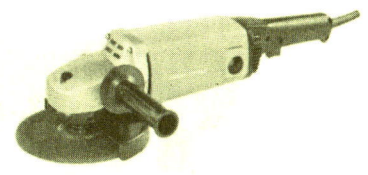

图3-1-2 角向磨光机

3)电动旋具。电动旋具(见图3-1-3)又称电动起子、电批,是用来拧紧和旋松螺钉的电动工具。

 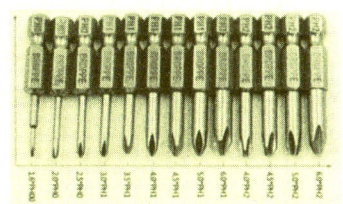

图3-1-3 电动旋具

(2)气动工具

1)气动旋具。气动旋具(见图3-1-4)又称气动起子,是用压缩空气作为动力来工作的。有的气动旋具装有调节和限制扭矩的装置,可以进行全自动调节;有的气动旋具无上述装置,只能通过开关旋钮调节进气量进而控制转速或扭矩。气动旋具可以按装配预紧要求精确设定扭矩或扭力。

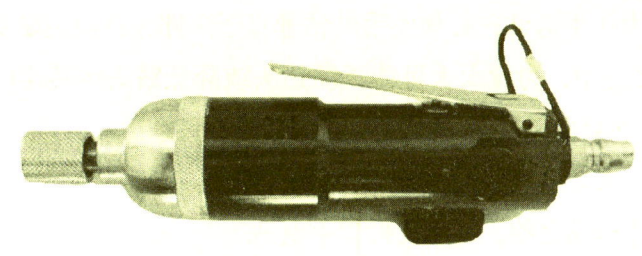

图3-1-4 气动旋具

2)气动扭力扳手。气动扭力扳手(见图3-1-5)是一种手持式旋转气动工具,用于完成螺母和螺栓的锁紧或拆卸工作。气动扭力扳手包括控制部分和机械部分。控制部分通过调压器和功率管理系统起作用,机械部分采用行星齿轮减速机构。气动扭力扳手能够进行精确的扭矩或扭力控制,如按装配预紧要求精确设定扭矩或扭力。

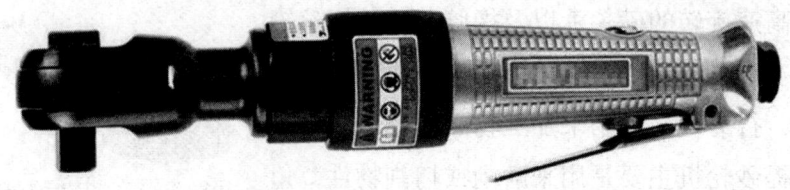

图 3-1-5　气动扭力扳手

2. 常用工具的安全注意事项

（1）用电注意事项

1）电动工具必须安装漏电保护器。

2）电动工具必须有可靠的接地保护。

3）电源开关及电线必须符合安全要求。

4）带电作业前应穿戴必要的、合格的绝缘防护用品，在潮湿地带或金属容器内使用电动工具时，必须采取相应的绝缘措施，并有专人监护。电动工具的电源应设在便于观察、操作的位置。

5）当电动工具发生故障时，应通知专业电工进行检修，不得自行拆卸、检查。

（2）使用注意事项。下面以手电钻为例，介绍其使用注意事项。

1）使用手电钻时不应穿宽松的衣服、系领带或围巾、戴手套，留长发时应束好并戴安全帽。

2）在手电钻未完全停止转动时，不能拆卸钻头。当需要更换钻头时，应先关闭电源开关。刚完成钻孔作业时，钻头温度较高（残存切削热），严禁用手触摸钻头。

3）如需用力压手电钻，必须使手电钻垂直于工件，且固定端要特别牢固。同时，手部力量要适中，力量太大可能折断钻头或降低钻头运转速度，力量太小则钻头容易磨损。在将要钻穿时，应减小用力以便顺利穿孔。

4）松、紧钻头时一定要选用规格、型式相配的扳手。

5）在启动手电钻之前，一定要握牢手电钻。

6）收工时应先关闭手电钻电源开关，再卸下钻头，然后收纳好。

7）钻削小型工件时应用夹具将其固定，严禁用手握持工件钻削。

二、维修常用量具

1. 游标万能角度尺

（1）用途与结构。游标万能角度尺是用来测量精密零件内外角度或进行角度划线的角度量具。游标万能角度尺结构如图 3-1-6 所示。

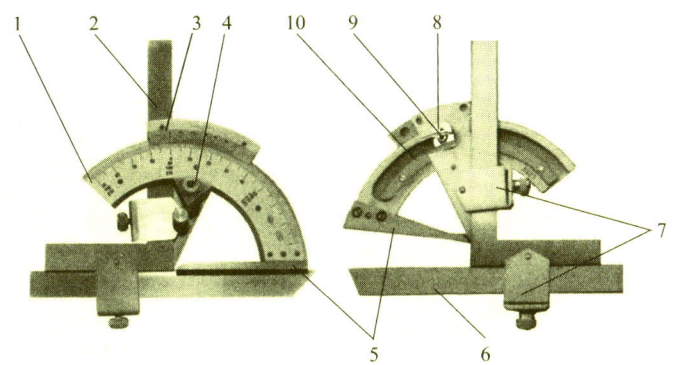

图 3-1-6 游标万能角度尺结构

1—主尺 2—直角尺 3—游标尺 4—锁紧装置 5—基尺 6—直尺 7—卡块
8—捏手 9—微动齿轮 10—扇形齿轮

（2）读数原理及方法。游标万能角度尺的分度值有 2′ 和 5′ 的。以分度值为 2′ 的游标万能角度尺为例，其主尺上的刻度线每格代表 1°，游标尺上刻有 30 格且所占总角度为 29°，因此，其分度值可以按下式计算：

$$1° - \frac{29°}{30°} = \frac{1°}{30} = 2′$$

游标万能角度尺的读数方法具体如下。

1）先从主尺上读出游标尺零刻线指示的整数部分，单位为度（°）。

2）判断游标尺上第几格刻线与主尺上的刻线对齐，读出小数部分，单位为分（′）。

3）把以上两部分相加即为被测角度的测量结果。

（3）使用方法。游标万能角度尺有 Ⅰ 型、Ⅱ 型两种，其测量范围分别为 0°～320° 和 0°～360°，其中前者应用范围更广。

1）如图 3-1-7a 所示，当待测角度在 0°～50° 时，直角尺和直尺全都装上，工件的被测部位放在基尺与直尺的测量面之间。

2）如图 3-1-7b 所示，当待测角度在 50°～140° 时，只安装直尺（不安装直角尺和对应卡块），使直尺与扇形板连在一起，工件的被测部位放在基尺与直尺的测量面之间。

3）如图 3-1-7c 所示，当待测角度在 140°～230° 时，只安装直角尺（不安装直尺和对应卡块），且要把直角尺推上去，直到直角尺短边与长边的交线与基尺的尖棱对齐为止，工件的被测部位放在基尺与直角尺短边的测量面之间。

4）如图 3-1-7d 所示，当待测角度在 230°～320° 时，把直角尺、直尺和对应卡块全部卸掉，只安装扇形板和主尺（带基尺），工件的被测部位放在基尺与扇形板的测量面之间。

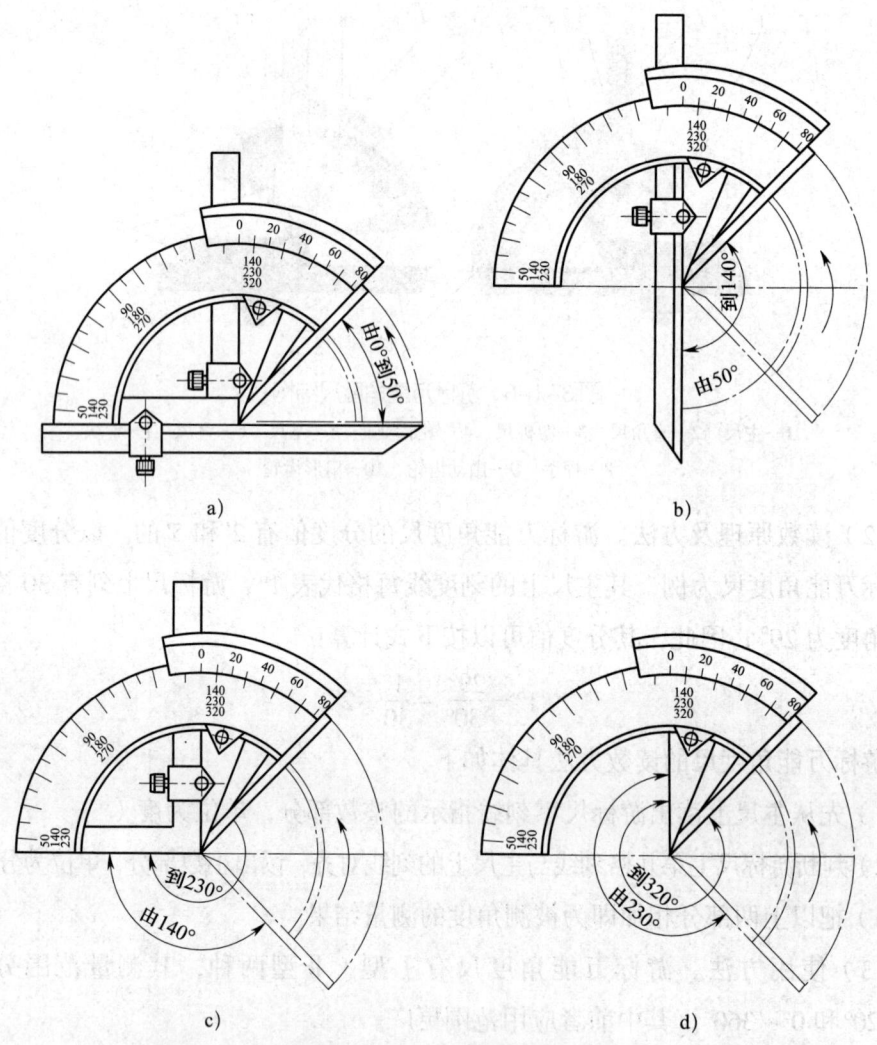

图 3-1-7 游标万能角度尺
a) 测量 0°~50° b) 测量 50°~140° c) 测量 140°~230° d) 测量 230°~320°

（4）注意事项

1）应根据被测部位角度的不同，正确搭配使用直尺和直角尺。

2）使用前先检查游标万能角度尺的零位，即基尺与直尺贴合面不应漏光，主尺与游标尺零线应对齐。

3）测量时，被测工件应与游标万能角度尺的两个测量面接触良好，避免产生读数误差。

2. 百分表

（1）用途与结构。百分表是一种指示式量具，由指针指示出测量结果。除了百分表以外，车间常用的指示式量具还有千分表、杠杆百分表、内径百分表等。

它们主要用于校正零件的安装位置,检验零件的形状精度和相互位置精度(如圆度、平面度、垂直度、跳动等),以及测量零件的内径等。由于百分表的测量杆做直线运动,因此还能用它来测量长度。百分表适用于尺寸精度为 IT6~IT8 级零件的校正和检验。按照制造精度,百分表可分为 0 级、1 级和 2 级三种,其中 0 级精度最高。

百分表主要由测头、齿杆(又称测量杆)、表圈、刻度盘、长指针、短指针及小刻度盘、表圈紧固螺钉、齿轮、弹簧等组成,如图 3-1-8 所示。

(2)读数原理。百分表内齿杆和齿轮的齿距是 0.625 mm,当齿杆上升 16 个齿时(0.625 mm × 16=10 mm),齿数为 16 的小齿轮及短指针转一圈,同时齿数为 100 的大齿轮也转一圈,且带动齿数为 10 的小齿轮及长指针转 10 圈。也就是说,当齿杆向上移动 1 mm 时,通过齿轮传动系统带动长指针转一圈,同时短指针转一个分格。大刻度盘上有 100 个分格,长指

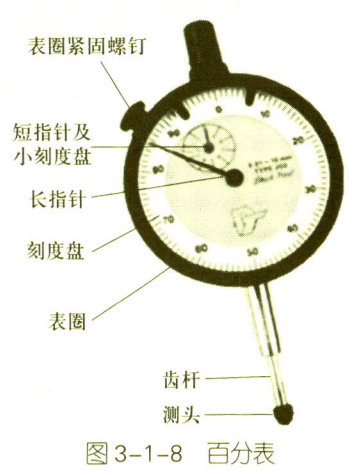

图 3-1-8 百分表

针每转一个分格读数值增加 0.01 mm,表示齿杆移动 0.01 mm;小刻度盘上有 10 个分格,短指针每转一个分格读数值增加 1 mm,表示齿杆移动 1 mm。

目前,国产百分表的测量范围(即测量杆的最大移动量)有 0~3 mm、0~5 mm、0~10 mm 三种。

(3)使用方法。应按照零件的形状和精度要求选用精度等级和测量范围合适的百分表。使用百分表时,必须注意以下几点。

1)使用前应检查测量杆的灵活性。当轻轻地推动测量杆时,测量杆在套筒内应能灵活移动,没有任何轧卡现象,且在松开测量杆后,指针均能回到原来的刻度位置。

2)使用百分表时,必须把它固定在可靠的专用夹持架如万能表架、磁力表座上,如图 3-1-9 所示。专用夹持架要平稳放置,避免测量结果不准确或摔坏百分表。

3)当用套筒来固定百分表时,夹紧力不要过大,以免因套筒变形而使测量杆活动不灵活。

4)使用百分表时,测量杆必须垂直于被测量表面,如图 3-1-10 所示,即测量杆的轴线应与被测量尺寸延伸方向一致,否则可能导致测量杆活动不灵活或测量结果不准确。

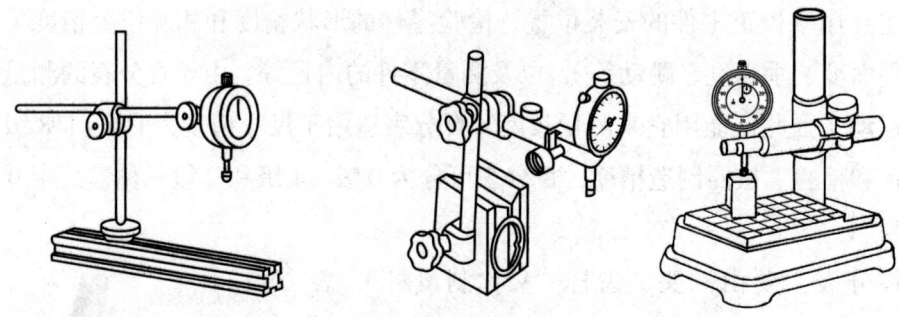

图 3-1-9 安装在专用夹持架上的百分表

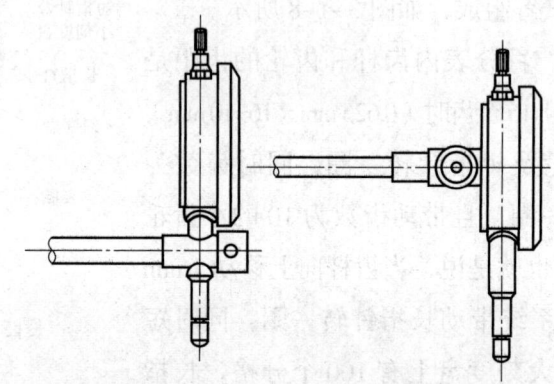

图 3-1-10 百分表的安装方法

5）测量时，测量杆的行程不应超过百分表的测量范围；不要让测头突然撞在零件上，也不要让百分表受到剧烈的振动和撞击，更不要把零件强行推入测头下方，以免损坏百分表而使其精度降低。

6）不应用百分表测量表面粗糙或明显凹凸不平的零件。

7）如图 3-1-11 所示，用百分表校正或检验零件时，应使测量杆有一定的初始测力。当测头与零件表面接触时，测量杆应有 0.3～1 mm 的压缩量（千分表的压缩量可小一点儿，有 0.1 mm 即可），然后使指针转过半圈左右，再转动表圈，使刻度盘的零位刻线对准指针。轻轻地拉动手提测量杆的圆头，使其被拉起、释放几次，检查指针所指的零位有无变化。当指针稳定指在零位后，再开始校正或检验零件。如果是校正零件，此时改变零件的相对位置，指针的偏摆值就是零件安装的偏差数值。

（4）注意事项

1）使用及保管百分表时应轻拿轻放。

2）应避免灰尘、油污、铁屑等进入百分表，否则会影响百分表的使用寿命和精度。

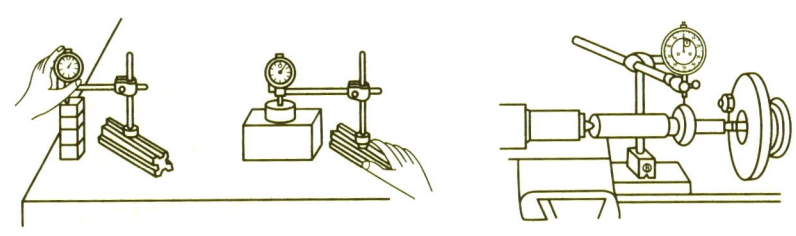

图 3-1-11 用百分表校正或检验零件

3）如果长期不使用百分表，应将其表面擦干净，并将测头、表圈紧固螺钉等涂上防锈油后装入盒中。

4）不得随意拆卸百分表。

5）应对百分表的精度进行定期检定。

3. 杠杆百分表

（1）结构。杠杆表分为杠杆百分表（分度值为 0.01 mm）和杠杆千分表（分度值为 0.002 mm、0.001 mm）。本书以杠杆百分表为例进行介绍。杠杆百分表如图 3-1-12 所示，它主要由测头、主体、刻度盘、表圈、指针、夹持杆等组成。该表测量范围为 0 ~ 0.8 mm。

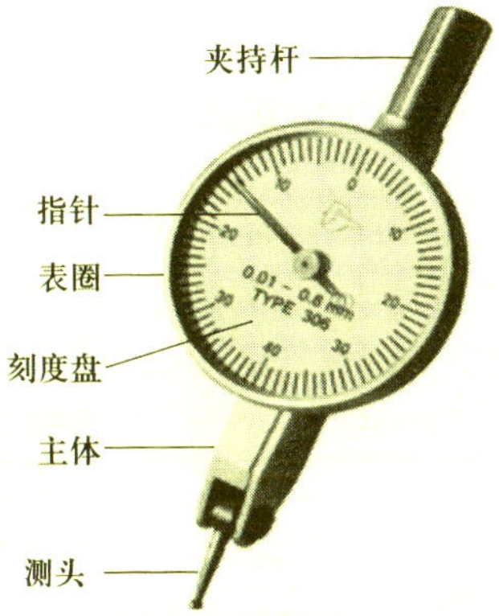

图 3-1-12 杠杆百分表

（2）工作原理。杠杆百分表利用机械传动原理，将测头的线位移转换为指针的角位移。在使用时杠杆百分表，其测头可在正、负 90°方向上工作。杠杆百分表可用于绝对测量、相对测量、几何公差测量，以及窄槽等难以测量的场所。

（3）使用方法

1）将燕尾槽清理干净，把夹持杆安装在所需位置并旋紧，将测头拧紧。

2）将被测工件表面擦拭干净。

3）测量时应尽可能使测头的轴线与被测表面平行，如图 3-1-13 所示。

4）如果被测工件形状特殊，无法使测头的轴线与被测表面平行，如图 3-1-14 所示，那么读数将增大，此时应对测量结果进行修正。修正公式如下：

$$A = \alpha \cos\beta$$

式中　A——修正后的测量结果，mm；

　　　α——杠杆百分表的读数，mm；

　　　β——测头轴线与被测表面的夹角，°；

　　　$\cos\beta$——修正系数。

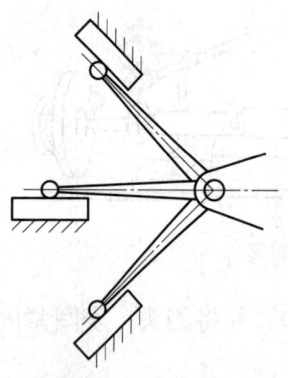
图3-1-13 测头的轴线与被测表面平行

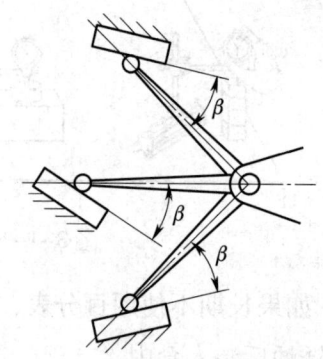
图3-1-14 测头的轴线与被测表面不平行

常用修正系数见表3-1-1。

表3-1-1 常用修正系数

β	10°	20°	30°	40°	50°	60°
修正系数 $\cos\beta$	0.984 8	0.939 7	0.866	0.766	0.642 8	0.5

（4）注意事项。参考百分表的注意事项。

4. 内径百分表

（1）结构和特点。内径百分表是内量杠杆式测量架和百分表的组合，主要用来测量或检验零件的内孔、深孔直径及形状精度。内径百分表如图3-1-15所示。内径百分表的分度值为0.01 mm，测量范围有10～18 mm、18～35 mm、35～50 mm、50～100 mm、100～160 mm、160～250 mm、250～450 mm等。

内径百分表的示值误差较大，如测量范围为35～50 mm的内径百分表，示值误差为±0.015 mm。因此，使用内径百分表时应经常借助专用环规等工具校对零位，以保证其测量精度。

（2）工作原理。如图3-1-15所示，在三通管4的一端装有活动测头7，在相对的另一端装有可换测头5，而在垂直管口一端通过连杆3装有百分表1。活动测头7移动能使传动杠杆6回转，并通过活动杆2推动百分表的测量杆，使百分表指针回转。传动杠杆6两侧触点是等距离的，当活动测头移动1 mm时，活动杆也移动1 mm，同时推动百分表指针回转一圈。因此，活动测头的移动量可以在百分表上读出来。

（3）使用方法。使用内径百分表测量内径时往往不容易找正孔的直径方向，此时定心护桥8和弹簧9就起到帮助找正直径方向的作用，它们使内径百分表的两个测头正好处于内孔直径的两端。活动测头的测量压力由活动杆上的弹簧控制，弹簧能保证测量压力一致。

内径百分表的测量数据获取原则具体如下。

1）测量孔径时，测得的最小尺寸即为测量结果；测量平面尺寸时，在任意方向上均最小的尺寸即为测量结果。

2）杠杆百分表的读数加上零位尺寸即为测量数据。

（4）注意事项

1）使用前检查活动测头和可换测头表面是否光洁，连接是否稳固。

2）安装表头时，把百分表插入轴孔中，压缩百分表一圈后锁紧。

3）选取并安装可换测头，拧紧后校对零位。用已知尺寸的专用环规等工具调整零位，以孔的最小尺寸或任意方向上均最小的平面尺寸校对零位，然后反复测量同一位置2~3次后检查指针是否仍与零线对齐，若不对齐则应重调。为了读数方便，通常选用整数值确定零位位置。

4）测量时手握隔热装置将测量端部升到需要测量的部位，摆动内径百分表，找到径向或平面间的最小尺寸（或转折点尺寸）后读数。测量孔径时应分三次旋转60°度，在三个方向上测量和读取数值，最后取平均值。

5）测头、百分表等应配套使用，不要混用。

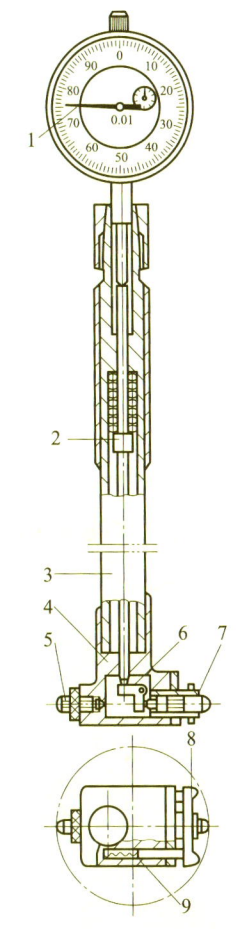

图 3-1-15　内径百分表
1—百分表　2—活动杆　3—连杆
4—三通管　5—可换测头
6—传动杠杆　7—活动测头
8—定心护桥　9—弹簧

5. 量块

（1）用途和结构。量块是机械制造业中常用的长度尺寸标准。通过量块可以对量具和量仪进行检验、校正，还可以进行紧密划线和对精密机床进行调整。当附件与量块共用时，还可以测量某些精度要求较高的工件尺寸。

量块的结构图如图 3-1-16 所示。量块是用不易变形的耐磨材料（如铬锰钢）制成的长方形六面体。它有两个工作面和四个非工作面。其工作面是一对相互平行、平面度误差极小的平面，又称测量面（包括上测量面和下测量面）。

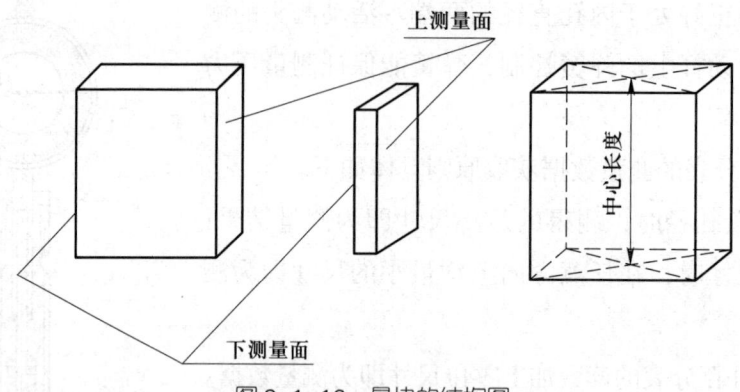

图 3-1-16 量块的结构图

（2）工作原理。量块是成套使用的，每套装成一盒，如图 3-1-17 所示。每盒中有不同尺寸的量块，具体的尺寸编组应符合相关规定。常用成套量块的尺寸编组见表 3-1-2。

图 3-1-17 一套量块

表 3-1-2 常用成套量块的尺寸编组

套别	总块数	精度级别	尺寸系列 /mm	间隔 /mm	块数
1	91	00、0、1	0.5, 1	0.5	2
			1.001, 1.002, …, 1.009	0.001	9
			1.01, 1.02, …, 1.49	0.01	49
			1.5, 1.6, …, 1.9	0.1	5
			2.0, 2.5, …, 9.5	0.5	16
			10, 20, …, 100	10	10

续表

套别	总块数	精度级别	尺寸系列/mm	间隔/mm	块数
2	83	00, 0, 1, 2, (3)	0.5, 1, 1.005	—	3
			1.01, 1.02, …, 1.49	0.01	49
			1.5, 1.6, …, 1.9	0.1	5
			2.0, 2.5, …, 9.5	0.5	16
			10, 20, …, 100	10	10
3	46	0, 1, 2	1	—	1
			1.001, 1.002, …, 1.009	0.001	9
			1.01, 1.02, …, 1.09	0.01	9
			1.1, 1.2, …, 1.9	0.1	9
			2, 3, …, 9	1	8
			10, 20, …, 100	10	10
4	38	0, 1, 2, (3)	1, 1.005	0.005	2
			1.01, 1.02, …, 1.09	0.1	9
			1.1, 1.2, …, 1.9	0.1	9
			2, 3, …, 9	1	8
			10, 20, …, 100	10	10
5	10^-	00, 0, 1	0.991, 0.992, …, 1	0.001	10
6	10^+		1, 1.001, …, 1.009	0.001	10
7	10^-		1.991, 1.992, …, 2	0.001	10
8	10^+		2, 2.001, …, 2.009	0.001	10
9	8	00, 0, 1, 2, (3)	125, 150, 175, 200, 250, 300, 400, 500	—	8
10	5		600, 700, 800, 900, 1 000	100	5

注1：括号内的精度级别为推荐级，非括号内的精度级别为优先级。

注2：总块数上标中的减号表示负偏差，加号表示正偏差。

量块的两个测量面十分光滑，将两个量块沿测量面轻轻地研合后，这两个量块就能组合在一起，不会自己分开，相当于"一块量块"。虽然每块量块只有一个工作尺寸，但是因为量块具有上述特性，所以多个量块就可以组成不同尺寸的量块组，扩大了量块的应用范围。为了减小误差，通常量块组的块数不超过4块。为了使量块组的块数为最小值，在组合时应按一定原则选取量块，即首先选择能去除尺寸最小位数的量块。

（3）使用方法。例如，若要组成88.535 mm的量块组，选择量块尺寸的方法如下（选用83块一套的量块）。

88.535　量块组的尺寸
−1.005　第一块量块尺寸
87.53
−1.03　第二块量块尺寸
86.5
−6.5　第三块量块尺寸
80　第四块量块尺寸

（4）注意事项

1）量块属于精密量具，使用时应轻拿轻放，在桌上放置量块时只允许非测量面与桌面接触。

2）测量工件时应注意灰尘和温度的影响。

3）用完后的量块应及时擦净，涂上凡士林后放入盒中。

4）为了保持量块的精度，一般不用量块直接测量工件。

三、维修常用工装

在维修、拆卸过程中经常使用工装与安装时使用的工装大部分相同，当然也有专门用于拆卸的工装如拉拔器（俗称拉马），下面主要介绍一下拉拔器。

拉拔器根据结构特点分为分体拉拔器与整体拉拔器，根据使用特点分为拉杆式拉拔器、滑锤式拉拔器等，根据爪的结构特点分为外爪拉拔器、内爪拉拔器等。

外爪拉拔器一般用于拆卸轴承或带轮。使用时先将外爪调整到基本适合轴承或带轮外圆的位置，旋转螺纹顶针使其顶到轴端，然后用手将外爪拉拔器拧紧，最后将铁杆插进外爪拉拔器螺纹轴上端的孔内，用力顺时针旋转螺纹轴，轴承或带轮就被拆下来了。外爪拉拔器的使用方法如图3-1-18所示。

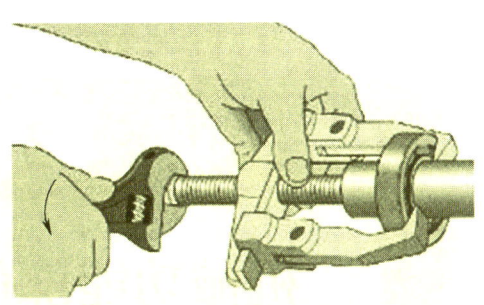

图 3-1-18 外爪拉拔器的使用方法

内爪滑锤式拉拔器用于将轴承从轴承座内取出,它是一种内装轴承的拉拔器。当使用内爪滑锤式拉拔器从轴承座上拆卸轴承时,拆卸力应加于外圈,滑锤卡爪应向外张开,通过滑锤的往复运动产生向外的冲击力,拔出轴承。内爪滑锤式拉拔器的使用方法如图 3-1-19 所示。

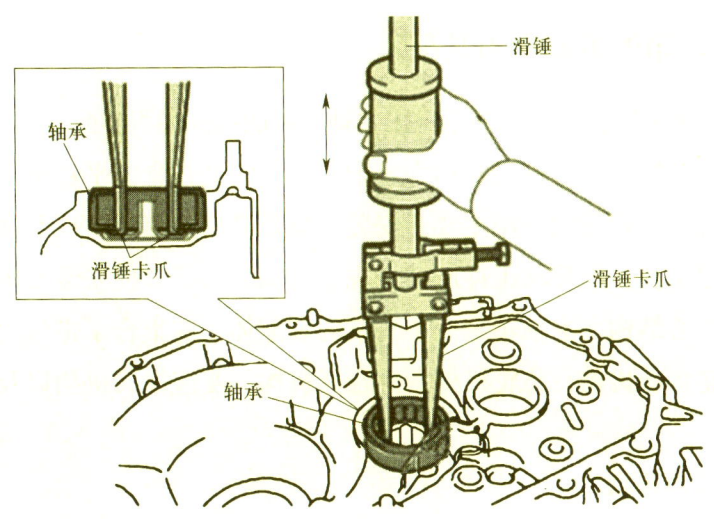

图 3-1-19 内爪滑锤式拉拔器的使用方法

培训项目 2 机械功能部件维修

培训单元 1　功能部件的拆卸和再装配

一、主轴箱的拆卸和再装配

本书以车床主轴箱为例,介绍机床主轴部件的拆卸和再装配。

主轴箱是车床的变速机构和动力分配机构,它能正常、平稳地运转是车床工作的首要条件。主轴箱的功用主要是安装主轴及其变速机构,以及在主轴前端安装卡盘以夹紧工件,并带动工件旋转实现主运动。为了方便安装长棒料,主轴箱的主轴采用空心结构。主轴箱是一个复杂的装配体,它集合了带传动机构、链传动机构、齿轮传动机构、凸轮机构、离合器机构、变速拨叉机构以及各种轴、轴承等。

1. 拆装注意事项

(1)拆卸前应仔细观察拆卸对象,确定拆卸顺序,做好位置标记;应按照指导老师的要求,对机构、轴系组件进行拆卸;应将拆下的工件等按装配顺序成组摆好;紧固螺钉、键、销等在被拆卸后应装入原孔(槽)内,防止丢失。

(2)拆装时可用铜棒传力,注意不得用手锤直接敲打工件;拆卸滚动轴承时可使用拉拔器;拆卸轴上零件时,应尽量选择靠近轮毂的着力点;拆装时要放稳工件,注意安全。

(3)拆装螺纹连接件时要特别检查有无防松垫片或是否采取其他防松措施,拆装角接触轴承、推力轴承时要特别注意轴承装配方向和调整垫片的位置。

(4)拆卸时用力应适当;拆卸弹性挡圈或调节具有弹簧力的螺纹连接件时,应防止零件弹出伤人。

(5) 拆卸圆销时要用冲子，从小端施力，禁止反向敲击。

(6) 装配时应注意装配件的初始位置和装配顺序，紧固螺纹件时用力应均匀；应按指导老师的要求进行间隙（游隙）位置的调整，调整后盘动机构时应注意手感，阻力应均匀，无窜动现象。

(7) 装配机械前必须对其进行清洗。清洗剂一般用煤油，也可用金属清洗剂等。清洗滚动轴承等精密零件时应使用绸布，以防纤维脱落影响零件正常工作。

2. 主轴箱的结构与原理

以 CQ6136 车床为例，其主轴箱是由主轴部件、其他传动轴部件、操纵机构等组成的。主轴箱内各传动件的传动关系，传动件的结构、形状、装配方式以及支承结构等情况，常采用展开图来表示。CQ6136 车床主轴箱部分展开图如图 3-2-1 所示。

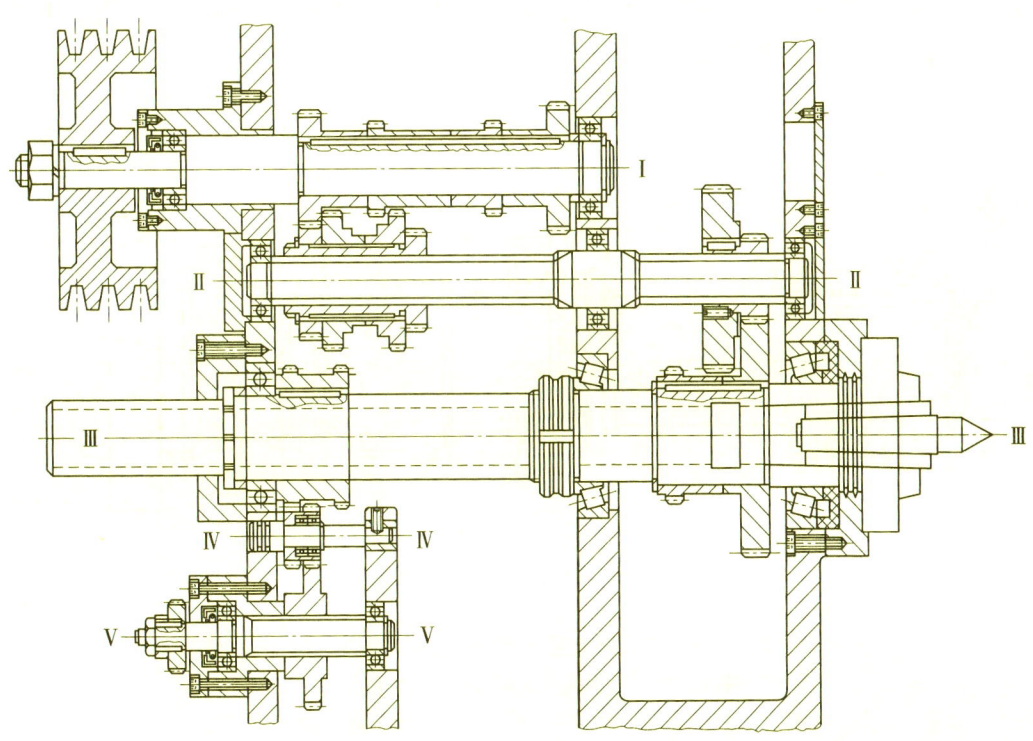

图 3-2-1　CQ6136 车床主轴箱部分展开图

主轴部件主要由主轴、主轴支承及安装在主轴上的齿轮组成。主轴是空心阶梯轴。主轴的内孔可通过长棒料，或通过气动、液动、电动夹紧装置。主轴前端内锥孔为莫氏 5 号锥度，用于安装顶尖；主轴前端外部采用短锥法兰式结构，用于安装卡盘等夹具。短锥法兰式结构便于定位和拆装，定心精度高，同时能使主轴的悬伸长度变短，法兰上的4个螺纹孔便于用螺钉把卡盘固定在主轴上。主轴采用三支承结构，其中前、中支承采用精密圆锥滚子轴承（大口朝外以增强轴系刚度），而后支承采用深沟球轴承。主轴上精密圆锥滚子轴承的游隙调整通过圆螺母进行，圆螺母上的径向螺钉起防松作用。

主轴箱内的Ⅰ、Ⅱ轴转速较高，采用深沟球轴承支承。其中，Ⅰ轴较短，采用二支承结构；Ⅱ轴较长，采用三支承结构。Ⅱ轴上的齿轮通过花键连接，实现了周向固定、轴向滑移。Ⅳ轴上的空套齿轮与轴之间装有铜套。Ⅱ轴、Ⅴ轴上的滑移齿轮采用摆动式操纵机构。拆卸Ⅲ轴部件前，应先拆卸Ⅰ轴上的V带轮。

3. 主轴箱的拆卸

（1）主轴（Ⅲ轴）部件的拆卸。主轴（Ⅲ轴）部件结构图如图3-2-2所示，它主要由双联齿轮、大齿轮、小齿轮、深沟球轴承、圆锥滚子轴承、法兰、弹性挡圈、平键、圆螺母等组成。

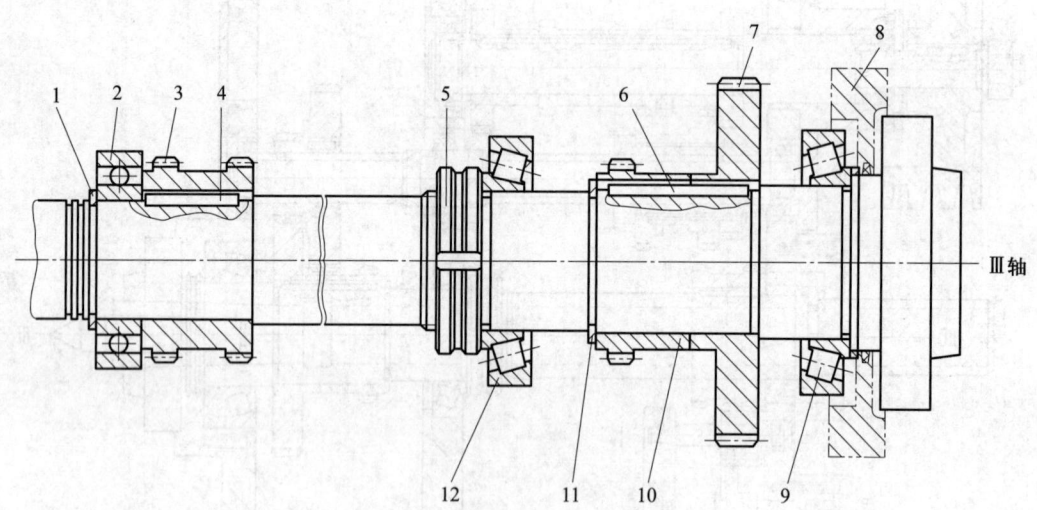

图3-2-2　主轴（Ⅲ轴）部件结构图

1、11—弹性挡圈　2—深沟球轴承　3—双联齿轮　4、6—平键
5—圆螺母　7—大齿轮　8—法兰　9、12—圆锥滚子轴承　10—小齿轮

先拆卸主轴两端端盖的螺钉，取下后端盖，用挡圈钳拆卸主轴后端（左端）的弹性挡圈；然后用圆螺母扳手旋松圆螺母5直至它完全脱开外螺纹，接着用挡圈钳拆卸主轴中间部位的弹性挡圈11，使之向后退20 mm左右，并用粗铜棒垫在主轴后端用手锤敲击，当弹性挡圈11退到螺纹始端位置时，停止手锤的敲击，用挡圈钳使弹性挡圈11退出轴上螺纹，然后继续用手锤敲击，使主轴完全脱开；之

后从前端（右端）抽出主轴，再取出轴上各零件，按顺序依次放好。

在拆卸主轴过程中，应将其前端水平托起；在双联齿轮脱离平键时，应拆下平键，以免损坏圆螺母 5 的内螺纹；不能用粗铜棒敲打圆螺母，更不能用手锤通过敲击旋具来松圆螺母。

（2）Ⅱ轴部件的拆卸。Ⅱ轴部件结构图如图 3-2-3 所示，它主要由四联齿轮、双联齿轮、花键轴、深沟球轴承、弹性挡圈、平键、螺钉等组成。

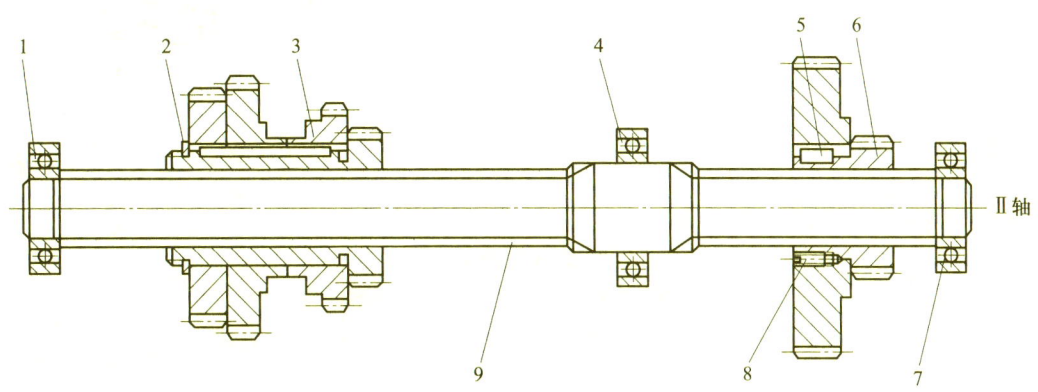

图 3-2-3　Ⅱ轴部件结构图

1、4、7—深沟球轴承　2—弹性挡圈　3—四联齿轮
5—平键　6—双联齿轮　8—螺钉　9—花键轴

先拆卸Ⅱ轴左端盖螺钉及左端盖，用细铜棒垫在Ⅱ轴左端传力，顶出右端的闷盖；然后用细铜棒垫在Ⅱ轴的右端传力，直到把双联齿轮 6 拆卸下来为止；转而敲击Ⅱ轴左端，用同样的方法拆卸四联齿轮 3，并从右端卸出花键轴 9；将取出的轴上零件按顺序依次放好。注意，在拆卸双联齿轮 6 时，应先把四联齿轮 3 拨到Ⅱ轴的最左端。

（3）Ⅵ轴部件的拆卸。Ⅵ轴部件结构图如图 3-2-4 所示，它主要由拨叉、连杆、手柄、手柄座、钢球、弹簧、O 形密封圈、圆锥销、弹性挡圈、螺钉等组成。

先拆卸手柄座 8 上的标牌，用旋具旋出手柄座上的螺钉 6，取出弹簧 5 和钢球 4；然后用冲头冲出圆锥销 7，取下手柄座；再用旋具旋松Ⅵ轴上的螺钉 3，用冲头冲出圆锥销 11，从右端抽出Ⅵ轴。在用冲头冲圆锥销时应注意施力方向。在旋出手柄座上的螺钉 6 时，应防止弹簧弹出伤人。

（4）Ⅰ轴部件的拆卸。Ⅰ轴部件结构图如图 3-2-5 所示，它主要由 V 带轮、齿轮、深沟球轴承、隔套、弹性挡圈、平键、螺母及垫圈等组成。

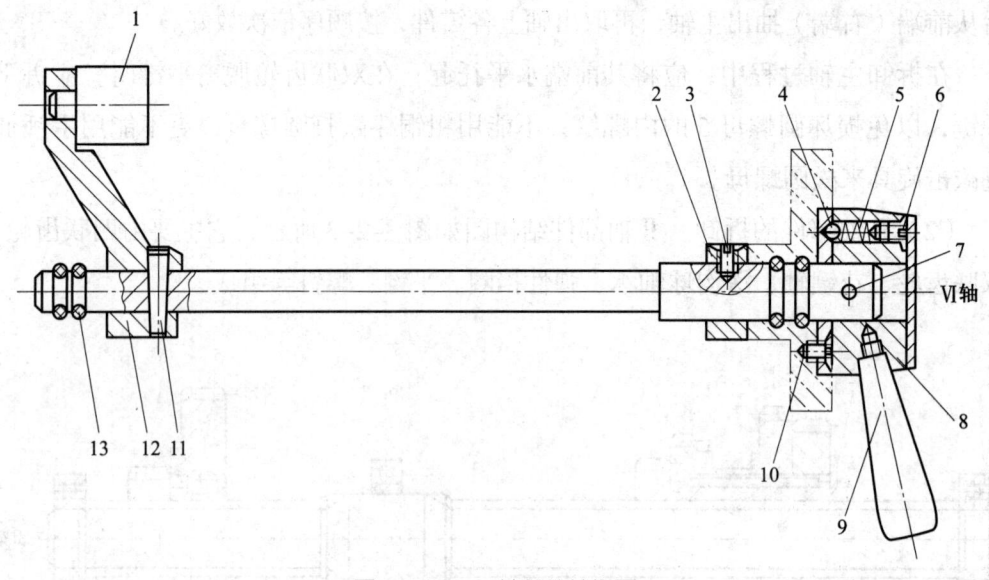

图 3-2-4 Ⅵ轴部件结构图
1—拨叉 2—弹性挡圈 3、6、10—螺钉 4—钢球 5—弹簧
7、11—圆锥销 8—手柄座 9—手柄 12—连杆 13—O 形密封圈

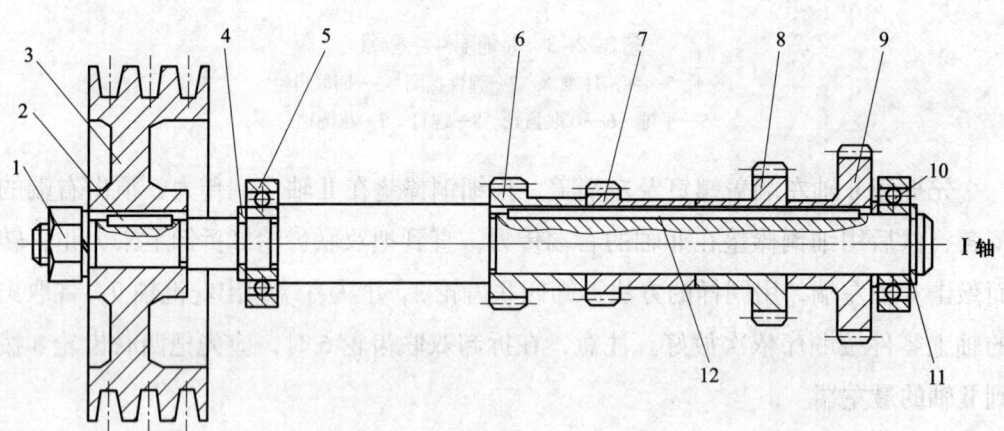

图 3-2-5 Ⅰ轴部件结构图
1—螺母及垫圈 2、12—平键 3—V 带轮 4、11—弹性挡圈 5—深沟球轴承
6、7、8、9—齿轮 10—隔套

先拆掉Ⅰ轴左端的螺母及垫片 1、V 带轮 3；然后用细铜棒把箱体右端的闷盖卸掉，用挡圈钳拆卸右端的弹性挡圈 11；再拆卸左端透盖螺钉，然后用细铜棒垫在Ⅰ轴的右端用手锤敲击，直至把四个齿轮都拆卸下来，同时将左端轴承与Ⅰ轴从轴承座孔中抽出；再把Ⅰ轴左端的弹性挡圈 4 卸下，用轴承拉拔器拆卸深沟球轴承 5，接着拆下轴承座螺钉及轴承座；最后把各零件按顺序放好。注意：在通过细铜棒敲打Ⅰ轴右端时，应对准轴头，以免把右端轴承同轴一起敲出而增加拆卸

难度；在拆卸轴承座时，应用细铜棒垫在右端施力，不能用旋具撬结合面。

（5）Ⅶ轴部件的拆卸。Ⅶ轴部件结构图如图 3-2-6 所示，它主要由Ⅶ轴、手柄、手柄座、O 形密封圈、圆锥销、沉头螺钉等组成。

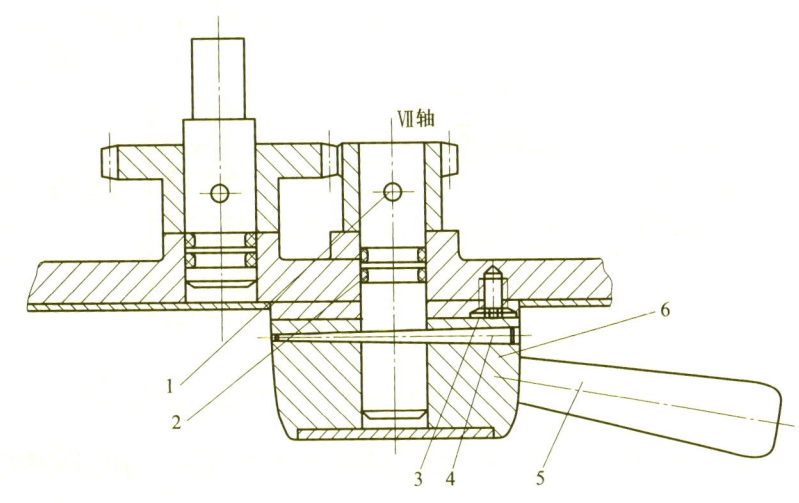

图 3-2-6　Ⅶ轴部件结构图
1、4—圆锥销　2—O 形密封圈　3—沉头螺钉　5—手柄　6—手柄座

先用冲头冲出圆锥销 4，取下手柄座 6；然后用冲头冲出圆锥销 1，取出Ⅶ轴。在用冲头冲圆锥销时应注意施力方向。

（6）Ⅷ轴部件的拆卸。Ⅷ轴部件结构图如图 3-2-7 所示，它主要由齿轮、拨叉、连杆、O 形密封圈、圆锥销等组成。

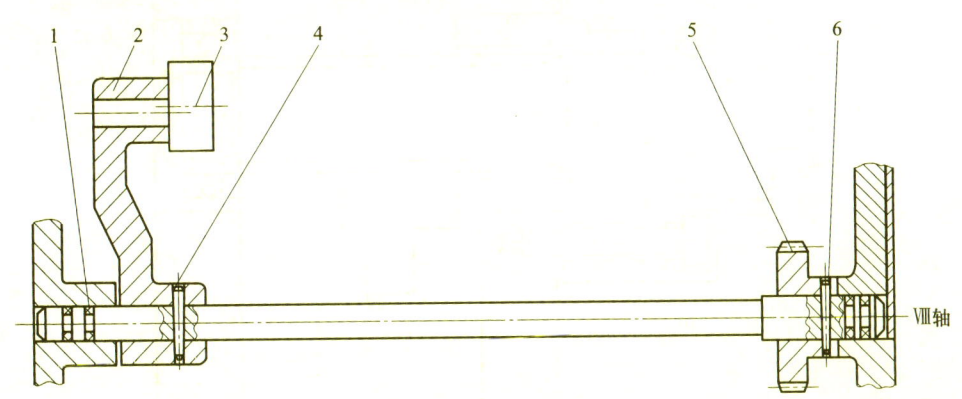

图 3-2-7　Ⅷ轴部件结构图
1—O 形密封圈　2—连杆　3—拨叉　4、6—圆锥销　5—齿轮

先用冲头冲出右端的圆锥销 6，再用专用拨销器拨出左端的圆锥销 4，然后从右端抽出Ⅷ轴，同时卸下拨叉 3。在用冲头冲圆锥销 6 时应注意施力方向，在拔出

圆锥销 4 时应避免破坏螺纹。

（7）Ⅳ轴部件的拆卸。Ⅳ轴部件结构图如图 3-2-8 所示，它主要由齿轮、深沟球轴承、弹性挡圈、O 形密封圈、螺钉等组成。

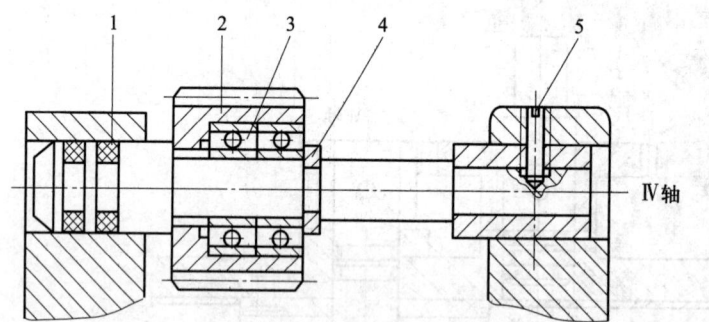

图 3-2-8 Ⅳ轴部件结构图

1—O 形密封圈 2—齿轮 3—深沟球轴承 4—弹性挡圈 5—螺钉

先用旋具旋出Ⅳ轴右端的螺钉 5，用挡圈钳卸下弹性挡圈 5，用细铜棒垫在Ⅳ轴的右端用手锤进行敲击，将Ⅳ轴从左端抽出，同时拆卸右端的滑动轴承。取下的轴上各零件应按顺序依次放好。注意，在把Ⅳ轴从左端抽出时，不要损坏 O 形密封圈。

（8）Ⅴ轴部件的拆卸。Ⅴ轴部件结构图如图 3-2-9 所示，它主要由透盖、深沟球轴承、轴承座、套、弹性挡圈、油封、平键、螺钉、垫片、螺母等组成。

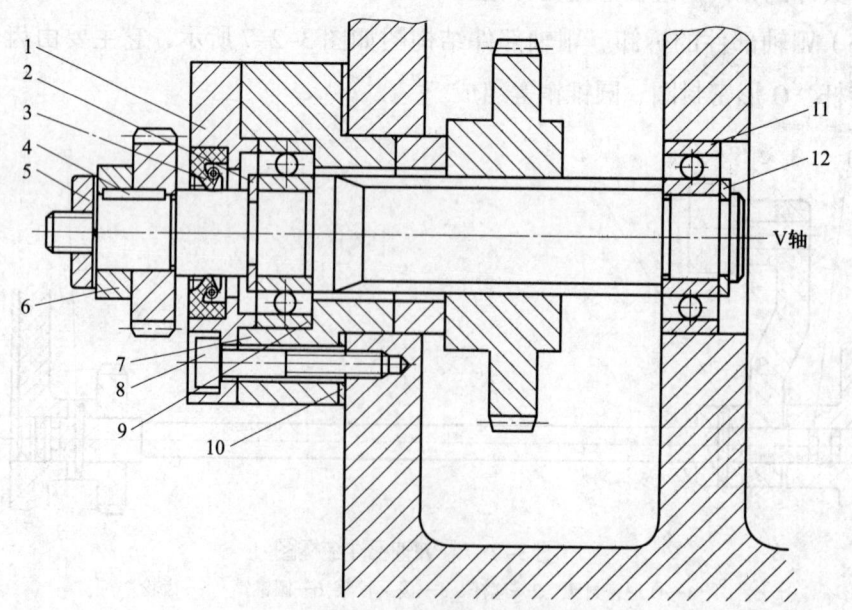

图 3-2-9 Ⅴ轴部件结构图

1—透盖 2、12—弹性挡圈 3—油封 4—平键 5—螺母 6—套
7—轴承座 8—螺钉 9、11—深沟球轴承 10—垫片

先用扳手松开螺母 5，取出套 6 和平键 4；再用内六角扳手松开螺钉 8，用挡圈钳卸下弹性挡圈 12，并用细铜棒垫在 V 轴右端用手锤进行敲击，直至把透盖 1、深沟球轴承 11 卸出，同时将左端轴承与 V 轴从轴承座孔中抽出；然后拆卸密封圈，用挡圈钳卸下弹性挡圈 2，并用轴承拉拔器卸下深沟球轴承 9，再拆下轴承座 7；最后把各零件按顺序放好。注意，拆卸密封圈时不能用旋具硬撬，以免将其损坏。

（9）Ⅸ轴部件的拆卸。Ⅸ轴部件结构图如图 3-2-10 所示，它主要由钢球、盖板、手柄座、手柄、定位板、圆锥销、弹簧、弹性挡圈、螺钉等组成。

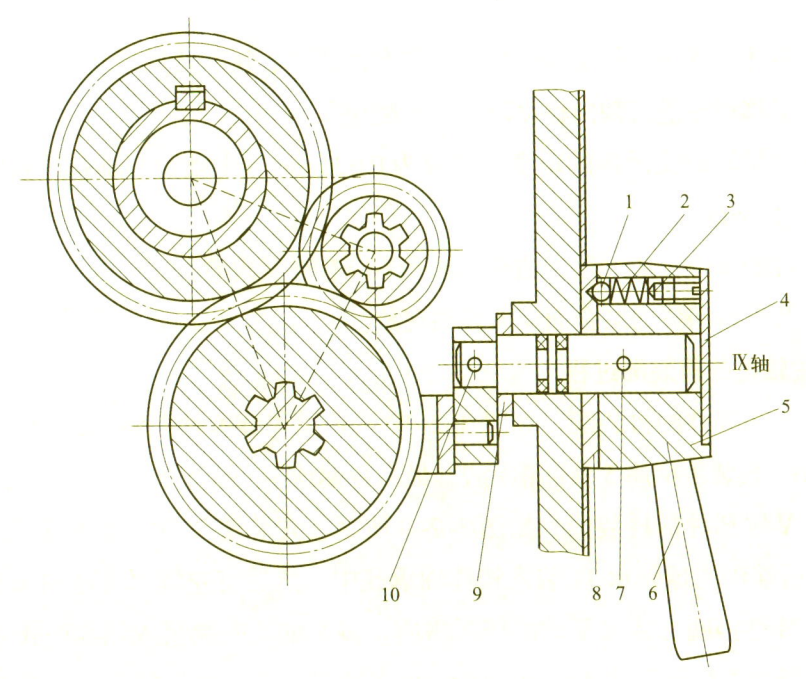

图 3-2-10　Ⅸ轴部件结构图
1—钢球　2—弹簧　3—螺钉　4—盖板　5—手柄座
6—手柄　7、10—圆锥销　8—定位板　9—弹性挡圈

先拆卸手柄座上的标牌，用旋具旋下手柄座上的螺钉 3，取出孔内的弹簧 2 和钢球 1，并用冲头把手柄座上的圆锥销 7 冲出，取下手柄座；再用冲头把Ⅸ轴上的圆锥销 10 冲出，取出弹性挡圈 9 和Ⅸ轴。冲圆锥销时应注意施力方向；而旋下手柄座上的螺钉 3 时，应防止弹簧弹出伤人。

4. 主轴箱的再装配技术要求

主轴箱的装配应遵循"先拆后装"的原则。在装配之前，应仔细检查各零件有无毛刺、损伤、刮痕及是否变形，可用相关工具进行修整，损坏的零件应及时更换；应将所有零件清洗干净；仔细阅读装配图，搞清楚零部件的装配关系，准备装配。

再装配顺序为：Ⅸ轴部件、Ⅴ轴部件、Ⅳ轴部件、Ⅷ轴部件、Ⅶ轴部件、Ⅰ轴部件、Ⅵ轴部件、Ⅱ轴部件、Ⅲ轴部件、Ⅰ轴上的Ⅴ带轮。

（1）装配完每根轴后应对其进行检查，若有轴向窜动或运转过紧等现象，应进行调整。

（2）装配各手柄时，应保证手柄旋转灵活、自如，且在各换挡位置能可靠定位，各啮合齿轮的轴向错位量不得大于1 mm。另外，应注意手柄座上螺钉的松紧程度。

（3）箱体中各齿轮传动应平稳，不得有冲击声、噪声及周期性杂音。

（4）滑移齿轮进行轴向移动时应无卡阻现象。

（5）主轴轴肩支承面的跳动公差应为0.023 mm，主轴定心轴颈的径向跳动公差应为0.013 mm。

（6）各轴承盖、法兰盘、油杯、油孔不应有渗漏现象。

（7）箱盖与箱体的结合面应无渗油现象。

5. 主轴箱的再装配过程

（1）Ⅸ轴部件的再装配。如图3-2-10所示，先装弹性挡圈9，然后装拨叉及圆锥销10，再装手柄座5及圆锥销7，最后装钢球1、弹簧2、螺钉3及盖板4。

（2）Ⅴ轴部件的再装配。如图3-2-9所示，先装垫片10、轴承座7，紧固螺钉8，将右端深沟球轴承11装入箱体轴承孔中；然后将左端深沟球轴承9装到Ⅴ轴上，将弹性挡圈2装入Ⅴ轴的挡圈槽内，将Ⅴ轴从左端装入轴承座孔并装上齿轮，将Ⅴ轴的右端轴颈装入深沟球轴承11的内孔并装上弹性挡圈12；再装上透盖1及密封圈，旋紧螺钉；最后装上平键4、挂轮、套6并旋紧螺母5。

（3）Ⅳ轴部件的再装配。如图3-2-8所示，先将深沟球轴承装入齿轮2的孔中，再装到Ⅳ轴上，并将弹性挡圈4固定在Ⅳ轴的挡圈槽内；然后将Ⅳ轴左端轴颈装入箱体孔中，在Ⅳ轴右端装上滑动轴承，并用细铜棒垫在滑动轴承的右端施力，直至滑动轴承到达要求的位置；最后将螺钉5旋紧。

（4）Ⅷ轴部件的再装配。如图3-2-7所示，装入Ⅷ轴，安装齿轮5、连杆2至要求的位置，安装圆锥销4、6。

（5）Ⅶ轴部件的再装配。如图3-2-6所示，先将手柄座6装到Ⅶ轴上，并将圆锥销4装入销孔；再将Ⅶ轴装入箱体孔，装上齿轮及圆锥销1；最后装上手柄座盖板。

（6）Ⅰ轴部件的再装配。如图 3-2-5 所示，先装入左端轴承座，紧固螺钉，并将右端的轴承装入箱体轴承孔；然后将平键装入Ⅰ轴键槽内，将左端深沟球轴承 5 及弹性挡圈 4 装到Ⅰ轴上，将Ⅰ轴从左端装入，依次装入齿轮 6、齿轮 7、齿轮 8、齿轮 9、隔套 10；再装入右端轴承及弹性挡圈 11；最后装上工艺盖。

（7）Ⅵ轴部件的再装配。如图 3-2-4 所示，先将手柄 9 装到手柄座 8 上，将手柄座装到Ⅵ轴上，将圆锥销 7 装入销孔；然后将Ⅵ轴从前面装入箱体孔至要求的位置，并装上弹性挡圈 4 及螺钉 3；再装入连杆 12 及圆锥销 11；最后装入钢球 4、弹簧 5、螺钉 6 及盖板。

（8）Ⅱ轴部件的再装配。如图 3-2-3 所示，先将中间深沟球轴承 4 和左端深沟球轴承 1 分别装入箱体轴承孔中；然后从右端把Ⅱ轴装入，并装上四联齿轮 3；再用细铜棒垫在Ⅱ轴的右端施力，使轴的中间轴颈和左端轴颈分别装入两轴承孔；再装上双联齿轮 6，将细铜棒垫在轴的左端施力，使Ⅱ轴达到要求的位置，并装入Ⅱ轴的右端深沟球轴承 7；最后装上左端的端盖及右端的闷盖。

（9）主轴（Ⅲ轴）部件的再装配。如图 3-2-2 所示，先将大齿轮 7 与小齿轮 10 放入主轴箱内，将平键 6 装入主轴键槽内，将主轴从右端装入一段，并装入弹性挡圈 11；继续装入主轴，当主轴超出中间轴承孔 40~70 mm 时，装入圆锥滚子轴承 12 及圆螺母 5；再将主轴装入一段，将平键 4 装入键槽内，并装上双联齿轮 3；当将主轴装至要求的位置后，装入深沟球轴承 2，并将把左、右弹性挡圈分别装入挡圈槽内，调整并旋紧圆螺母 5；最后将左、右端盖用螺钉旋紧，装上 V 带轮、垫圈、螺母。

装配完成后应检查箱体内各部件是否装配到位，运转是否灵活，可扳动拨叉检查齿轮啮合位置是否正确。

二、进给传动部件的拆卸和再装配

数控机床的进给传动系统是由伺服电动机驱动的，并通过滚珠丝杠副带动刀具或工件完成各坐标轴方向的进给运动。某数控机床进给传动系统如图 3-2-11 所示，图中 z 代表齿轮齿数，p 代表滚珠丝杠副的公称导程（单位是 mm）。

1. 进给传动部件的拆卸

下面以 CK6136 数控车床为例进行介绍，CK6136 数控车床传动部件如图 3-2-12 所示。应在分析部件结构及传动原理的基础上进行拆卸，注意不要破坏数控车床的精度。

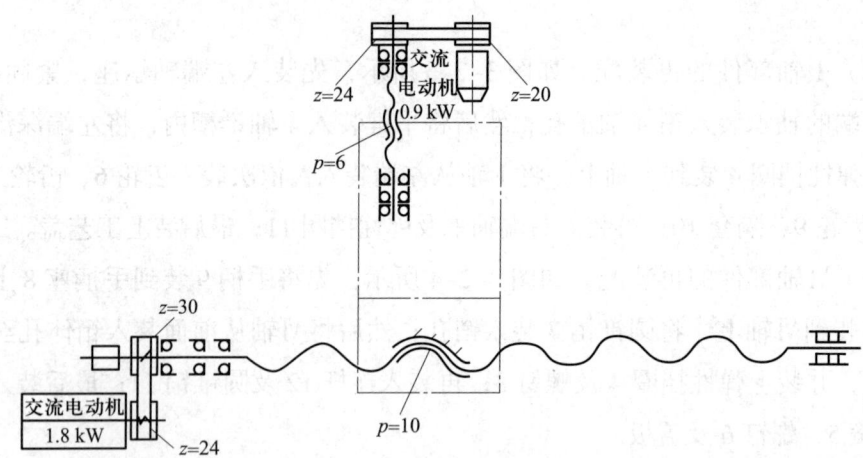

图 3-2-11 某数控机床进给传动系统

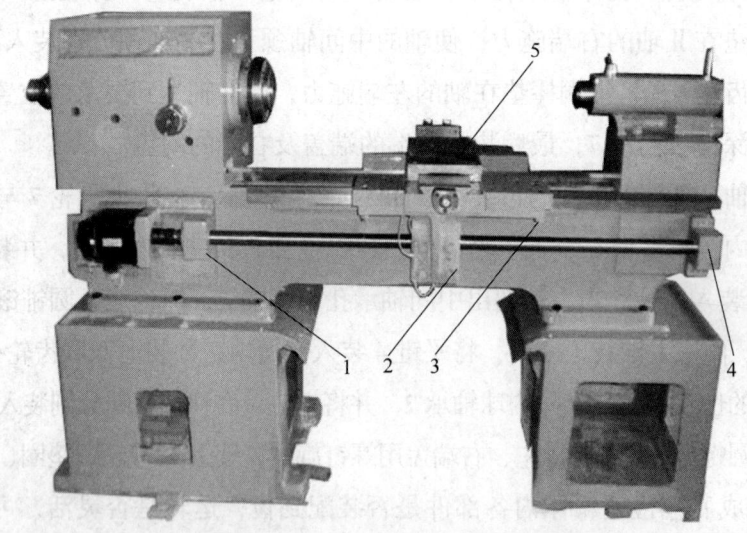

图 3-2-12 CK6136 数控车床传动部件
1—左边轴承座 2—丝杠螺母 3—限位开关 4—右边轴承座 5—拖板

（1）卸下丝杠螺母 2 连接件上的限位开关 3（用螺钉连接的）。

（2）卸下连接滚珠丝杠副左端与伺服电动机的联轴器或同步带轮及连接键。

（3）卸下滚珠丝杠副左端的轴承挡圈。

（4）卸下螺母支座上的紧固螺母。

（5）用专用拔销器拆除滚珠丝杠支撑架上的定位销。

（6）卸下左边轴承座 1 与数控车床的连接螺栓，卸下左边轴承座 1，将 Z 向滚珠丝杠副从左端抽出，悬置。

（7）卸下螺母支座与右端轴承座 4 的连接螺栓，卸下螺母支座及右端轴承座。

（8）用一字旋具旋下楔形垫铁端部的螺栓，抽出拖板与工作台之间的楔形垫铁。

（9）沿着燕尾槽抽出拖板5。

（10）将拖板倒放在工作台上，卸下滚珠丝杠副与拖板的连接螺钉，卸下滚珠丝杠副。

（11）用柴油清洗卸下的零件，按需涂好润滑油。

2. 进给传动部件的再装配

滚珠丝杠副的再装配步骤和拆卸步骤相反，下面主要介绍再装配过程中的工艺技术要求。

（1）将工作台倒转放置，在丝杠螺母孔中套入长400 mm的精密检验棒，测量其轴心线对工作台导轨面在垂直方向的平行度，应不超过0.005 mm/1 000 mm。

采用同样方法测量丝杠轴心线对工作台导轨面在水平方向的平行度，应不超过0.005 mm/1 000 mm。

（2）测量工作台导轨面与螺母座孔中心的高度并记录数值。

（3）将轴承座装于底座两端，并分别套入精密检验棒，测量轴承座孔轴心线对底座导轨面在垂直方向的平行度，应不超过0.005 mm/1 000 mm。

采用同样方法测量轴承座孔轴心线对底座导轨面在水平方向的平行度，应不超过0.005 mm/1 000 mm。

（4）测量底座导轨面与轴承座孔中心的高度，按需修配轴承座。

（5）将工作台和底座导轨面擦拭干净，将工作台安放在底座的正确位置，装上钢板镶条，以检验棒为基准，测量螺母座轴心线与轴承座轴心线的同轴度。如果达到装配要求，便可紧固螺钉并配钻、配铰定位销孔，如有偏差则需要修整，直到满足装配要求为止。

（6）将轴承座孔与螺母座孔擦拭干净，将滚珠丝杠副装入螺母座的正确位置，然后紧固螺钉。

（7）安装配合公差适当的轴承。安装时应采用专用套管，以免损坏轴承。使用百分表检测滚珠丝杠轴端径向跳动和轴向间隙，移动工作台并调整丝杠螺母，使丝杠螺母能在全行程范围内灵活移动。

（8）按顺序依次紧固丝杠螺母、螺母支架、滚珠丝杠固定支承端、滚珠丝杠自由支承端。

（9）检验整个滚珠丝杠副的装配情况并按需调整。

三、自动换刀装置的拆卸和再装配

各类数控机床的自动换刀装置主要分为以下三种形式：回转刀架或转塔式换刀系统，带盘式刀库的主轴直接换刀系统，带链式刀库的机械手换刀系统。下面主要介绍回转刀架的拆卸和再装配。回转刀架的结构图如图 3-2-13 所示，回转刀架的实物图如图 3-2-14 所示。

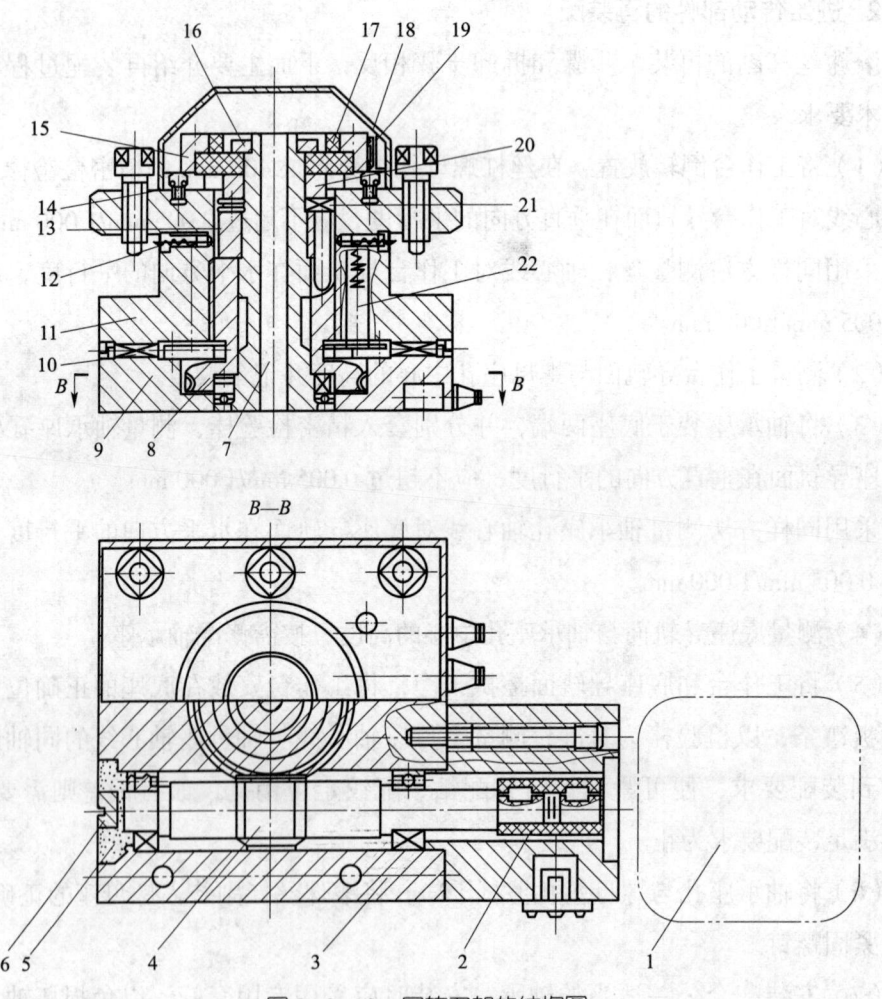

图 3-2-13 回转刀架的结构图

1—电动机 2—联轴器 3—深沟球轴承 4—蜗轮轴 5—轴承盖
6—闷头 7—定轴 8—蜗轮丝杠 9—下刀体 10—粗定位盘 11—上刀架体
12—球头销及弹簧 13—转位套 14—电刷座 15—磁钢 16—小螺母 17—发信盘
18—铝盖 19—电刷 20—大螺母 21—推力轴承 22—反靠销及弹簧

1. 回转刀架的拆卸

（1）拆卸铝盖，如图3-2-15所示；将电线用胶带固定，如图3-2-16所示，便于拆卸零件。

（2）拆下锁紧发信盘的小螺母，拆卸磁钢（见图3-2-17），取出发信盘（见图3-2-18）。

（3）拆下大螺母、止推垫圈，取出键、推力轴承（见图3-2-19）、转位套（见图3-2-20）。

（4）找到闷头进行拆卸，如图3-2-21所示；用扳手转动蜗杆旋钮，如图3-2-22所示，松开离合盘。

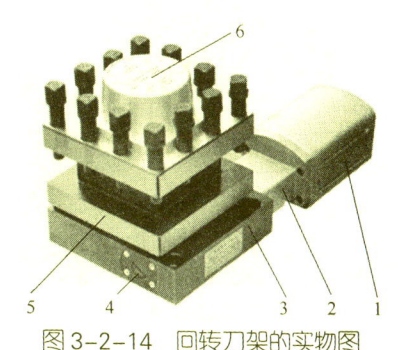

图3-2-14 回转刀架的实物图

1—电动机 2—连接座 3—下刀架体（底座）
4—闷头 5—刀架体 6—铝盖

图3-2-15 拆卸铝盖

图3-2-16 将电线用胶带固定

图3-2-17 磁钢

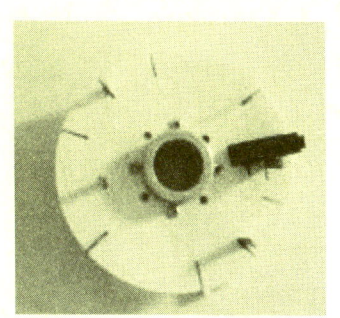

图3-2-18 发信盘

图3-2-19 推力轴承

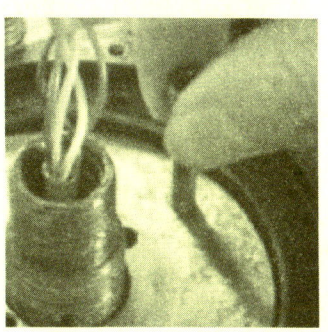

图3-2-20 取出转位套

图3-2-21 拆卸闷头

图3-2-22 用扳手转动蜗杆旋钮

（5）取出上刀架体及离合盘（见图3-2-23），取下反靠销及弹簧（见图3-2-24）。

图3-2-23 上刀架体及上离合盘

图3-2-24 反靠销及弹簧
1—反靠销 2—弹簧

（6）夹住反靠销，逆时针旋转刀架体（见图3-2-25）并取出。

（7）拆卸粗定位盘，如图3-2-26所示；拆卸下刀架体（底座），如图3-2-27所示；拆卸刀架定轴，如图3-2-28所示。

图3-2-25 刀架体

图3-2-26 拆卸粗定位盘

（8）拆分蜗轮、丝杠，如图3-2-29所示。

（9）拆下电动机罩、电动机、连接座、轴承盖、蜗杆。

（10）拆卸螺钉、蜗轮和蜗杆（见图3-2-30），拆卸蜗杆两端的深沟球轴承。

图 3-2-27 拆卸下刀架体（底座）

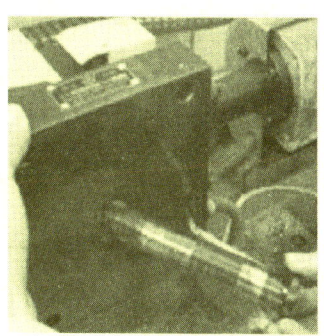

图 3-2-28 拆卸刀架定轴

图 3-2-29 拆分蜗轮、丝杠

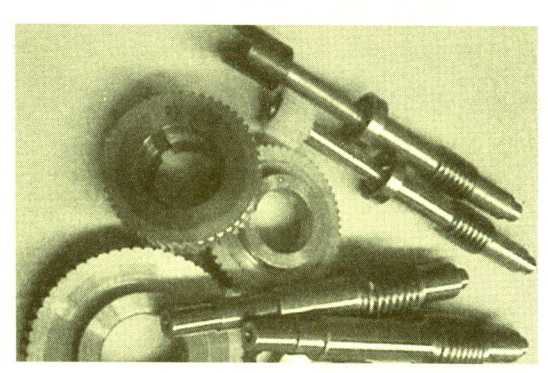

图 3-2-30 蜗轮和蜗杆

（11）拆下反靠盘、防护圈。

（12）拆下离合盘（外齿圈）。

2. 回转刀架的再装配

进行再装配前应将所有零件清洗干净，在传动部件上涂适量的润滑脂。通常按拆卸步骤反顺序装配。再装配后应启动电动机，检查能否轻松地实现刀架抬起、刀架转位、刀架定位、刀架锁紧等动作，若无法实现上述动作则说明未装配好，必须重新装配。

四、辅助设备的拆卸和再装配

1. 液压系统

（1）液压系统的拆卸注意事项

1）阅读相关图样了解液压系统的工作原理，以及液压元件、管路的布置情况。检查液压元件及管路有无损坏情况，并做好相关记录。

2）在拆卸液压系统之前，应使油缸处于收缩状态，并确保液压回路无残余压力，完全松开溢流阀。

3)应选用合适的工具,严禁使用金属锤,必要时可用橡胶锤。

4)拆下的零部件密封面或螺纹应及时用胶纸缠好,以防磕碰;较小的零部件应用干净的塑料袋密封保存。

5)在拆卸管路时,应及时做好标记,以方便二次安装,同时应在管端装上塑料塞。

6)拆下的泵、阀、油缸等的进出油口应用塑料塞(严禁用棉布、木塞代替)塞好或用胶纸粘盖好。

(2)液压系统的再装配注意事项

1)按照液压系统图和液压元件清单核对液压元件的数量,确认所有液压元件的质量状况。检查压力表的质量,查明最近一次校验的日期,对校验超期的压力表要重新校验,确保读数准确。

2)检查液压元件的保管时间是否过长,或保管环境是否符合要求。注意液压元件内部密封件的老化程度,必要时进行拆洗、更换并进行性能测试。

3)检查钢制油管是否完好、是否被压扁或是否弯曲,内外壁是否被腐蚀,外壁有无裂纹等缺陷。不符合相关规定要求或有严重缺陷的钢制油管不得使用。端部封盖丢失的钢制油管需要重新清洗。

4)管接头要连接牢固,各结合面要密封严密。工具、量具、夹具和拆卸后的零部件排列要整齐、美观,并便于拆装和维修。

5)压力油管的安装必须牢固、可靠和稳定,在容易产生振动的地方要加木块或橡胶垫来增大阻尼、减振。

6)安装管路时要检查密封件质量,应使用符合质量要求的密封件。安装密封件时要注意"唇口"方向,切勿损坏密封件,更不能漏装密封件。

7)高压软管在工作压力变动时会发生伸缩变化,因此,安装时高压软管不应呈拉紧状态。高压软管外表面与机器有接触或摩擦的,要在外表面加导向保护装置。

8)安装各类阀时要注意进、出、回、控、泄等油口的位置,严禁装错。换向阀应以水平安装为宜,安装时应注意清洁,不允许戴手套进行安装,不允许用纤维纺织品擦拭安装结合面(防止纤维类杂物进入阀内)。

9)在进行注油之前必须检查油箱内部的清洁度,当清洁度不够时要及时清理;在加入液压油之前也必须检查其清洁度;在注油时必须将液压油过滤或使用加油车,不允许将液压油直接注入油箱。

2. 气动系统

气动系统主要由气源部分、执行元件及工作机构（即气动机构）、控制元件、辅助元件组成。

（1）拆卸前，应清扫元件和装置上的污物，保持清洁。在确认被驱动物体已进行防止落下处置和防止暴走处置之后，再切断电源和气源，且在确认压缩空气已全部排出后方能拆卸。注意，仅关闭截止阀，系统中仍可能存有压缩空气，因为有时压缩空气会被堵截在某个部位，所以必须认真检查各部位，并设法将压缩空气排尽，可以通过观察压力表是否回零来确认。

（2）应以组件为单位进行拆卸。拆卸时，要慢慢地松动每个螺钉，以防元件或管道内有余压。通常一边拆卸，一边逐个检查零件是否正常。不要划伤滑动零件（如缸筒内表面、活塞杆外表面等），要注意各处密封圈、密封垫的磨损和变形情况；要检查节流孔、喷嘴和滤芯的堵塞情况；要检查塑料、玻璃制品有无裂纹或损伤。

拆卸后应将零件按组件顺序排列，并注意零件的安装方向，以方便再装配。配管管口及软管管口必须用干净的布进行保护，防止灰尘及杂物混入。

（3）更换零件注意事项。更换的零件必须保证质量，锈蚀、损坏、老化的元件不得再用。必须根据使用环境和工作条件来选定密封件，以保证元件的气密性和稳定性。拆下来准备再用的零件可以放在清洗液中清洗，也可以使用优质煤油清洗，但不可以用汽油等有机溶剂清洗橡胶件、塑料件。

零件清洗后不允许用棉丝、化纤产品擦干，可用干燥、清洁的空气吹干。零件应按需涂润滑脂，并以组件为单位进行装配。注意，不要漏装密封件，不要将零件装反。螺钉、螺母的拧紧力矩应均匀、合理。

3. 润滑系统

（1）润滑系统的拆卸

1）润滑部件的拆卸。应对润滑系统零部件结构图、原理图、装配图等进行分析，按零部件安装、配合顺序，将各零部件从发动机缸体上分别拆卸下来。

2）机油泵的拆卸。此项工作应在放掉机油、拆下油底壳之后进行。

①旋松并拆卸将机油泵盖、机油泵体紧固到机体上的紧固螺栓，将机油泵和吸油部件一起拆下。

②拆下吸油管组的紧固螺栓，拆下吸油管组，检查并清洗滤网。

③拆下机油泵盖的紧固螺栓，取下机油泵盖，检查泵盖上的限压阀（或旁通

阀），查看泵盖结合面的磨损情况。

④先分别拆下主、被动齿轮，再分别拆下齿轮和轴，然后更换旧垫片。

（2）润滑系统的再装配。装配顺序基本上与拆卸顺序相反。注意，拆下的部件应按需进行清洗、检查、测量（如装配尺寸、配合尺寸等），并判断是否要修理或更换。

4. 冷却系统

（1）冷却系统的基本组成

1）冷却泵。冷却泵以一定的流量和压力向切削区供应切削液。冷却泵的安装要求：泵底距水箱底面留有25 mm的距离，最低吸水位置在泵底以上40 mm处。

2）切削液箱。切削液箱用于沉淀用过的切削液及储存待用的切削液。切削液箱有足够的容积，能使已用过的切削液自然冷却。切削液箱的有效容积一般为冷却泵每分钟输出切削液容积的4~10倍。

3）输液装置。输液装置有管道、喷嘴等，其主要功能是把切削液送到切削区。管道一般分为硬管和软管两种，硬管用于连接固定的部件，软管用于连接运动的部件。喷嘴采用可调塑料冷却管制成，其形状有圆形、扁嘴形的，其口径尺寸有1.5 mm、2.5 mm、3.5 mm、6.5 mm、8.5 mm、10 mm的。

4）净化装置。净化装置用于清除切削液中的杂质，使供应到切削区的切削液保持清洁。净化装置多采用隔板或筛网来过滤杂质，普通冷却泵的通过精度不超过2 mm。对于磨削加工或其他精加工，若要求更高的过滤等级，则多采用纸质过滤器、磁性分离器、涡旋分离器等装置。

（2）冷却系统的拆装

1）拟订拆装计划，做好拆装准备。

2）合理选用工具，完成拆卸。

3）进行必要的清洗和维护。

4）完成组装。

5）进行调试，确保系统正常运行。

5. 排屑器

注意，不可以随意拆卸排屑器，否则可能损坏设备。

（1）排屑器的拆卸

1）拆掉排屑器的所有护板、漏水斗，装上吊耳。

2）将排屑器从安装位置吊出，放至修理场地，将排屑器末端外壳切开。

3）将前后链板断开，将链板从机壳内抽出，取出前轴和后轴并进行检查。按需修理前轴的磨损部位，重新固定齿轮，按需更换后轴轴承。

4）清理机壳内和链板上的金属切屑及其他杂物，按需修理、更换损坏的导轨并打磨平整。

5）将前轴和后轴固定到原来的位置，将前后链板沿着导轨拉入相应位置。

6）将排屑器断开的前后链板重新连接，并调试链板长度，使之均匀。按下排屑器电动机开关，使链板运动，观察其运动是否平稳。

（2）排屑器的再装配。在确认各零件一切正常后，将末端外壳重新焊接，将修理好的排屑器吊入原来的安装位置并固定，将所有护板、漏水斗装好。

6. 钢板防护罩

钢板防护罩的合理运行有利于整个数控机床的安全运转。

（1）钢板防护罩的拆卸。钢板防护罩在使用一段时间后或者出现问题时，需要对其进行拆卸来完成检修。钢板防护罩的拆卸注意事项具体如下。

1）按顺序拆卸钢板防护罩，先外部后内部，先主后次。注意，拆卸顺序不可错误，否则可能损坏钢板防护罩。

2）合理分工，拆下的零件应按顺序摆放。

（2）钢板防护罩的再装配。再装配是拆卸的逆操作过程，注意不能遗漏零件。在再装配过程中应对钢板防护罩进行合理的处理，如擦净防护罩表面及滑动面的尘土，处理表面油污等。

培训单元 2　齿轮、花键轴、轴承、密封圈、弹簧、紧固件等的检修

一、机床装调检修时的零件测量原则

在机床装调检修中，零件测量是重要环节，零件测量应遵循以下原则。

1. 测量时统一基准

基准分为设计基准、工艺基准两大类。其中，工艺基准按用途又可分为装配基准、测量基准、定位基准和工序基准。在检测零件时，为了保证测量结果准确和可靠，必须正确选择测量基准。

测量基准的选择应遵循基准一致原则,即测量基准应与设计基准一致。如果在加工过程中工序基准不能与设计基准保持一致,那么在进行检测时,测量基准应与工序基准一致。在装配前的终结检验中,测量基准应与装配基准一致,以保证零件的使用性能符合要求。

2. 测量时正确定位

在正确选择测量基准后,进行实际测量时,还应选择相应的正确定位方法(即基准的体现方法)。一般情况下,在平台检测中以模拟法来体现基准,即基准平面以检验平板平面或仪器工作台平面来体现,轴心线由顶尖架、V形架、芯轴来体现。平台检测中不同工件的常见定位方法如图3-2-31所示。

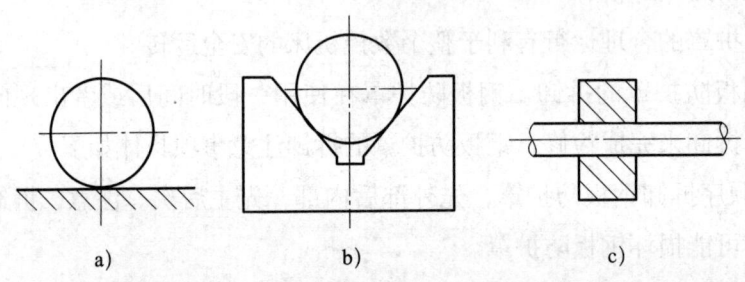

图3-2-31 平台检测中不同工件的常见定位方法
a)平面定位方法 b)外圆柱表面定位方法 c)内圆柱表面定位方法

3. 测量时方法正确

(1)平台检测方法。平台检测方法是指在平台上用通用检测工具、量具进行检测。其特点是所用器具简单,对测量环境无特殊要求,适用于生产现场及车间检测,是目前工厂普遍使用的一种机械零件检测方法。

平台检测一般采用直接测量方法,即在检测装置上读得的数据是被测尺寸与标准值或基准件尺寸的差值。具体方法是采用打表法或光隙法获得测量数据。用打表法检测如图3-2-32a所示,用光隙法检测如图3-2-32b所示,ΔL为测得的偏差。

(2)机械零件线性尺寸的测量。机械零件线性尺寸的测量比较简单,可用一般量具直接测量,测量数值可直接从量具上读出。

1)游标量具的测量方法。游标卡尺、游标深度尺和游标高度尺可以测量机械零件的长、宽、高、槽深、孔径等。为了减小测量误差,最好在同一位置多测量几次(一般为3~5次)后取平均值,或在同一截面的不同方向上进行测量。

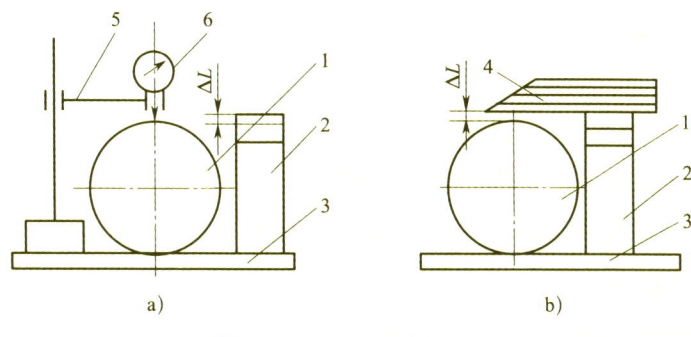

图 3-2-32 平台检测方法
a) 用打表法检测　b) 用光隙法检测
1—被测零件　2—量块　3—平台　4—刀口形直尺　5—表架　6—百分表

2) 测微量具的测量方法。内径千分尺、外径千分尺、深度千分尺等测微量具可用于对机械零件的直径、内孔孔径等进行高精度测量。在使用千分尺进行测量之前,应根据待测尺寸的精度要求选用合适的千分尺。在选定千分尺之后,要检查测量面是否清洁,若有杂物、油污必须先清理干净;然后检查零线是否对齐,在确认零线对齐后才能开始测量。

3) 指示式量具的测量方法。百分表、杠杆千分表、内径千分表等可用于对机械零件长度、圆柱直径等进行直接测量,或通过比较法测量孔径、槽深等。采用指示式量具进行测量时,主要通过量具量取工件相对于标准尺寸的偏差。测量时先将指示式量具的指针调至零位,然后测量工件尺寸,最后根据标准尺寸得出工件的偏差值。

二、齿轮的检修方法

1. 齿轮的拆卸

(1) 将互相啮合的两个齿轮分离时,必须在啮合处做好标记,以保证复装后啮合良好。

(2) 从轴上拆卸齿轮时,一般需要做专用胎具。在专用胎具做好后,装好千斤顶,使千斤顶的柱塞头与轴头严密接触,同时使两轴线处在同一直线上,将千斤顶顶紧。用气焊设备对齿轮轴孔附近进行加热,待内孔膨胀后用千斤顶将轴顶出。在加热时应避免火焰直接烘烤齿面,同时控制轴颈温度,通常加热温度不宜过高。

2. 齿轮的安装

(1) 在安装齿轮前应详细检查内孔及键槽的尺寸是否合适,一般齿轮与轴的装配都是过盈装配,安装时需要热装。

(2)安装齿轮时要注意保护轴端及顶针孔,要使用专用工具。加热齿轮时要随时测量内孔的膨胀情况,抓住时机进行装配。对于较大轴的装配,在装配前应先用量表检查,在确认轴与齿轮孔的间隙达到 0.10 mm 以上时再装配。如果在装配过程中出现卡涩现象,应立即将轴与齿轮分开。注意,不可以采用打压的方法进行装配,以防抱轴。

3. 齿轮的检修工艺

(1)盘转齿轮,观察齿面的磨损情况,若发现裂纹、掉块、点蚀、胶合等现象,不严重时可修复,严重时应更换齿轮。注意,齿轮若有断齿必须更换。

(2)观察齿轮啮合情况,对于 7 级或 8 级精度的齿轮,齿面接触斑点应达到以下要求:沿齿高不少于 40%,沿齿宽不少于 50%,接触斑点应位于齿的中部。

(3)用塞尺或压铅法测量齿顶、齿侧的间隙并做好记录。

4. 齿轮的常见损伤形式及修理或调整方法(见表 3-2-1)

表 3-2-1　齿轮的常见损伤形式及修理或调整方法

常见损伤形式	修理或调整方法
齿轮折断	堆焊、局部更换、截齿、镶齿
疲劳触点	堆焊、更换齿轮、变位切削
齿面剥落	堆焊、更换齿轮、变位切削
塑性变形	更换齿轮、变位切削、加强润滑
齿面胶合	更换齿轮、变位切削、加强润滑
齿面磨损	堆焊、调整换位、更换齿轮、换向、加强润滑

三、花键轴的检修方法

花键轴又称多键轴,是由多个键和轴组成的一个整体零件。与普通基于楔键连接的轴相比,花键轴优势明显:刚度高,能传送较大的动力,能保证装在轴上的零件(如齿轮、轴套、连接器等)在轴上灵活移动。因此,花键轴已成为现代机器上传送动力的重要零件。

1. 花键轴损伤的检查方法

(1)花键轴的变形和磨损程度用百分表来测量,超过标准要求时应及时校正或更换。检查时,将花键套夹在台虎钳上,将花键轴插入并使部分花键露在外面,用百分表的测头抵在花键轴的键齿上,然后来回转动花键轴,百分表指针的摆动值即为其配合间隙,一般应不大于 0.3 mm,使用限度为 0.6 mm,键宽磨损量一般不超过 0.2 mm。

(2)用千分尺检查轴颈的磨损量,当磨损量达到规定值时,可堆焊后进行修磨、镀铬修复或更换。

(3)用游标卡尺检查轴上定位凹槽的磨损量,磨损量应不超过 0.5 mm,若超过应及时更换。

(4)当目测发现轴出现任何形式的裂纹或破碎时,应及时更换。

2. 花键轴损伤的修理方法

下面主要介绍花键轴轴颈磨损和油封部位磨损的修理方法。

(1)轴颈磨损的修理方法。花键轴的轴颈与滚动轴承的内圈常呈紧配合,有时也呈过渡配合,一般有 0 ~ 0.05 mm 的过盈量。经过几次拆装后,配合界面出现磨损就会使紧度消失,从而使轴承不能在花键轴的轴承位上进行轴向定位。轴颈磨损的修理方法主要有以下几种。

1)焊修法。若有振动堆焊条件,可先将花键轴的轴颈进行堆焊,再加工恢复至原尺寸。

2)电镀法。可将失去紧度的轴颈电镀一层亮铬或乳白色铬,但要严格控制尺寸,按需进行磨削加工。

3)电火花镀盖法。当轴颈磨损程度较轻,紧配合出现 0.02 mm 以内的间隙时,可以用电火花镀盖法修理。

4)尼龙喷涂法。当轴颈出现 0.05 mm 以内的配合间隙时,可以用尼龙喷涂法修理。

5)水玻璃黏结法。当轴颈磨损程度较轻,有 0.02 ~ 0.05 mm 的配合间隙时,可以将水玻璃涂在轴颈上,接着将轴承也装上,等水玻璃凝固后即可使用。

6)轴颈冲孔法。对于失去紧配合的花键轴轴颈,可用中心冲在轴颈圆周上均匀地冲一些小孔眼,使金属挤出以补偿失去的尺寸。

(2)油封部位磨损的修理方法。花键轴油封起两个作用:一是阻挡箱体中的润滑油外流,二是阻挡灰尘进入箱体。当油封部位磨损后,润滑油往往外流,导致润滑油消耗增加,润滑条件变差,密封失效,机器带病工作或者不能工作。

当磨损后的沟槽深度不超过 0.15 mm 时,可以将沟槽在车床上车平,但不能破坏滚动轴承的定位和拆装油封的方便性。

当油封部位尺寸比轴颈尺寸大，且油封部位磨出的沟槽深度超过 0.5 mm 时，可以采用镶圈法进行修理。

对于不能镶圈，也不能车平的油封部位，当磨损沟槽深度超过 0.5 mm 时，可在进行表面加工、堆焊后，用车床车至原尺寸。若用电弧焊堆焊恢复至原尺寸后，还要进行热处理。

（3）花键轴键齿磨损的修理方法。首先要将花键轴退火，再用弹簧钢丝气焊，或用中碳钢焊条电焊，然后在铣床上铣到标准尺寸，最后对加工后的花键轴进行热处理，使花键齿的表面硬度不低于 40HRC。若有振动堆焊条件，可以对齿侧磨损进行振动堆焊，以省去焊前退火处理和焊后热处理的工序，但是用振动堆焊填补的花键齿只能用专用磨床磨削加工。

四、轴承的检修方法

1. 滚动轴承的检修

（1）向心球轴承的检修。对于技术状态正常的向心球轴承，其内、外圈滚道应无剥落损伤和严重磨痕，且圆弧沟槽应光亮；所有滚珠应保持球状，表面无斑点、裂纹和剥落损伤；保持架不松散、不破碎、未磨穿。当用一只手持内圈，用另一只手迅速轻推外圈并进行旋转时，应能平稳旋转，且只能听到滚珠在滚道上滚动的轻微声响，无振动和杂音；外圈停止旋转时应逐渐减速，且完全停止后应无倒退现象。正常的向心球轴承内、外圈与滚动体的间隙为 0.005～0.010 mm，当沿径向晃动内、外圈时，应感觉不到间隙。检查使用过的向心球轴承时，可以手持其内圈沿轴向晃动几下，当外圈和滚珠发出明显声响时，说明其配合间隙超过了 0.03 mm，那么就不能继续使用了。

（2）圆锥滚子轴承的检修。圆锥滚子轴承使用一段时间后，应检查滚动体与内圈滚道有无剥落损伤，保持架是否松散，内圈前后边缘是否完整，外圈滚道有无裂痕。将内圈和滚动体装入外圈后，滚子应落入滚道中间，且前移量不超过 1.5 mm。以上有一项不合格，则不能继续使用。

（3）调心滚子轴承和圆柱滚子轴承的检修。这两种轴承的外圈是可分离的。在正常状态下，其内、外圈滚道和滚子应不破碎，无麻点和较深的磨痕，保持架应不变形且能将滚子收拢在内圈上，内、外圈滚道与滚子的配合间隙应不超过 0.06 mm。

（4）推力球轴承的检修。在正常状态下，两滚道应无剥落损伤、未严重磨损，滚珠应不破碎、无麻点，保持架应不变形、不与两个滚道垫圈相碰且能将滚子牢固地收拢在内圈上。

2. 滑动轴承的检修

（1）径向厚壁瓦滑动轴承的检修

1）用压铅法、抬轴法或其他方法测量轴承间隙与瓦壳过盈量，轴承间隙应符合相关要求，瓦壳过盈量宜为 0～0.02 mm。

2）检查各部件，应无损伤与裂纹，轴瓦应无剥落损伤、气孔、裂纹与偏磨烧伤。

3）轴瓦与轴颈的接触状况可以采用着色法检查，检查角度通常为 60°～90°。在接触范围内要求接触均匀，每平方厘米应有 2～4 个接触点。若接触不良，则必须进行刮研。

4）清扫轴承箱，各油孔应畅通，不得有裂纹、渗漏等现象。

5）瓦背与轴承座应紧密、均匀地贴合，通常采用着色法检查，接触面积应不小于 50%。

（2）径向薄壁瓦滑动轴承的检修

1）轴瓦的合金层与瓦壳应牢固、紧密地结合，不得有分层、脱壳现象。合金层表面和两半瓦壳的中分面应光滑、平整，不应有裂纹、气孔、重皮、夹渣、碰伤等缺陷。

2）瓦背与轴承座内孔表面应紧密、均匀地贴合，可以采用着色法检查。内径小于 180 mm 的，其接触面积不小于 85%；内径大于或等于 180 mm 的，其接触面积不小于 70%。

3）轴瓦与轴颈的配合间隙及接触状况是靠机械加工精度保证的，其接触面一般不允许刮研。若轴瓦与轴颈沿轴向接触不均匀，可略加修整。

4）装配后在中分面处可以用 0.02 mm 的塞尺进行检查，不能塞入则为合格。

（3）止推滑动轴承的检修

1）轴瓦应无磨损、变形、裂纹、划痕、脱层、碾压、烧伤等缺陷；与止推盘接触处的印痕应均匀，接触面积应不小于 70% 且在各瓦块上均匀分布；同组瓦块厚度差应不大于 0.01 mm，巴氏合金瓦块应按旋转方向修圆进油楔，以便于润滑油进入；背部承力面应平整、光滑。

2）调整垫片应光滑、平整、不挠曲，可采用厚度差不大于 0.01 mm 的垫片。

3）在轴承盖组装后反复用推轴法测量止推滑动轴承间隙，其值应在要求范围内。用这种方法得到的测量结果和用轴位移探头测得的止推滑动轴承间隙必须一致，并按规定调整好轴位移探头的指示零位。

4）轴承壳水平结合面应严密、不错位；测油温的油孔与瓦盖孔应对准，不允许偏斜，油孔应干净、畅通。

五、密封件的检修方法

1. 机械密封的清扫与检查

（1）机械密封的工作原理要求内部无任何杂质，因此在组装机械密封前要彻底清扫动环、静环、轴套等部件。

（2）检查动、静环表面有无划痕、裂纹等缺陷，若存在这些缺陷会导致机械密封严重渗漏。可以用专用工具检查密封面是否平整，若密封面不平整，压力水会进入组装后机械密封的动、静环密封面，使动、静环分开，导致机械密封失效。必要时可以制作专用工装，在组装前进行水压试验。

（3）检查动、静环座有无影响密封性的缺陷，如动、静环座与动、静环密封圈的配合表面有无缺陷。

（4）检查机械密封补偿弹簧是否损坏或变形，刚度系数是否发生变化。

（5）检查密封轴套有无毛刺、沟痕等缺陷。

（6）检查密封胶圈有无裂纹、气孔等缺陷，测量胶圈直径是否在公差范围内。

（7）对于具有泵送机构的机械密封，还要检查螺旋泵的螺旋线有无裂纹、断线等缺陷。

2. 机械密封的组装核校

（1）测量动、静环密封面的尺寸。该数据用来验证动、静环的径向宽度，当选用不同的摩擦材料时，硬材料摩擦面的径向宽度应比软材料摩擦面的径向宽度大 1~3 mm，否则硬材料端面的棱角易嵌入软材料端面。

（2）检查动、静环与轴或轴套的间隙。静环的内径一般比轴径大 1~2 mm；对于动环，为了保证其浮动性，其内径一般比轴径大 0.5~1 mm，用以补偿轴的振动与偏斜，但间隙不能太大，否则动环密封圈卡入会破坏机械密封的性能。

（3）机械密封端面比压的核校。端面比压过大将使机械密封摩擦面发热，加速端面的磨损，增大摩擦功率；端面比压过小，则容易泄漏。因此，机械密封端面比压要合适。端面比压在机械密封设计时就确定了，核校工作在实际操作中多由生产商提供技术支持。

（4）测量补偿弹簧的长度是否发生变化。弹簧性能发生变化将直接影响机械密封端面比压。一般情况下，弹簧在长时间运行后长度会缩短，而补偿弹簧在动环上的机械密封还会因为离心力的原因而变形。

（5）测量静环防转销子的长度及销孔深度，防止销子过长导致静环不能组装到位。

3. 动、静环端面的研磨

将动环拆下后进行研磨加工，通常先进行粗磨后进行精磨，可以按需进行抛光。粗磨时常选用 80# ~ 160# 粒度的磨料，先磨去加工痕迹。然后用 160# 粒度以上的磨料进行精磨，使表面粗糙度达到设计要求。硬质合金动环精磨后需要用抛光机抛光，抛光时可选用 M28 ~ M5 碳化硼，抛光后需要达到镜面效果。陶瓷动环可先用 M5 玛瑙粉精磨，再用氧化铬抛光。石墨填充聚四氟乙烯的静环由于材料较软，可用煤油、汽油或清水精磨，不需要加研磨剂。注意，在跑合过程中还可自研，故表面粗糙度要求无须太高。

通常有研磨机时就在研磨机上研磨，而没有研磨机时可在平板玻璃上采用 8 字形方法进行手工研磨。

4. 轴套的检查

将轴套拆下后，应检查其锈蚀、磨损情况。如果锈蚀、磨损较轻微，可用细砂纸打光再用；如果锈蚀、磨损非常严重，可在加工后进行电镀或换新轴套。

5. 密封圈的更换

密封圈使用一段时间后通常会失去弹性或老化，一般情况下需要更换新的密封圈。

6. 弹簧与组装盒的检查

（1）如果弹簧锈蚀不严重，还能保持原有的弹性，可以不更换。如果弹簧锈蚀比较严重或弹性大幅度降低，则需要更换新弹簧。

（2）对于有组装盒的机械密封，要将组装盒清理干净，并检查凹槽是否磨损或变形，同时按需进行校正、修复、重新开槽或更换。

（3）机械密封修复后需要重新进行组装，组装后同样需要进行压力试验。

六、弹簧的检验方法

弹簧是常用的弹性元件，承载后能产生较大变形，而卸载后又能恢复原状。因为弹簧具有这种特性，所以它能实现机械能与变形能的相互转换，从而在各种机器和仪器仪表中得到广泛应用。按照制造材料的不同，弹簧可分为金属弹簧和非金属弹簧；按照形状的不同，弹簧可分为螺旋弹簧、碟形弹簧、环形弹簧、板弹簧、涡卷弹簧等；按照所承载的载荷不同，弹簧可分为拉伸弹簧、压缩弹簧、扭转弹簧和弯曲弹簧。

弹簧作为一种独立的工作零件，主要依据图样或装配要求进行检验。弹簧属于易耗零件，当弹簧不能满足使用要求时通常直接更换，而不是进行修复。弹簧的失效形式一般有塑性变形和断裂这两种。弹簧的检验内容主要包括以下几个方面。

1. 原材料的检验

原材料的检验包括原材料的几何尺寸和表面质量检验、原材料的机械性能检验、原材料的金相检验和化学成分分析。

2. 弹簧几何尺寸的检验

以压缩弹簧为例，几何尺寸的检验包括材料线径的检验、弹簧内外径的检验、弹簧自由高度的检验、弹簧旋向和端圈间隙的检验、弹簧间距的检验、弹簧垂直度的检验、弹簧端面平面度和两端面平行度的检验、弹簧轴线直线度的检验、弹簧端面粗糙度和端头厚度的检验、弹簧永久变形的检验。

3. 弹簧负荷的检验

主要靠弹簧试验机来检验弹簧负荷。

4. 弹簧喷丸质量和疲劳性能的检验

喷丸是指用喷丸设备把一定直径的钢珠按一定速度、角度、流量、时间等喷到弹簧表面的过程。喷丸是强化弹簧的有效工艺措施，对提高弹簧的疲劳寿命有积极作用。通常用弹簧高频疲劳试验机来检验弹簧的疲劳性能。

5. 弹簧热处理和表面处理的检验

大多经淬火、回火处理的弹簧硬度可以用洛氏硬度计来检验，硬度范围一般在 44~52HRC。可用金相显微镜检验弹簧的金相组织，淬火组织应为马氏体，回火组织应为屈氏体。表面处理的检验包括喷涂膜厚检验、漆膜附着力检验等。

6. 弹簧的无损检验

常用的无损探伤方法有超声波探伤、磁粉探伤、渗透法探伤和涡流探伤。

七、紧固件的检修方法

紧固件包括螺栓、螺柱、螺钉、螺母、垫圈、销。在使用紧固件前，应对其进行机械性能方面的检测，如屈服强度、抗拉强度、保载强度等。为了防止产品、结构功能失效，应对使用中的紧固件进行松脱检查。紧固件的检修涉及扭矩施加、扭矩测量和扭矩控制。

扭矩包括动态扭矩和静态扭矩。扳手和动力工具都可以施加动态扭矩，动态扭矩所产生的轴向预紧力应满足工程要求。静态扭矩是紧固之后测量的。静态扭矩标准用来监控生产过程的稳定性。

1. 扭矩施加

扭矩施加方法主要有两种，一种是使用具备预紧和紧固功能的工具直接上紧，另一种是先使用预紧工具预紧、再使用拧紧工具紧固（拧紧操作应正确，拧紧工具的旋转角度应达到 45° 以上）。

2. 扭矩测量

（1）动态扭矩的测量方法。动态扭矩的测量方法主要有两种：一是通过在紧固工具与被紧固件之间另加扭矩传感器进行测量，二是通过紧固工具自身所带的扭矩传感器进行测量。

（2）静态扭矩的测量方法。通常用测力扳手测量静态扭矩，在紧固件紧固好之后的 5 min 内，向拧紧紧固件的方向继续拧，即可得到测量结果。

3. 扭矩控制

在扭矩控制方面，针对确定的工艺扭矩和控制等级，应选择对应的预紧工具、紧固工具，以保证扭矩的有效施加，同时选择相应的监测工具以保证扭矩的正确测量。

培训单元 3　各种零部件配合间隙的检查与调整

一、齿轮啮合间隙的检查与调整

为了保证齿面间形成正常的润滑油膜，同时防止齿轮工作温度升高引起热膨胀变形导致轮齿卡住，轮齿在啮合时必须有适当的齿侧间隙。

常用的圆柱齿轮啮合间隙测量方法有塞尺法（见图 3-2-33a）、压铅法（见图 3-2-33b）、百分表法（见图 3-2-33c）。最常用的方法是压铅法，测量时可在齿面沿齿宽两端平行放置两条铅丝，若是宽齿可放 3~4 条，注意铅丝直径不宜超过最小间隙的 4 倍。对于啮合传动的两个齿轮，测量铅丝被挤压后的最薄处即为侧隙。

采用百分表法测量时需要将一个齿轮固定，而在另一个齿轮上安装夹紧杆，测量装有夹紧杆的齿轮的摆动幅度，从百分表得到读数 j，那么齿侧间隙 j_n 的计算公式为：

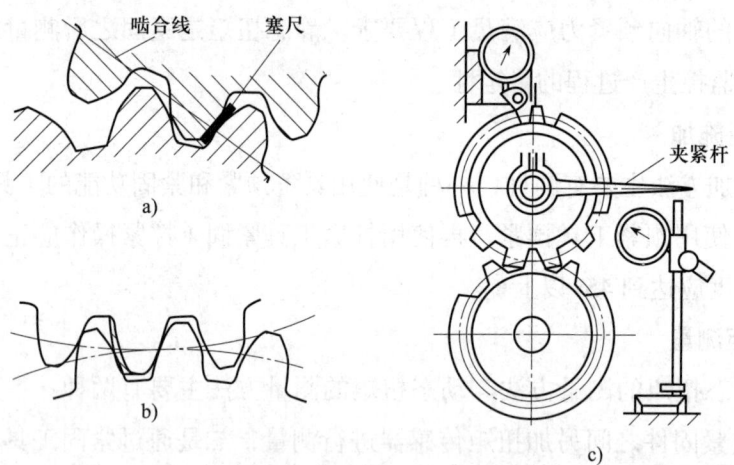

图 3-2-33 圆柱齿轮啮合间隙的测量
a）塞尺法 b）压铅法 c）百分表法

$$j_n = j\frac{r}{L}$$

式中 j——百分表读数，mm；

r——齿轮分度圆半径，mm；

L——百分表测头到齿轮中心的距离，mm。

渐开线圆柱齿轮啮合间隙见表 3-2-2，圆锥齿轮啮合间隙见表 3-2-3。

表 3-2-2 渐开线圆柱齿轮啮合间隙

中心距 /mm	≤ 50	> 50 ~ 80	> 80 ~ 120	> 120 ~ 200	> 200 ~ 320	> 320 ~ 500	> 500 ~ 800
标准侧隙 /μm	85	105	130	170	210	260	340
较大侧隙 /μm	170	210	260	340	420	530	670

注：一般情况下，"标准侧隙"用于闭式传动，"较大侧隙"用于开式传动。

表 3-2-3 圆锥齿轮啮合间隙

锥中心距 /mm	≤ 50	> 50 ~ 80	> 80 ~ 120	> 120 ~ 200	> 200 ~ 320	> 320 ~ 500	> 500 ~ 800
标准侧隙 /μm	85	100	130	170	210	260	340
较大侧隙 /μm	170	210	260	340	420	530	670

对于齿轮的啮合情况，通常采用涂色法进行检查。圆柱齿轮啮合面的涂色检查如图 3-2-34 所示。在无载荷时，轮齿的接触表面应靠近齿轮的小端，以保证

工作时轮齿在全齿宽上能均匀地接触。一般传动齿轮高度上的接触面积应不小于30%，轮齿宽度上的接触面积应不小于40%。渐开线圆柱齿轮接触斑点的情况、原因分析及处理方法见表3-2-4。

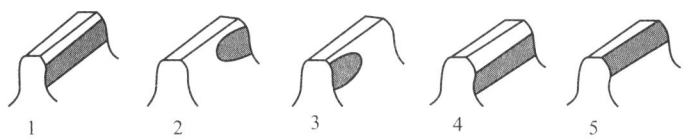

图 3-2-34　圆柱齿轮啮合面的涂色检查
1—正确啮合　2、3—两齿轮轴线歪斜　4—径向间隙小　5—径向间隙大

表 3-2-4　渐开线圆柱齿轮接触斑点的情况、原因分析及处理方法

接触斑点情况	原因分析	处理方法
正常接触斑点	—	—
接触斑点偏向齿顶圆	中心距偏大	可在中心距公差范围内刮削轴瓦或调整轴承座
接触斑点偏向齿根	中心距偏小	
接触斑点同向偏接触	齿轮轴线不平行	
接触斑点异向偏接触	两齿轮轴线歪斜	

续表

接触斑点情况	原因分析	处理方法
接触斑点单面偏接触	齿轮轴线不平行且歪斜	检查并校正齿轮端面对回转中心线的垂直度
接触斑点游离接触，在整个齿圈接触区域由一边逐渐移至另一边	齿轮端面与回转中心线不垂直	
接触斑点不规则接触（有时在齿面上有一个点接触，有时在端面边线上接触）	齿面有毛刺、碰伤或隆起	去毛刺，修整

二、滚动轴承间隙的检查与调整

1. 滚动轴承的固定方式

（1）径向固定。滚动轴承的径向固定主要依靠外圈和外壳孔的配合。

（2）轴向固定。滚动轴承的轴向固定包括两端单向固定（见图3-2-35）和一端双向固定（见图3-2-36）。

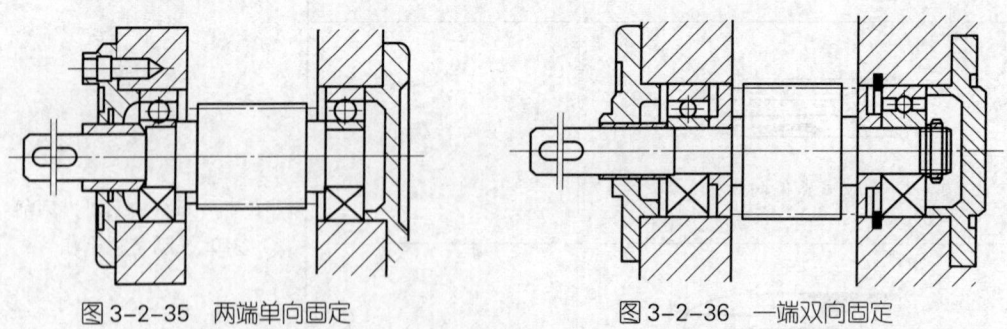

图 3-2-35　两端单向固定　　　　图 3-2-36　一端双向固定

1）两端单向固定。即在两端支承点用轴承盖单向固定，以限制两个方向的轴向移动。为了避免滚动轴承受热膨胀而卡住，通常在右端轴承外圈与端盖之间留有一定间隙（0.5~1.0 mm）。

2）一端双向固定。通常右端轴承双向轴向固定，左端轴承随轴游动，这样工作时不会发生轴向窜动，在轴承受热膨胀时又能自由地向另一端伸长而不致卡住。为了防止滚动轴承在轴上窜动，轴承内圈应紧固在轴颈上。

2. 滚动轴承的游隙调整

滚动轴承游隙是指将轴承的一个套圈固定，另一个套圈沿径向或轴向的最大活动量。

滚动轴承游隙分为径向游隙和轴向游隙。其中，径向游隙包括原始游隙、配合游隙和工作游隙。原始游隙是指滚动轴承未安装前自由状态的游隙。配合游隙是指滚动轴承装在轴上和箱体孔中的游隙。配合游隙大小由过盈量决定，因为轴承内、外的配合有一定过盈量，所以配合游隙小于原始游隙。工作游隙是指滚动轴承在承受载荷运转时的游隙。当内、外圈温度升高时，工作游隙减小；当滚动体和套圈产生弹性变形时，工作游隙增大。

滚动轴承游隙过大，则同时承受负荷的滚动体减少，单个滚动体负荷增大，滚动轴承使用寿命和旋转精度降低，易引起振动和噪声，尤其是受冲击载荷时影响较大。滚动轴承游隙过小，则加剧磨损和发热，缩短使用寿命。因此，选择适当的游隙是保证滚动轴承正常工作，延长其使用寿命的重要措施之一。许多滚动轴承在装配过程中都要控制和调整游隙，其方法是使滚动轴承内、外圈做适当的相对轴向位移。

3. 滚动轴承的预紧

在装配滚动轴承时，当给滚动轴承内、外圈施加一定的轴向预负荷时，滚动轴承内、外圈将发生相对位移，如图3-2-37所示，结果消除了内、外圈与滚动体的游隙，产生了初始的接触弹性变形，这种方法称为预紧。对滚动轴承进行预紧能提高其旋转精度，延长其使用寿命。

滚动轴承的预紧方法有以下几种：（1）利用滚动轴承内、外垫环厚度差实现预紧，如图3-2-38所示，成对安装的向心推力球轴承采用不同厚度的垫环能得到不同的预紧力；（2）利用弹簧可以实现预紧、调整螺柱，即改变弹力大小来调整预紧力；（3）如图3-2-39所示，通过调整轴承锥形内圈的轴向位置来实现预紧，通常拧紧紧固螺钉使锥形内圈往轴颈大端移动，结果内圈直径增大，形成预负荷。

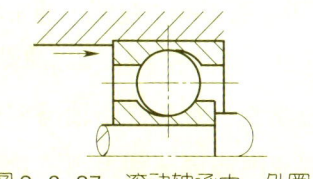

图 3-2-37 滚动轴承内、外圈发生相对位移

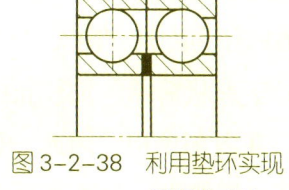

图 3-2-38 利用垫环实现预紧的方法

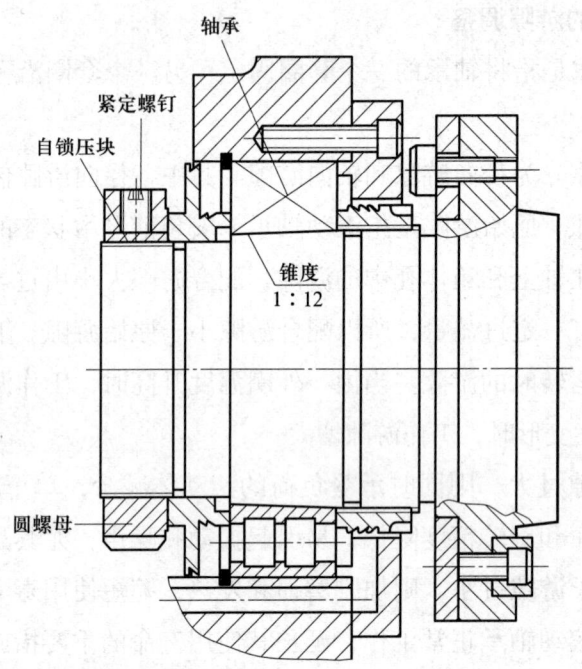

图 3-2-39 调整轴承锥形内圈的轴向位置实现预紧的方法

培训单元 4 轴、套、盘类零件图的绘制

一、轴类零件图的绘制

轴类零件主要用于支撑齿轮、蜗杆、链轮、带轮等传动件,以传递运动和动力。轴类零件的主要特征是外形细长,即有较大的半径比。轴类零件一般有轴肩、退刀槽、砂轮越程槽、键槽、轴端螺纹孔、中心孔、圆角、倒角等常见结构。

零件的视图表达要完整、正确、清晰,并符合设计和制造要求,且便于画图和看图。一般要灵活运用视图、剖视图、断面图等表达方法以及简化和规定画法,选择一组恰当的图形来表达零件的形状和结构。轴类零件通常采用断面图、剖视图、局部视图、局部放大图等表达方式,可以采用一个基本视图即主视图(通常将轴线水平方向作为主视方向),外加若干其他视图如剖视图、局部放大图、局部视图等。

对于形状简单、轴较长的部分,常断开后缩短绘制;对于空心轴类零件,由于多存在内部结构,因此一般绘制全剖视图、半剖视图或局部剖视图;对于轴上的销孔、键槽等,常绘制断面图;对于轴上的工艺结构如退刀槽、砂轮越程槽等,常绘制断面图和局部视图。

常见的轴类零件主体一般是由几段同轴回转体组成的，其表面多在车床上加工。为了加工时看图方便，在选择零件主视图时，要选择尽可能反映零件形状和位置特征的图。凡是主视图中没有表达清楚的部分，都需要选择其他视图来表达，而所选的其他视图应各有侧重，且应尽量减少视图的数量，以方便看图。

二、套类零件图的绘制

套类零件通常在车床上加工，按照其形状特征和加工位置确定主视图、轴线水平方向，一般大头在左、小头在右，键、槽等局部结构通常处于方便观察的位置，整个视图一般用一个基本视图来表达，轴上局部特征可分别采用断面图、局部视图、局部剖视图、局部放大图等表达方式。

1. 断面图

假想用剖切平面将零件的横断面剖开，只画出剖面区域轮廓的图形则称为断面图。断面图通常用来表示物体局部的断面形状。它与剖视图有以下区别：断面图只画出物体被切处的断面形状；而剖视图除了应画出物体断面形状之外，还应画出断面后可见部分的投影。

柱塞阀零件图如图3-2-40所示，用断面图表达的结构形状清楚，便于标注尺寸。

2. 局部视图和局部剖视图

当只需要着重表示轴上某一部分的结构，而不必表示全部结构时，可以采用局部视图和局部剖视图。将机件某一部分向基本投影面投射所得的视图称为局部视图。用剖切平面局部地剖开机件所得的视图称为局部剖视图。

局部视图的断裂边界要用波浪线画出，当所表达的局部结构完整且外轮廓封闭时，波浪线可以省略。局部剖视图的剖切范围可大可小，如运用恰当可使表达重点突出、简明清晰。

3. 局部放大图

为了表示轴上某部分的具体结构或细小结构同时便于标注尺寸，常将这些结构画成局部放大图。

绘制局部放大图要注意以下两点：一是局部放大图的比例是指放大图与机件对应要素之间的线性尺寸比例，与被放大部位原图所采用的比例无关；二是局部放大图采用剖视图和断面图时，其图形应按比例放大，断面区域中剖面线的间距必须与原图保持一致。

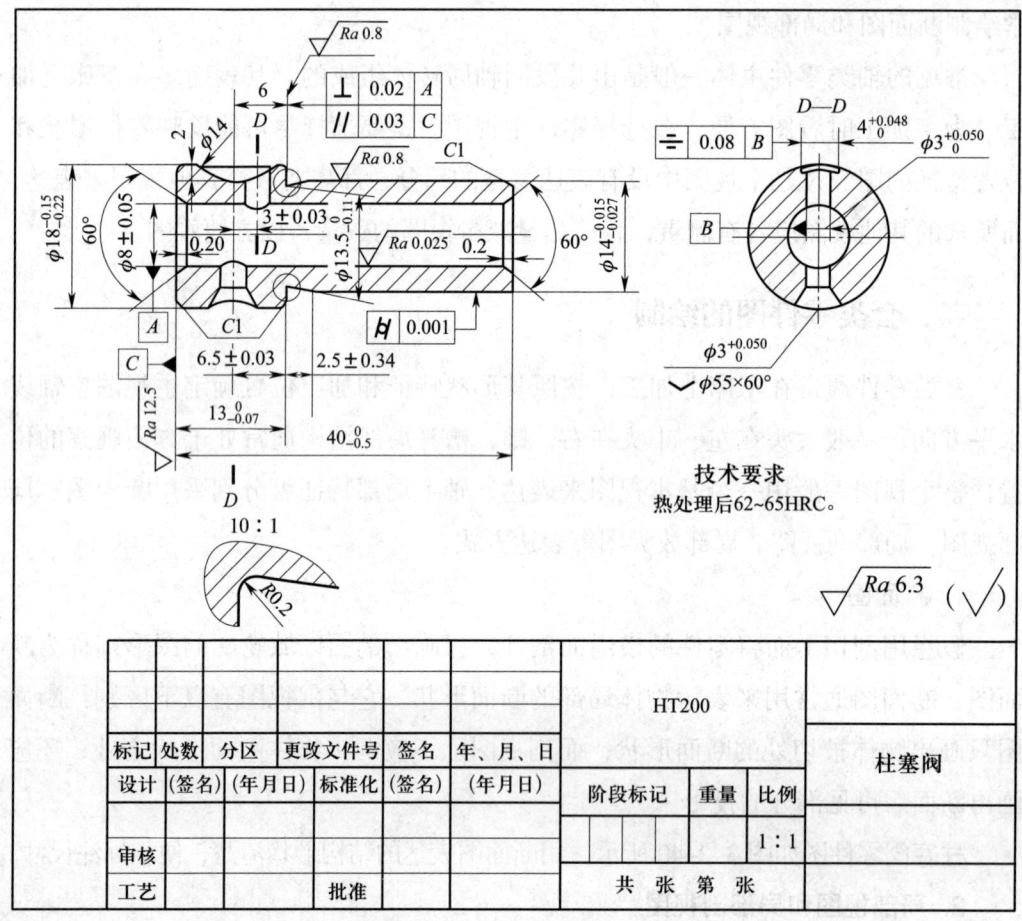

图 3-2-40 柱塞阀零件图

三、盘类零件图的绘制

盘类零件一般用两个视图表达,另外根据需要补充其他视图。主视图可作全剖视图、半剖视图或旋转剖视图,左、右视图可画外形。应注意辐射状结构的简化画法,结构复杂处可作局部视图或移出剖面图。

盘类零件图应能清楚地表达零件的形状、大小,要标注零件的尺寸,还要标出技术要求和检测指标。进行标注首先要合理选择尺寸基准,然后要符合以下尺寸标注原则:重要尺寸直接标出,避免出现封闭尺寸链,按加工顺序标注尺寸,同一种加工方法的尺寸应集中标注,尺寸标注应便于测量。

1. 斜视图

当物体表面与投影面倾斜时,其投影不反映实形,这时可以增设一个与倾斜表面平行的辅助投影面,将倾斜部分向辅助投影面投射,这样就形成了斜视图。

斜视图通常用于表达机件上倾斜部分的结构。

斜视图一般只画倾斜部分的局部形状，其断裂边界用波浪线画出，当所表达的局部结构完整且外轮廓封闭时，波浪线可以省略。为了画图和看图方便，最好将斜视图画在符合投影关系的位置上。必要时，允许将斜视图旋转配置，但旋转角度不得大于90°，且靠近旋转符号的箭头端应标注字母，旋转符号的箭头指向应与实际旋转方向一致。

2. 剖视图

机件的不可见轮廓在视图上为虚线，这给识图带来了困难，为使原来视图中不可见部分转化为可见的，假想用剖切面剖开零件，移去观察者与剖切面之间的部分，将留下的剩余部分向选定的投影面投射，所得的图形称为剖视图。根据机件剖切范围不同，剖视图分为全剖视图、半剖视图和局部剖视图三种。常运用的剖切面有单个剖切面、几个平行剖切面、几个相交剖切面等。

剖视图把视图中不可见的部分转化为可见的，提高了图形的清晰度，不仅会使盘类零件结构层次分明、形状清晰，而且会使图形简洁，便于在图形中标注尺寸和技术要求。

【综合实训】

轴类零件图的绘制

实训任务

1. 熟悉轴类零件的绘制要点。
2. 掌握轴类零件的绘制方法。
3. 能够审核轴类零件图。

操作准备

1. 手工绘图的操作准备：原轴类零件图（以图3-2-41为例）、零件设计手册等工具书、铅笔、图板、丁字尺、三角板、圆规、分规、曲线板、橡皮等。

2. 计算机辅助绘图的操作准备：计算机、打印机、原轴类零件图（以图3-2-41为例）、2D绘图软件、3D绘图软件、零件设计手册（电子版）等。

操作步骤

步骤1　确定比例，选择图幅

根据轴的大小及复杂程度，确定采用1:1的比例绘图；考虑图形大小、尺寸标注、标题栏和技术要求所需要的位置，确定用横放的A4图幅。

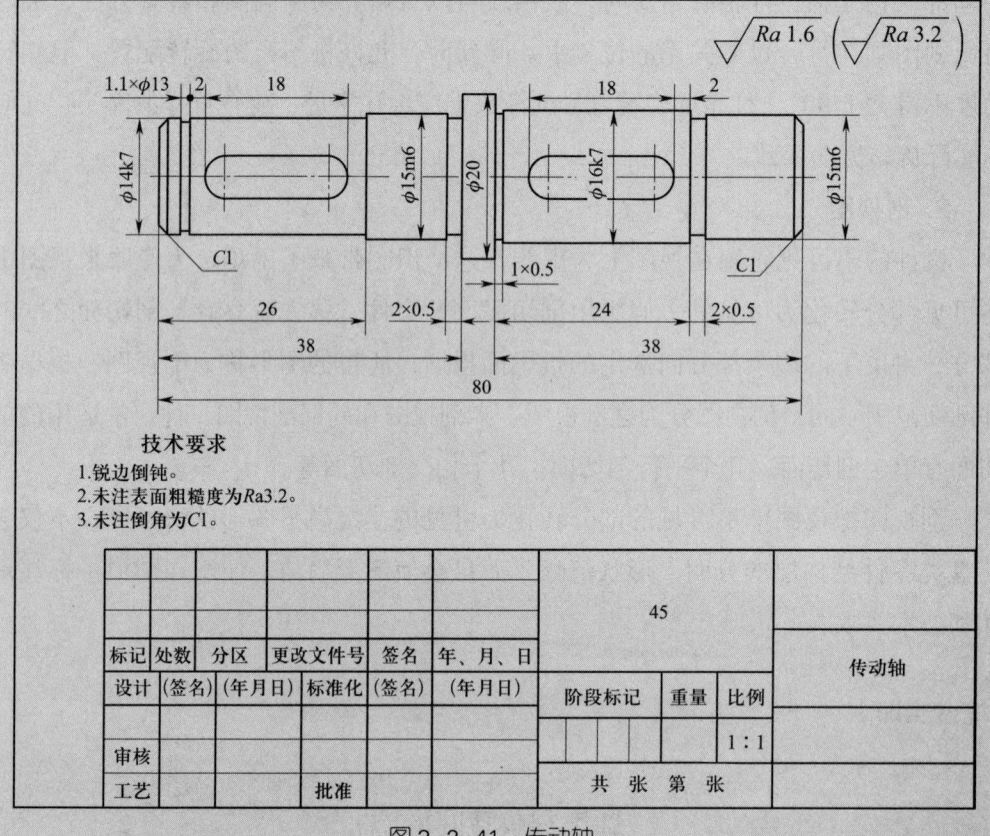

图3-2-41 传动轴

步骤2 绘制图形

（1）打底稿定基准，根据轴类零件特点确定所需的视图表达方式，如剖视图、断面图、局部放大图等。

（2）选择尺寸基准，完成尺寸标注。

（3）完善公差符号、技术要求等项目标注，填写标题栏。

步骤3 审核全图

套筒类零件图的绘制

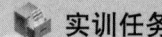 实训任务

1. 熟悉套筒类零件的绘制要点。
2. 掌握套筒类零件的绘制方法。
3. 能够审核套筒类零件图。

操作准备

1. 手工绘图的操作准备：原套筒类零件图（以图3-2-42为例）、零件设计手册等工具书、铅笔、图板、丁字尺、三角板、圆规、分规、曲线板、橡皮等。

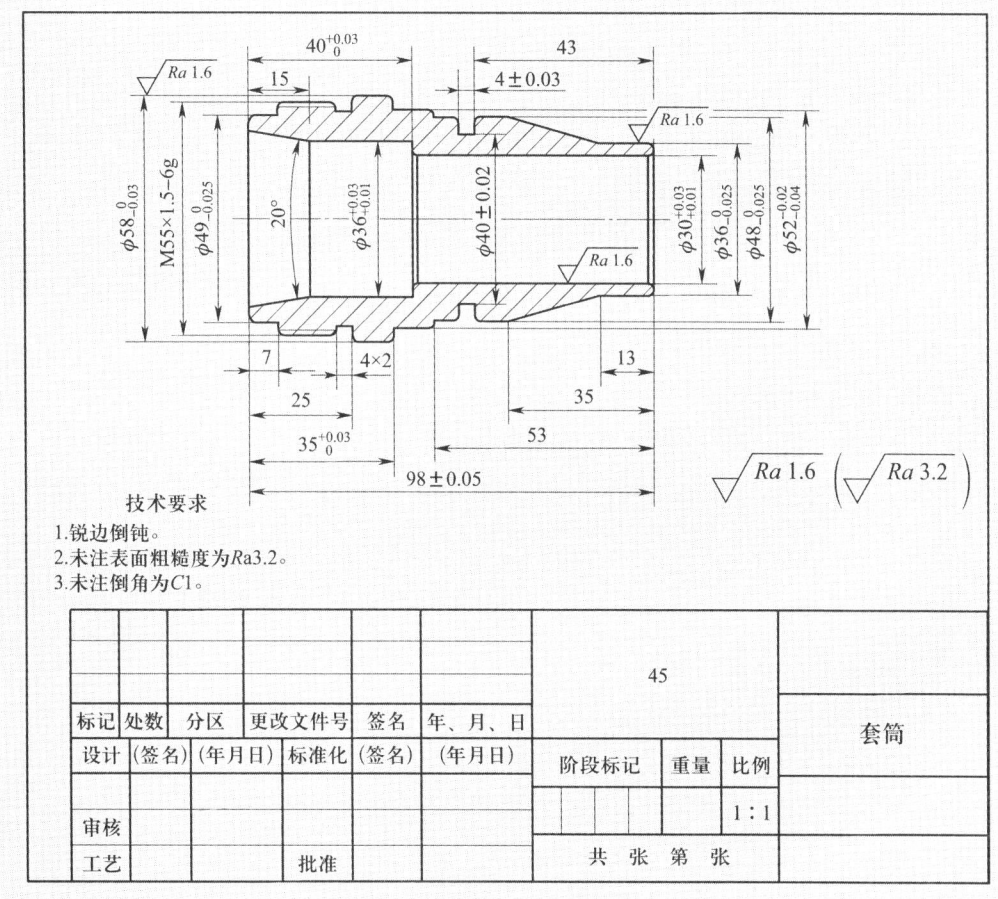

图3-2-42 套筒

2. 计算机辅助绘图的操作准备：计算机、打印机、原套筒类零件图（以图3-2-42为例）、2D绘图软件、3D绘图软件、零件设计手册（电子版）等。

操作步骤

步骤1 确定比例，选择图幅

根据套筒的大小及复杂程度，确定采用1∶1的比例绘图；考虑图形大小、尺寸标注、标题栏和技术要求所需要的位置，确定用横放的A4图幅。

步骤2 绘制图形

（1）打底稿定基准，根据套筒类零件特点确定所需的视图表达方式，如剖视图、断面图、局部放大图等。

（2）选择尺寸基准，完成尺寸标注。

（3）完善公差符号、技术要求等项目标注，填写标题栏。

步骤3　审核全图

阀体类零件图的绘制

实训任务

1. 熟悉阀体类零件的绘制要点。
2. 掌握阀体类零件的绘制方法。
3. 能够审核阀体类零件图。

操作准备

1. 手工绘图的操作准备：原阀体类零件图（以图3-2-43为例）、零件设计手册等工具书、铅笔、图板、丁字尺、三角板、圆规、分规、曲线板、橡皮等。

2. 计算机辅助绘图的操作准备：计算机、打印机、原阀体类零件图（以图3-2-43为例）、2D绘图软件、3D绘图软件、零件设计手册（电子版）等。

操作步骤

步骤1　确定比例，选择图幅

根据阀体的大小及复杂程度，确定采用1:1的比例绘图；考虑图形大小、尺寸标注、标题栏和技术要求所需要的位置，确定用横放的A4图幅。

步骤2　绘制图形

（1）打底稿定基准，根据阀体类零件特点确定所需的视图表达方式，如剖视图、断面图、局部放大图等。

（2）选择尺寸基准，完成尺寸标注。

（3）完善公差符号、技术要求等项目标注，填写标题栏。

步骤3　审核全图

职业模块3 数控机床机械功能部件维修

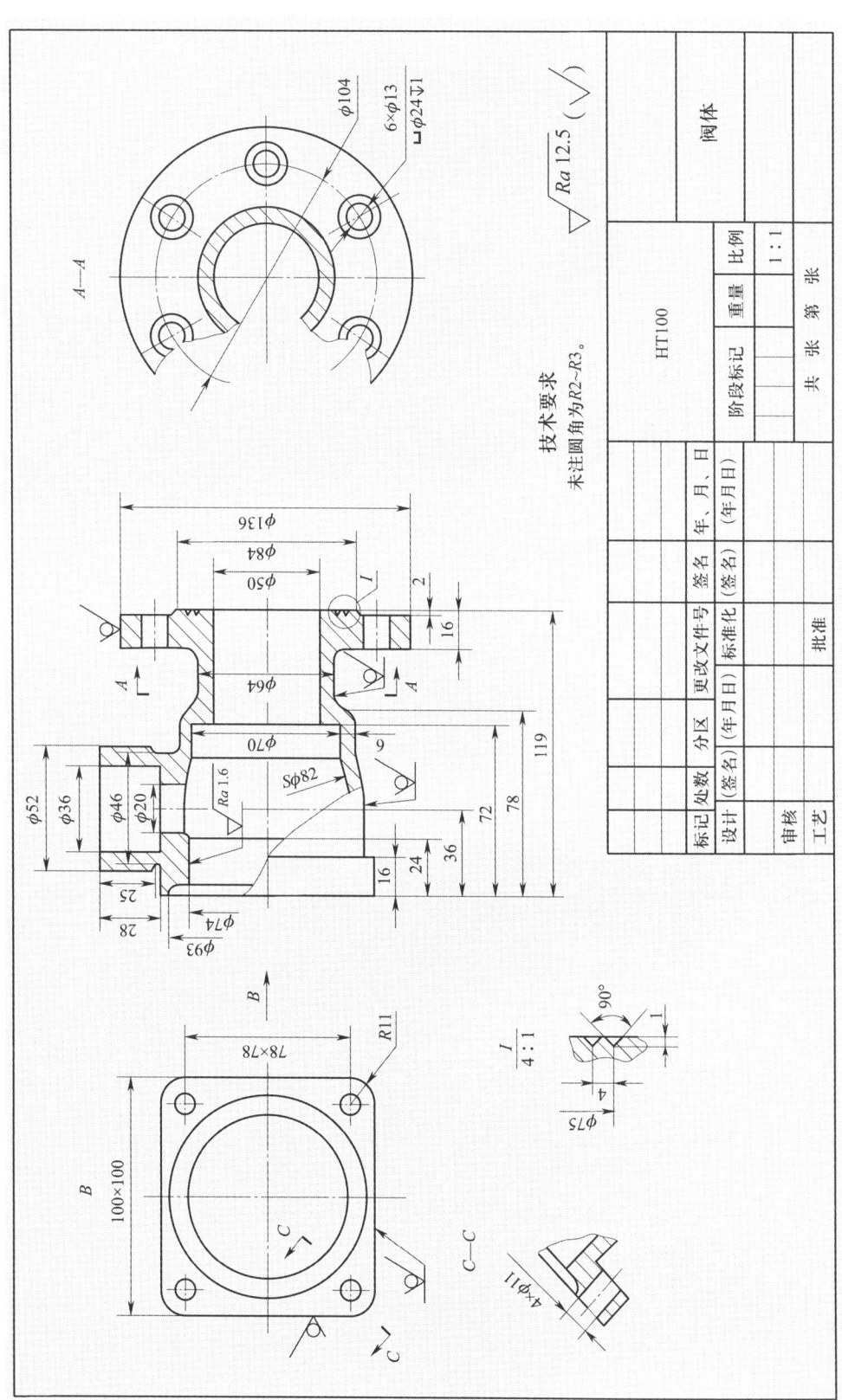

图 3-2-43 阀体类零件图

培训项目 3 机械功能部件维修检查

培训单元 1 维修部件的功能检查

一、主轴箱的功能检查

主轴箱是机床的重要部件,用于布置机床工作主轴及其传动零件和相应附加机构。主轴箱结构复杂,包括主轴组件、换向机构、传动机构、制动装置、操纵机构、润滑装置等。其主要作用是支承主轴并使其旋转,实现主轴的启动、制动、变速、换向等功能。主轴箱的功能检查是逐项进行的。表 3-3-1 中列出了经济型立式加工中心的主轴箱检查项目。

表 3-3-1 经济型立式加工中心的主轴箱检查项目

项目	检查点	备注
状况	刀具松夹装置	检查并调整
	主轴定向	调整停止位置
	主轴传动键	检查是否异常磨损
	主轴锥孔	
	主轴传动带	检查张紧度
	定向带	
	电动机输入电压	变化在 ±10% 以内
	螺栓和接头	检查连接状况
功能	主轴旋转	手动操作

续表

项目	检查点	备注
功能	主轴定向	MDI 操作
	夹紧、松开	
	电磁阀动作	手动操作
	开关动作	
供油	运动件	涂润滑脂或润滑油
清理	主轴锥孔	清除异物
	防护罩内部	

二、进给传动部件的功能检查

数控机床的进给传动采用无级调速的伺服驱动方式,伺服电动机经过进给传动系统将动力和运动传递给工作台等运动执行部件。通常进给传动系统由 1~2 级齿轮或带轮传动副、滚珠丝杠副或齿轮副或蜗杆副所组成。滚珠丝杠副或齿轮副或蜗杆副的作用是将旋转运动转换为直线运动。近年来,由于伺服电动机及其控制单元性能的提高,许多数控机床的进给传动系统取消了降速齿轮副,直接将伺服电动机与滚珠丝杠副连接。进给传动部件具体可分为运动体和传动机构。对于运动体(如工作台或滑座体)来说,在维修后首先应检查是否有异物影响机构运动或者损坏机构,具体检查项目见表 3-3-2。而相对复杂的是滚珠丝杠副等传动机构的检查,传动机构(轴系)检查项目见表 3-3-3。

表 3-3-2 工作台及滑座体检查项目

项目	检查点	备注
清理	工作台表面	清除异物
	滑座体防护罩内部	

表 3-3-3 传动机构(轴系)检查项目

项目	检查点	备注
状况	参考点	检查并调整
	各轴振动	
	静态精度	

续表

项目	检查点	备注
状况	位置精度	检查并调整
	进给精度	
	各轴刮油片	检查异常磨损
	伺服电动机输入电压	变化在±10%以内
	螺栓和接头	检查连接状况
	急停开关动作	—
	返回参考点	手动操作
	轴移动	
供油	运动件	如丝杠等
清理	运动盖	清除异物
	防护装置内部	

三、换刀装置的功能检查

数控机床为了能在工件一次装夹中完成多道加工工序，缩短辅助时间，减小多次安装工件所引起的误差，必须带有自动换刀装置。自动换刀装置应满足换刀时间短、刀具重复定位精度高、刀具储存量足够、刀库占地面积小、安全可靠等基本要求。一般情况下，车床为转塔刀架，加工中心刀库为斗笠式或机械手式刀库，大型机床一般为链式刀库。经济型数控铣床或经济型立式加工中心使用的是圆盘机械手式刀库，这种刀库又称ATC刀库（ATC是指刀库中的换刀机构），ATC刀库的检查项目见表3-3-4。

表3-3-4 ATC刀库的检查项目

项目	检查点	备注
状况	ATC对中	用刀爪检查
	刀套上、下动作	—
	拉钉夹紧器	检查是否异常磨损
	刀套锥孔	—
	刀套键	

续表

项目	检查点	备注
状况	电动机输入电压	变化在 ±10% 以内
	螺栓和接头	检查状况
功能	换刀动作	手动操作
	刀库动作	
	刀套上、下动作	
	电磁阀动作	
	开关动作	
供油	刀库凸轮随动件	涂润滑脂
	刀套上、下动作部件	
清理	换刀臂夹紧器	清除异物
	刀套及其内部	
	刀具	
	刀库内部	

四、辅助设备的功能检查

1. 辅助系统功能检查概述

数控机床是一种复杂的机电一体化设备。除了主机部分，数控机床还包含较多的辅助系统，如气动系统、润滑系统、油冷系统、防护系统等。数控机床配置不同，其辅助系统也会有所增减。下面以经济型立式加工中心为例，详细介绍其辅助系统的检查项目，具体见表 3-3-5 至表 3-3-13。

表 3-3-5 气动系统检查项目

项目	检查点	备注
状况	压力表	0.5 MPa
	油雾器流量	5 滴/分钟
	管路	检查空气是否泄漏
	螺栓和接头	检查连接状况

续表

项目	检查点	备注
功能	吹气	主轴松夹刀
		主轴中心吹气
		刀库松夹刀
		主轴端部冷却
	空气调压器	检查功能
	油雾器	
	压力开关	
供油	油雾器	检查液位
清理	过滤装置的储油箱	除水
	过滤装置的过滤器	检查、清理、更换

表3-3-6 润滑系统检查项目

项目	检查点	备注
状况	压力表	工作状态
	电动机输入电压	变化在±10%以内
	管路	检查是否泄漏
	螺栓和接头	检查连接状况
功能	泵	检查动作
	机油分配	检查状况
	压力开关动作	—
	液位开关动作	
供油	机油液位表	检查液位
清理	机油过滤器	检查、清理、更换

表3-3-7 油冷系统检查项目

项目	检查点	备注
状况	设置温度	—
	输入电压	变化在±10%以内
	管路	检查是否泄漏
	螺栓和接头	检查连接状况

续表

项目	检查点	备注
功能	装置动作	检查状况
	操作面板	检查功能
供油	油位表	检查状况
	机油	
清理	机油过滤器	检查、清理、更换

表 3-3-8　防护装置检查项目

项目	检查点	备注
状况	防护罩表面	检查是否泄漏
	螺栓和接头	检查连接状况
功能	各门	检查开、关状况
	门安全开关动作	—

表 3-3-9　铭牌检查项目

项目	检查点	备注
状况	各铭牌	检查状况

表 3-3-10　切削液及切屑装置检查项目

项目	检查点	备注
状况	泵的输入电压	变化在 ±10% 以内
	切削液流量	检查并调整
	管路	检查是否泄漏
	螺栓和接头	检查连接状况
功能	各泵	检查动作
	排屑输送机	
供油	油位表	检查状况
	润滑油	
	排屑输送机传动链条	涂润滑脂

续表

项目	检查点	备注
清理	储液箱内部	清理
	滤网及过滤器	检查、清理、更换
	存屑盘内部	清除切屑
	排屑输送机（每日）	手动操作
	排屑输送机（每年）	拆卸、清理

表 3-3-11　液压系统检查项目

项目	检查点	备注
状况	压力表	—
	泵的输入电压	变化在 ±10% 以内
	管路	检查是否泄漏
	螺栓和接头	检查连接状况
功能	各泵	检查动作
	压力开关动作	—
供油	液位表	检查状况
	液压油	
清理	储油箱内部	清理
	入口过滤器	检查、清理、更换
	吸入过滤器	
	回流过滤器	

表 3-3-12　电气装置检查项目

项目	检查点	备注
状况	输入电压	变化在 ±10% 以内
	螺栓和接头	检查连接状况
功能	各急停开关动作	—
	操作装置	检查功能
	操作员呼唤灯	检查开、关状况
	工作照明灯	
	电气柜冷却风扇	检查动作
清理	电气柜内部	检查、清理

表 3-3-13　机油检查项目

加油位置		油的类型	加油或者换油		备注
单元	位置		时间	油位	
ATC	换刀器	ISO VG68	1 000 h	填充至油面上限	—
轴系	运动件	ISO VG68	每班	适量	
主轴头	运动件	润滑脂	—	—	免维护
供气单元	油雾器	ISO VG32	低液位时	填充至标准线上限	—
润滑系统	油箱	ISO VG68	低液位时	填充至标准线上限	
油冷机	油箱	ISO VG32	低液位时	填充至标准线上限	
切削液及切屑装置	水箱	极压型水溶性冷却润滑剂	低液位时	填充至标准线上限	

2. 数控机床检查实例

（1）普通车床常规检查。当普通车床运转 500 h 后，必须对其进行常规检查和保养。检查时必须先切断电源，一般由操作人员主要进行，由检修人员配合进行。普通车床常规检查项目见表 3-3-14。

表 3-3-14　普通车床常规检查项目

序号	部位	检查项目
1	电气系统	急停按钮是否灵敏、可靠
		电动机是否运转正常，有无异常发热现象
		电线、电缆是否破损
		电源开关、按钮功能是否正常，动作是否可靠
2	操纵系统	各开关和操纵手柄是否正常、可靠
		挂轮间隙是否符合要求，轴套是否松动
3	冷却、润滑系统	切削液、润滑油是否符合要求
		油箱、切削液箱的液面是否达到规定要求
		各润滑点是否合理润滑
		切削液是否被明显污染，润滑油质量是否合格
		刮屑板是否损坏
4	安全防护装置	溜板限位装置、卡盘防护装置、前挡屑屏功能是否正常
5	电动机装置	三角带张紧力是否合适，表面有无裂纹
		带轮运转是否正常

在遵守使用规则的条件下，普通车床运转 5 年后应进行大修，根据磨损情况进行调整、修复或更换易损件。普通车床在大修后、投入生产前，应按精度检验单检查其精度，校正水平。

（2）经济型数控车床常规检查与定期检查。经济型数控车床常规检查项目见表 3-3-15，经济型数控车床定期检查项目见表 3-3-16。

表 3-3-15 经济型数控车床常规检查项目

序号	检查位置	检查项目	备注
1	润滑部位的油位表	是否有足够的润滑油	如果油量不足，应及时添加
		润滑油是否被明显污染	
2	切削液	液位是否符合要求	必要时应添加
		切削液是否被明显污染	必要时应更换
		油盘过滤器是否堵塞	必要时应清洗
3	导轨	润滑油供应是否充足	—
		刮屑板是否损坏	
4	压力表	压力是否合适	—
5	三角带	张紧力是否合适	—
		表面有无裂纹或划伤	
6	管路、车床外观	是否有润滑油泄漏	—
		是否有切削液泄漏	
7	移动件	有无噪声或振动	—
		移动是否平滑、正常	
8	操作盘	开关和手柄的功能是否正常	—
		是否显示报警	
9	安全装置	功能是否正常	—
10	冷却风扇	控制箱和操作盘上的风扇转动是否正常	—
11	外部电线、电缆	有无断线处	—
		绝缘皮是否破损	
12	电动机、齿轮箱其他旋转部分	有无噪声或振动	—
		有无异常发热现象	
13	清扫	清扫卡盘表面、刀架导轨盖和挡屑屏并清除切屑	在结束工作时进行
14	卡盘	用润滑油润滑卡爪	每周一次
15	加工工作	加工精度是否符合规定要求	—

表 3-3-16 经济型数控车床定期检查项目

序号	检查部位		检查项目	周期
1	液压系统	液压装置	更换液压油，清理过滤器	6 个月
		管接头	漏油检查	6 个月
2	润滑系统	润滑装置	清洗吸滤器	1 年
		管路	检查管路是否漏油、堵塞或破裂	6 个月
3	冷却装置	过滤器	更换切削液、清洗过滤器和水箱	适时进行
		切屑盘	清理切屑盘	
4	气压系统	空气滤清器	清洗过滤器或更换滤芯	1 年
5	三角带	带	外观及松紧度检查	6 个月
		带轮	清理带轮	
6	主轴电动机		检查轴承等处有无异响	6 个月
			清理带轮	
7	XZ 轴伺服电动机		检查轴承等处有无异响、异常温升情况	1 个月
8	卡盘	卡盘	拆卸卡盘并清理切屑	1 年
		回转油缸	漏油检查	3 个月
9	操作盘	电气装置及接线螺钉	检查电气装置有无异味、变色等情况，检查接触面是否磨损以及接触螺钉的松紧情况	6 个月
			检查有无杂物并清理	1 个月
10	内部装置的连接部位	控制箱等装置之间的电气连接部位	检查并紧固各接线螺钉	6 个月
			检查并紧固继电器等接线端子上的螺钉	
11	电气装置	限位开关、传感器、电磁阀	检查并紧固安装螺钉和接线螺钉	6 个月
			检查其功能和动作情况	1 个月
12	X 轴和 Z 轴	间隙	用千分表测量间隙	6 个月
13	基础	床身水平	用水平仪检查并调整	1 年

培训单元 2　利用仪器、仪表、检具等检查维修部件的几何精度

一、立式加工中心主轴维修后的精度检验

立式加工中心在主轴大修或使用较长时间后，需要对主轴精度进行重新检验，以保证大修后或使用较长时间后仍符合机床精度要求。立式加工中心主轴精度检验操作步骤具体如下。

1. 主轴的轴向窜动检验

将主轴检验棒装入主轴锥孔内，用润滑脂将专用钢球粘在检验棒端面顶尖孔内，将磁力表座吸附在工作台上，将百分表测头顶在检验棒端面中心处的钢球顶点上，旋转主轴进行检验。百分表读数的最大差值即为轴向窜动。要求：主轴的轴向窜动不大于 0.004 mm。

2. 主轴轴肩支撑面的端面圆跳动检验

将磁力表座吸附在工作台上，将百分表测头顶在主轴前端面靠近边缘的位置，转动主轴进行检验，百分表读数的最大差值即为支撑面的端面圆跳动。要求：主轴轴肩支撑面的端面圆跳动不大于 0.02 mm。

3. 主轴锥孔轴线的径向跳动检验

将主轴检验棒装入主轴锥孔内，将磁力表座吸附在工作台上，将百分表测头顶在检验棒的表面上，旋转主轴，分别在 a、b 两点检验（a 点靠近主轴端面，b 点距主轴端面 300 mm），如图 3-3-1 所示。百分表读数的最大差值即为径向跳动，按上述步骤重复检验三次。要求：主轴锥孔轴线的径向跳动，在靠近主轴端面的 a 点不大于 0.005 mm，在距主轴端面 300 mm 的 b 点不大于 0.012 mm。

4. 主轴回转轴线与 X、Y 轴轴线运动间的垂直度

使工作台处于行程的中间位置，将大理石平尺放到调平器上，将磁力表座吸附在主轴端面处。移动机床 X、Y 轴，调节调平器，使大理石平尺两端的百分表读数一致。将主轴移动到大理石平尺的中间位置，转动主轴，检验主轴回转轴线与 X、Y 轴轴线运动间的垂直度，如图 3-3-2 所示。要求：主轴回转轴线与 X、Y 轴轴线运动间的垂直度不大于 0.012 mm/300 mm。

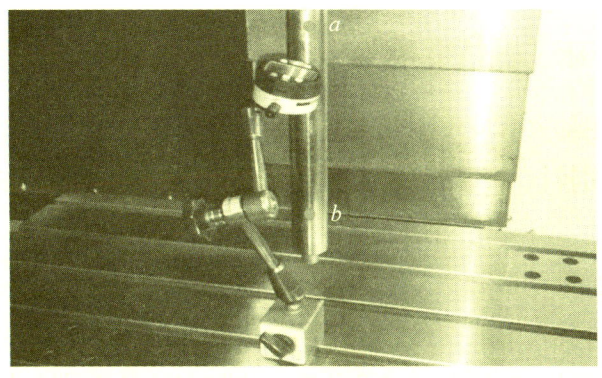

图3-3-1 主轴锥孔轴线的径向跳动检验

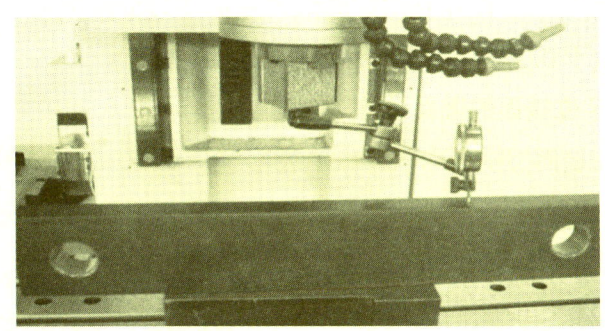

图3-3-2 主轴回转轴线与 X、Y 轴轴线运动间的垂直度

5. 主轴轴线和 Z 轴轴线在 YZ、XZ 垂直平面内运动间的平行度

将主轴检验棒装入主轴锥孔内，将磁力表座吸附在工作台上，在 YZ、XZ 垂直平面内，将百分表测头顶在检验棒表面（靠近主轴根部）并找出最高点，查看百分表读数并记录。移动 Z 轴，将百分表测头顶在检验棒表面（靠近主轴端部）并找出最高点，查看百分表读数并记录。将主轴旋转 180°，按上述方法再检验一次，查看百分表读数并记录，如图 3-3-3 所示。要求：主轴轴线与 Z 轴轴线在 YZ、XZ 垂直平面内运动间的平行度不大于 0.012 mm/300 mm。

图3-3-3 主轴轴线和 Z 轴轴线在 YZ、XZ 垂直平面内运动间的平行度

二、卧式车床主轴精度检验

卧式车床在主轴大修或使用较长时间后，需要对主轴精度进行重新检验，以保证大修后或使用较长时间后仍符合机床精度要求。卧式车床主轴精度检验操作步骤具体如下。

1. 主轴的轴向窜动检验

将主轴检验棒装入主轴锥孔内，用润滑脂将专用钢球粘在检验棒端面顶尖孔内，将磁力表座吸附在床身上，将百分表测头顶在检验棒端面中心处的钢球顶点上，旋转主轴进行检验。百分表读数的最大差值即为轴向窜动。要求：卧式车床主轴轴向窜动不大于 0.008 mm。

2. 主轴卡盘定位端面的圆跳动检验

用抹布将主轴端面擦拭干净，将磁力表座吸附在床身上，将百分表测头顶在主轴前端面靠近边缘的位置，转动主轴（至少旋转两圈），分别在相隔 180° 的两点进行检验，两点测得的误差分别计值，百分表读数的最大差值即为主轴卡盘定位端面的圆跳动，如图 3-3-4 所示。要求：常用卧式车床主轴卡盘定位端面的圆跳动不大于 0.016 mm。

图 3-3-4 主轴卡盘定位端面的圆跳动检验

3. 主轴卡盘定位锥面的径向跳动检验

将磁力表座吸附在床身上，将百分表测头顶在主轴前端面靠近边缘的位置，转动主轴，分别在相隔 180° 的两点进行检验，百分表读数的最大差值即为主轴卡盘定位锥面的径向跳动。要求：主轴卡盘定位锥面的径向跳动不大于 0.008 mm。

4. 主轴锥孔轴线的径向跳动检验

将主轴检验棒装入主轴锥孔内，将磁力表座吸附在床身上，将百分表测头顶在检验棒的表面上，旋转主轴，分别在 a、b 两点进行检验（a 点靠近主轴端面，b 点距主轴端面 300 mm）。百分表读数的最大差值即为径向跳动。检验完毕拔出检验棒，相对主轴旋转 90°，重新将主轴插入主轴锥孔中，按上述步骤重复检验三次。要求：主轴锥孔轴线的径向跳动，在靠近主轴端面的 a 点不大于 0.012 mm，在距主轴端面 300 mm 的 b 点不大于 0.016 mm。

三、卧式车床刀架精度检验

下面以常用的卧式八工位电动刀架为例,介绍刀架精度的检验操作步骤。

1. 刀架安装基面对溜板 Z 向移动的平行度

将磁力表座吸附在主轴箱上,将千分表测头压在刀夹安装基面上,Z 向移动床鞍,检验安装基面的精度,如图 3-3-5 所示。要求:刀架安装基面对溜板 Z 向移动的平行度不大于 0.01 mm。

图 3-3-5　刀架安装基面对溜板 Z 向移动的平行度

2. X 轴移动对刀架压刀面的平行度

将磁力表座吸附在主轴箱上,将千分表测头压在刀架外圆刀压刀面上,X 向移动床鞍,检测 X 轴移动对刀架压刀面的平行度。要求:X 轴移动对刀架压刀面的平行度不大于 0.01 mm。

3. 配磨刀架垫

将等高检具安装在刀夹上,用深度千分尺测量等高检具上表面距离主轴检验棒表面的数值 A,计算等高检具上表面距离主轴检验棒表面的理论数值 B,计算刀架垫磨量 C,即 $C=A-B-0.05$ mm。配磨后测量刀架垫的实际尺寸,保证配磨后刀尖高于主轴轴线 0.05~0.1 mm。在刀架结合面紧固后,用 0.04 mm 塞尺检验应保证无法塞入。

4. 复检刀架精度

在刀架垫安装完成后重新操作步骤 1、2,直至符合精度要求。

5. 回转刀架横向移动对主轴轴线的垂直度

如图 3-3-6 所示,将垂直检具安装在主轴上,将磁力表座吸附在床鞍滑板上,移动滑板,将千分表测头顶在垂直检具边缘处(靠近床鞍一侧),180° 转动检具,将检具对角线上两点的差值调零,移动滑板使指针沿直径方向移动,观察指针变化并记录最大差值；转动主轴180°后重复检验，将两次检验值的平均值作为垂直度。要求：回转刀架横向移动对主轴轴线的垂直度不大于 0.008 mm/100 mm（偏差方向 ≥ 90°）。

图 3-3-6　回转刀架横向移动对主轴轴线的垂直度

6. 回转刀架移动对主轴轴线的平行度

将主轴检验棒插入主轴锥孔内，将磁力表座吸附在床鞍滑板上，分别将千分表测头顶在检验棒侧母线和上母线上，移动床鞍，观察千分表读数，如图 3-3-7 所示。要求：回转刀架移动对主轴轴线的平行度在主平面内不大于 0.012 mm（检验棒伸出端只允许偏向刀具），在次平面内不大于 0.014 mm（检验棒伸出端只允许偏向上方）。

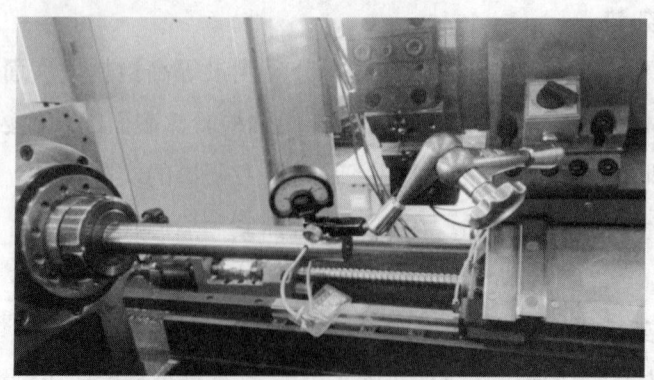

图 3-3-7　回转刀架移动对主轴轴线的平行度

培训单元3　根据加工精度评估功能部件维修质量及填写维修记录单

一、根据加工精度评估一般功能部件的维修质量

数控机床及其功能部件经过维修后，可以通过检测加工零件的精度来评估维修质量。零件在加工过程中可能出现尺寸精度不符合要求、几何精度不符合要求、定位精度超差、表面粗糙度超差、加工表面接刀处不平、加工工件有波纹等现象。例如，立式铣床主轴在维修后，可能出现零件加工面的平面度、平行度，以及加工孔的圆度和孔轴线的倾斜度等精度不符合要求的现象，原因可能是主轴回转轴线与 X、Y 轴轴线运动间的垂直度超差；也可能出现加工时产生较大的振动和尺寸控制不准确等现象，原因可能是主轴轴向窜动超差；还可能出现铣削键槽尺寸超差或镗孔时孔径变大等现象，原因可能是主轴锥孔轴线的径向跳动超差。

由数控机床、夹具、刀具和工件组成的机械加工工艺系统在加工过程中会有各种各样的误差产生，这些误差在不同的工作条件下会以不同的方式（或扩大、缩小）反映为工件的加工误差。因此，当加工精度误差很小时，判断功能部件的维修质量是否完全合格是很困难的。

二、维修记录单的填写

数控机床在应用过程中经常会出现各种各样的问题。对于常规性简单故障，用户通常可以自行解决。当遇到一些重大故障用户无法解决时，需要联系厂家售后维修人员进行维修。厂家售后维修人员到现场应进行故障调查，判断故障原因，制订科学合理的维修方案，并尽快完成维修任务，在此过程中需要填写维修记录单。

目前，维修记录单没有固定、统一的模板，不同厂家提供的维修记录单并不相同（本书以表3-3-17为例）。常见的维修记录单一般包括以下内容：客户信息，包括客户名称、客户联系人、联系方式、所属区域等相关信息；服务类别，不同客户需要的服务类别不同，客户可以根据实际需求进行选择，如可以选择故障维护、升级、配合检查、巡检、配合搬迁、配合系统对接、配合联网等服务；是否在质保期内；服务时间，包括开始时间和结束时间；解决方式，一般包括远程和现场解决，简单故障可以远程协助解决；客户故障描述，即客户按数控机床实际

应用情况详细阐述故障现象；工程师核实故障情况；处理过程，即详细记录整个维修过程；硬件情况，主要对需要更换硬件的具体情况进行说明，如名称、型号、故障情况、现场维修/返修/更换、数量等相关信息；处理结果，主要包括故障已完全解决，方法指导、待客户配合操作等信息；客户确认及意见；服务人员签字；回访情况，通常在设备完成维修一周内会有电话回访，主要了解设备故障问题是否完全解决以及收集客户对维修过程的评价。

表3-3-17 售后服务记录单

客户名称					服务单号		
系统名称			所属区域		解决方式	□远程	□现场
客户联系人	联系方式		办公电话		是否在质保期内	□是	□否
服务类别	□故障维护 □升级 □配合检查 □巡检 □配合搬迁 □配合系统对接 □配合联网 □其他：						
服务开始时间		服务结束时间		收费情况	□免费 □收费 金额：_____		
客户故障描述：							
工程师核实故障情况：							
处理过程：							
硬件情况	名称	型号	故障情况		现场维修/返修/更换		数量
处理结果：□故障已完全解决 □方法指导、待客户配合操作 □其他：							
客户确认及意见	□非常满意 □满意 □一般 □不太满意 □非常不满意 客户确认（签名）： 单位签章： 日期：						
服务人员签字： 单位签章： 日期：	一周内回访处理结果： 解决情况：□问题解决 □遗留问题： 评价：□优 □良 □中 □差 回访人： 日期：						

填写规范及说明：1. 在符合情况的"□"内打钩。
2. 远程维护时，客户确认（签名）可不予填写。